管理科学优秀研究成果丛书

企业绿色管理及其效应
——基于环境信息披露视角

曾赛星　孟晓华　邹海亮 / 著

科学出版社

北京

内 容 简 介

　　本书分为上下两篇。对企业环境信息披露的驱动机制以及企业环境违法事件的声誉效应及资本市场反应，展开理论研究和实证检验。本书的特点有三个：一是在环境信息披露理论方面，系统构筑包含多层次的驱动因素，多视角揭示企业环境信息披露的现状和动机；二是在实证研究方面，许多研究方法为同类研究提供借鉴，运用网络爬虫技术、事件研究法等，辅以非线性分析和鲁棒性检验等实证研究环境违法行为对企业声誉和融资的影响；三是基于中国制度情境提出诸多有益的企业环境信息规制的举措。

　　本书适合高等院校管理学、环境会计学、环境经济与管理、环境政策等方面的研究者阅读，也可供企业管理人员、政府官员参考。

图书在版编目（CIP）数据

　企业绿色管理及其效应：基于环境信息披露视角 / 曾赛星，孟晓华，邹海亮著.—北京：科学出版社，2016.12
　（当代中国管理科学优秀研究成果丛书）
　ISBN 978-7-03-048456-7

　Ⅰ.①企… Ⅱ.①曾… ②孟… ③邹… Ⅲ.企业环境管理–研究–中国
Ⅳ.①X322.2

　中国版本图书馆 CIP 数据核字（2016）第 119660 号

责任编辑：魏如萍　王景坤 / 责任校对：李　影
责任印制：徐晓晨 / 封面设计：谜底书装

科 学 出 版 社 出版
北京东黄城根北街 16 号
邮政编码：100717
http://www.sciencep.com

北京厚诚则铭印刷科技有限公司 印刷
科学出版社发行　各地新华书店经销
*

2016 年 12 月第 一 版　　开本：720×1000　1/16
2018 年 6 月第三次印刷　　印张：17 1/2
字数：348 000
定价：**98.00 元**
（如有印装质量问题，我社负责调换）

总 序

  管理科学是促进经济发展与社会进步的重要因素之一，作为一门独立的学科，它主要在 20 世纪发展起来。在 20 世纪的前半叶，从泰勒式的管理科学发展到以运筹学为代表的着重于数据分析的管理科学；而在 20 世纪下半叶，管理科学与信息技术和行为科学共同演化，从一棵孤立的管理科学大树发展成为管理科学丛林。

  现代管理科学在中国得到迅速发展得益于改革开放后管理实践的强烈需求。

  从 20 世纪 80 年代开始，管理科学与工程学科得到广泛关注并在管理实践中得到普及应用；随着市场经济"看不见的手"的作用逐渐增强，市场的不确定性增加，作为市场经济细胞的企业，想要更好地生存和发展就要掌握市场经济发展的规律，对工商管理学科的需求随之增加，从而推动了企业管理相关领域的研究。

  进入 21 世纪，公共管理与公共政策领域成为管理科学的后起之秀，而对它们的社会需求也越来越大。

  "管理科学，兴国之道"。在转型期的中国，管理科学的研究成果对于国家富强、社会进步、经济繁荣等具有重要的推动作用。《当代中国管理科学优秀研究成果丛书》选录了国家自然科学基金委员会近几年来资助的管理科学领域研究项目的优秀成果，本丛书的出版对于推动管理科学研究成果的宣传和普及、促进管理科学研究的学术交流具有积极的意义；对应用管理科学的最新研究成果服务于国家需求、促进管理科学的发展也有积极的推动作用。

　　本丛书的作者分别是国家杰出青年科学基金的获得者和国家自然科学基金重点项目的主持人，他们了解学术研究的前沿和学科的发展方向，应该说其研究成果基本代表了该领域国内的最高水平。丛书所关注的金融资产定价、大宗期货与经济安全、公共管理与公共政策、企业家成长机制与环境、电子商务系统的管理技术及其应用等，是国内当前和今后一段时期需要着力解决的管理问题，也关系到国计民生的长远发展。

　　希望通过本丛书的出版，能够推出一批优秀的学者和优秀的研究成果。相信通过几代中国管理科学研究者的共同努力，未来的管理科学丛林中必有中国学者所培育的参天大树。

国家自然科学基金委员会

管理科学部

序　言

自 20 世纪 80 年代以来，全球气候变化、生物多样性、海洋环境、大气污染、酸雨、臭氧层保护等世界性环境问题日益严峻，已引起各国政府、学术界和产业界的广泛关注，并开始构建共同治理的新格局。

我国在取得举世瞩目的经济发展成就的同时，也面临着日益紧迫的环境治理挑战，全社会都在呼吁有效的环境治理模式。面对资源约束趋紧、环境污染严重、生态系统退化的局面，我国政府积极缔结或参加了世界环境保护公约、议定书或双边协定，强调尊重、顺应、保护自然的生态文明理念，把生态文明建设放在突出地位，并融入经济、政治、文化、社会各方面建设的全过程中。为此，政府相继出台一系列环境保护政策，加强对企业的环境监管，并要求企业积极履行社会责任，倡议信息公开。随着社会各界对环境保护重视程度不断递增，公众对企业环境保护信息披露有着越来越强烈的需求。因此，企业披露其环保策略、环保目标、环境运营管理和环境影响等，不仅是国家的法定要求，也是企业与外部利益相关者交流的重要途径。

如何促使企业有效推进绿色管理、积极披露环境信息、减少污染物排放，进而提升企业可持续竞争力，需要政府、学术界和产业界等共同努力。非常欣喜的是，本书作者曾赛星教授及其团队成员孟晓华、邹海亮博士，在企业环境信息披露驱动机制和企业环境违法事件市场效应方面开展了系统深入的研究，取得了很有价值的成果。

第一，作者创新性地运用高阶理论将企业环境信息披露的驱动因素拓展到高管个体的责任意识。系统分析了高管更替与企业环境披露的关联，发掘企业环境信息披露中涉及高管的微观机理。突破合法性理论与自愿披露理论的传统认知，揭示了在中国管理情境下，企业环境信息披露和环境绩效的非线性关系，诠释当前中国企业环境信息披露行为，反映了中国企业披露环境信息具有高度选择性，其真实性和全面性有待进一步改善。

第二，作者研究了产品市场竞争对环境信息披露的效应。从理论上阐述了竞争对企业环境信息披露的作用机理，填补了企业环境信息披露理论框架中产业环境作用的空白，对传统经济理论与竞争优势理论在环境管理领域做了很好地融合与推进。作者还分析了利益相关者交织的复杂驱动力随着环境事件的变迁，透视利益相关者的利益诉求、驱动路径和企业压力响应，丰富利益相关者理论在中国企业环境信息披露实践中的应用。

第三，作者克服了企业声誉难以测度的研究瓶颈，运用社会心理学的归因理论，揭示企业过往环境行为的间接声誉效应。发现与企业特征相关联的非系统性环境风险，为系统剖析企业行为带来的声誉效应提供了新的视角。同时，将企业声誉视为外部观察者对于企业的先验认知，将投资者对于企业环境违法行为的反应视为心理认知的后验结果，运用认知理论对股票市场反应的异质性问题给予了理论解释，为理解资本市场对于企业环境事件的反应开辟了新的途径。

第四，作者翔实分析了环境事件对同行业竞争者的影响。将关于企业环境不法行为市场惩罚机制的认识向信贷市场进行有益的拓展，揭示环境违法事件的传染效应，全方位地考察市场对企业环境违法事件的认知及行为变迁。

环境是人类生存和发展的前提和保证，生态退化和环境污染的困局成为约束我国社会经济可持续发展的最大挑战之一。资源环境与经济发展问题相互叠加、交织、并存，末端治理的局限性日益显现，亟须从源头预防和过程控制加以规范和遏制。曾赛星等三位作者基于信息规制与制度创新的视角，系统性地研究了企业环境信息披露及环境行为的市场效应，不仅提出创新的观点和命题，而且还提供了全面、深刻的论述以及翔实而又严谨的证据。同时，作者也为我国政府如何夯实制度保障体系，充分发挥规制的推动作用和市场的拉动作用，引领企业走资源节约型、环境友好型的发展道路作出有益的探索，对促进我国经济的转型升级和社会的健康发展具有十分重要的理论与实践价值。

基于此，本人欣之为序。

中国工程院院士　杨志林

2016 年 12 月

前　言

本书针对 2008 年我国《环境信息公开办法》颁布后，企业环境信息披露水平到底如何，什么因素在驱动企业披露环境信息，以及企业发生环境违法事件后市场是如何响应的等问题，开展较系统的研究。

当前，我国生态环境问题依然十分严峻，企业重大环境违法事件时有发生，环境治理的迫切性已成为社会共识。企业环境信息披露已成为加强外部监管、促进企业履行环境责任的重要手段。但怎样的驱动机制能促使企业及时、真实、全面地披露环境信息，这迫切需要现实的调查与理论上的回答。

基于中国情境，作者潜心研究多年，充分吸收国内外学者的研究成果和国际经验，实证研究企业环境信息披露的驱动机制和企业环境违法的市场反应。在实践层面，三位研究者针对当前中国企业环境信息规制提出诸多有益的建议，能为政府有关部门的政策制定提供一定的理论依据。

在企业环境信息驱动机制方面，本书在一个多层次的框架内，从内部到外部分成四个层次逐一展开，分析内部最高管理者（简称高管）角色、内部企业特征、行业竞争环境以及外部利益相关者压力对企业环境信息披露的作用，具体工作包括辨识与测度企业环境信息披露的水平及其演变，识别外部关键利益相关者及其压力作用机制，探索企业环境信息披露的外部行业竞争效应，揭示内部经济动机如何驱动企业环境信息披露，以及透视企业环境信息披露的最高决策者环境态度的异质性。本书集成利益相关者理论、合法性理论以及社会心理学的印象管理理论等多个视角，通过实证研究，致力于寻求一个对当前中国企业环境信息披露的理论解释。

此外，企业环境违法事件对生态环境造成极大的危害，不仅引发来自政府部门的惩罚措施，也给企业带来一系列的负面影响，如声誉受损、市场价值降低以及融资困难等。本书将以我国政府近年来所披露的企业环境违法数据为主要研究样本，并结合我国管理情境的特定因素，对环境违法事件发生后，企业声誉所遭受的影响及资本市场的反应进行深入的理论分析与实证研究。

项目成果得到国家自然科学基金资助，为国家自然科学基金重大项目（编号：71390525）、国家杰出青年科学基金（编号：71025006）和国家自然科学基金（编号：71373161、71573185、71503160）的阶段性成果。

由于受限于作者的水平，书中不妥之处在所难免，恳请同行批评指正。

作　者

2016 年 12 月

目　录

上　篇　企业环境信息披露的驱动机制

上　篇
企业环境信息披露的驱动机制

第1章 上篇导论

中国经济取得迅速的发展，但也付出了沉重的环境代价。当前中国发生了生态失衡和环境污染的一系列重大事件，使环境信息公开引起社会的广泛关注。例如，2010 年 7 月 3 日紫金矿业泄漏事件，2012 年 12 月 30 日山西苯胺泄漏事件等造成严重环境污染，这些重大环境事件发生后未能及时发布信息，进而产生不良社会影响甚至引发群体性事件。如何驱动企业实施积极的环境管理并及时披露有关信息，不仅是国内外学者们关心的理论课题，也是中国实务工作者极为关心的问题。但是，一个基本共识是拒绝信息透明和公众监督的企业，必然是滋生污染的温床。因而企业环境信息披露在国外已被公认为是促进企业提升环境管理，加强外部监管的重要手段之一（Gupta and Goldar，2005；Murray and Gray，2006）。公开企业的环境信息，正成为许多西方发达国家的法定要求（Lee and Hutchison，2005）。

全球报告倡议组织 GRI 于 1999 年公布了《可持续发展报告指南公示草案：一般性的解释及引导测试》，倡议企业担负环保、社会方面的责任。同年联合国环境规划署（United Nations Environment Program，UNEP）探讨推广 GRI 倡议并于 2002 年正式承认其重要性。2002 年和 2006 年 GRI 又相继推出《可持续发展报告指南》修订本（即 G2、G3 指南），不仅对欧洲的环境信息披露产生重大影响，对全世界环境会计与信息披露的理论研究和实践活动也都产生积极的影响。国际标准化组织（ISO）于 2002 年开始讨论企业环境报告书的标准问题。企业环境信息披露问题得到世界范围内的普遍重视。

我国环境信息公开制度自 2008 年起正式实施，企业对环境信息的披露正日益受到社会关注，然而在我国即便是规模较大、绩效斐然、承载重要社会责任的上市公司，其环境污染事件也频频发生。2011 年 4 月，环保部发布《2011 年全国污染防治工作要点》，其中要求推进上市公司环境信息披露，建立重点行业上市公司环境报告书发布制度，加大对严重环境违法行为的处罚力度。

中国社会的科学发展需要企业履行环境责任，这要求企业在生产经营过程中在谋求经济利益最大化的同时，坚持合乎伦理的企业行为，合理利用资源、降低废弃物排放量。但是为什么企业履行环境责任的程度很低；什么样的外部压力能有效驱动企业环境信息披露；企业特征如何影响企业的环境披露行为；一些企业披露环境信息是基于何种动机；怎样的驱动机制能促使企业及时、真实、全面地披露环境信息。当前对这些问题的回答显得非常迫切。

应该看到，中国企业已在环境信息披露方面进行了一定程度的实践，许多公司在年度报告中增加环境信息部分，甚至编制单独的环境报告，但是由于缺乏对环境信息披露的具体规范，以及政府的执行力不足，企业披露环境信息的水平、及时性与有效性还很不理想（Liu and Anbumozhi，2009；尚会君等，2007；Zeng et al.，2010）。

迄今为止，在理论基础上，国际学术界对于企业信息披露的研究仍处于发展阶段，其理论基础与体系在不断推进，但还有待完善。从实际应用看，特别是针对中国企业环境信息披露的研究成果还很缺乏，而基于发达国家社会背景的研究针对中国的管理情境解释力和适应性还不足（Liu et al.，2010b；Xu et al.，2012）。促进中国企业全面、真实的披露环境信息依赖于理论认识上的突破和规制范式上的创新（汤亚莉等，2006）。

本书上篇通过研究中国上市公司（主要是制造业上市公司，原因在于制造业比其他产业产生更多的废渣、废水、废气）环境信息披露的水平及其演变规律，识别外部主要压力和内部因素如何驱动企业环境信息披露，从而为寻求促进企业环境信息披露的有效治理机制提供理论支撑。

企业环境信息披露的驱动因素比较复杂，涉及企业的内外各个层面的要素。从制度理论的视角出发，便于廓清影响要素的聚焦点。旧制度主义（old institutionalism theory）强调个体与组织的能力，侧重于构建、应对周围的环境，关注组织内部的动态变化（Delmas and Toffel，2008）以及组织内的权益归属（DiMaggio and Powell，1991）。而新制度主义（new institutionalism theory）则强调组织层面的合法性与影响力，组织的策略与实践作为外部同构压力的集中反映。Wooten 和 Hoffman（2008）以及 Delmas 和 Toffel（2008）将新旧制度理论结合起来，称为新旧制度主义的联姻（neo-institutionalism）。 这一基础理论指引从组织内外两个方面寻求影响要素，以构筑一个框架解释我国企业环境信息披露的行为。但是，外界有哪些主要压力、内部究竟什么因素驱动企业实施环境信息披露是需要探究的内容。

制度理论暗示存在外部的制度压力影响企业的环境战略与实践，然而利益相关者理论进一步指明企业环境行为的具体压力来源——利益相关者；同时外部的行业层面的竞争因素也影响企业环境实践的损益。内部企业特质受到众多学者的关注，然而尚有部分重要企业特质（如经济绩效与环境绩效）如何作用于企业的环境信息披露尚有诸多争论；内部高管处于决策中心，最终决策企业披露何种环境信息、采用何种方式、披露多少，因而内部高管的个体因素是一个不容忽视的层次。

基于上述制度理论的思考，本书将从四个层次展开核心研究内容：内部因素（①高管个体层次、②企业特征层次）；外部因素（③行业特质层次、④外部利益相关者层次）。四个层次如图 1-1 所示，体现了系统集成的思想，这也昭示了四个方面核心研究内容的逻辑关系。

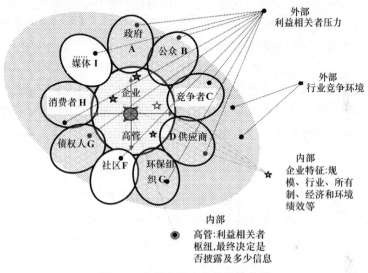

图 1-1　上篇主要内容的逻辑关联

鉴于前述的层次结构，本书上篇开展的主要核心内容包括以下方面。

第一，在个体层面研究企业环境信息披露的执行者——内部高管的角色。

为了分析高管因素对企业环境信息披露的影响，从两个维度（即高管个体背景特征、高管的更替）展开研究内容，以透视企业环境信息披露的决策者——企业高管的角色。本部分内容的核心思想是高管处于企业利益相关者的核心位置，最终决定企业是否披露，披露什么。然而，当前中国高管的环境责任态度是否存在异质性尚未可知。基于高阶理论，从高管的背景特征视角，探索当前中国高管的环境责任态度对企业环境披露水平的影响。通过制造业上市公司的数据，统计描述中国制造业上市公司高管背景特征的状况和差异（包括教育水平、专业资质、年龄、性别、任职时间、是否领取薪酬及多寡、是否兼任 CEO、是否在上市公司以外单位兼职），然后利用计量模型实证检验高管的背景特征是否会影响企业环境信息披露水平，借以考察在中国环境监管不足的情况下，高管对环境信息披露的态度是否存在异质性。

高管的更替也许对企业环境责任产生复杂的影响。然而迄今为止，还缺乏相应的研究。本部分将细分高管离任的十个具体原因（控股权变更、完善法人治理结构、工作调动、结束代理、解聘、健康问题、退休、任届期满、辞职、个人原因）以及高管继任的两种类型（继任来源、独立性），分析高管变更（离任、继任）的各种类型对企业环境信息披露变化量的影响。

第二，在企业特质层面考察企业经济绩效和环境绩效对环境披露的影响。

诸多企业特征对企业环境信息披露的影响已得到共识（如企业规模、行业、所有权等），但是经济绩效、环境绩效这两个企业特征对环境信息披露的影响产生了诸多冲突的实证结果与理论解释。

其一，对于经济绩效，首先研究先前研究中导致不一致结果的可能原因，如绝大多数研究没有区分自愿与强制披露，环境信息披露与不同国家的文化、法规有关，环境信息披露动机的具体理论解释还不充分（主流的两种具体理论，即合法性理论与自愿披露理论仍然是相互竞争与冲突的）。许多早期研究没有控制其他重要企业特征变量（如企业规模、行业），以及极少采用纵向设计。本书以中国为背景采用一个纵向的跨自愿披露与强制披露时期，在控制企业规模、行业等重要变量的情况下，研究企业经济绩效与环境信息披露的动态关系，检验并发展现存的企业环境信息披露理论。这些研究内容有助于增进对企业环境信息披露动机的理解。

其二，致力于回答中国企业环境信息披露与环境绩效的关系，这涉及环境信息披露中的核心问题之一，即企业是否真实、全面地披露环境信息，环境绩效好与差的企业将怎样披露其环境信息。为了解决上述问题，充分吸收借鉴前人的研究成果并弥补以往研究中存在的样本选择、测度指标等方面的不足，根据国家环保部公开的环境违规企业的目录，通过内容分析法，识别环境绩效好、一般和环境违规的企业，在匹配行业的基础上，实证对比不同环境绩效的企业其环境披露有何差异。具体研究内容包括三个子部分：环境信息披露与企业环境绩效是一个什么关系；环境绩效差的企业是否会选择性披露；环境违规被曝光的企业是否会显著地提高信息披露。这为发展中国家环境绩效和信息披露之间的关系提供了若干新证据。

第三，在行业层面检验企业环境信息披露的行业竞争效应。

聚焦于产品市场竞争（市场集中度）对企业环境信息披露的影响，即产品市场竞争是否促进企业实施积极的环境披露，这是除规制压力外，一个重要的市场调节手段，现有文献中鲜有报道。尽管当前理论文献的主流思想认为企业应该在环境方面进行投资，但是有关行业产品市场竞争如何影响企业环境责任的理论却仍然没有得到发展。本书将基于损益分析，即成本与收益（cost and benefit）分析，先在理论上分析竞争（以 HHI 和 CR4 等为代理变量）对企业环境信息披露的影响，并控制所有权、规模等重要企业特征变量，通过对我国制造业上市公司大样本进行实证分析。研究工作将揭示企业环境披露是否是战略驱动的，是否与竞争状况紧密相关。从竞争视角出发，在理论上有助于调和企业环境管理两种基础理论（即传统经济理论与竞争优势理论）。研究建议实践中的强竞争行业与垄断竞争行业采用不同的环境监管措施。

第四，在外部利益相关者层面识别关键利益相关者并揭示其作用机制。

企业利益相关者众多且影响力难以量化，而且利益相关者的压力作用相互交织与企业对象和情境难以分离。为此，在利益相关者作用层面，鉴于现象的复杂性，采用独特的视角，根据企业环境违法事件进行系统性解剖分析，依据公共危机事件四个阶段的划分原理，基于利益相关者理论，讨论中国情境下的核心利益相关者、利益相关者的利益诉求与作用方式。

具体内容包括不同阶段利益相关者的行为和要求，以及企业的回应或措施；探索随着环境事件的孕育、震荡、调整和适应、结束四个阶段不同利益相关者的表现；总结中国情境下企业环境信息披露的核心利益相关者及其利益诉求特点，以及各个阶段利益相关者的作用力交织成复杂驱动力的一般规律。

然而，作为一项规范的研究，需要确定研究设计的关键要素和实施线路，即要酝酿研究哲学、斟酌研究方法、确定研究战略、拟订研究进程以及相适应的数据分析与处理技术（Saunders et al.，2008；赵康，2009）。Saunders 等（2008）将研究方法论的层次性比为洋葱，赵康（2009）结合 Yin（1989）的意见，对管理研究方法洋葱图进行了改制。本书借鉴赵康（2009）的观点，并参照 Saunders 等（2008）和 Yin（1989）的建议，形成图 1-2。

一是，研究哲学与推理逻辑。

主要采用以客观和价值中立为特征的实证主义哲学思想，致力于反映当前中国企业环境信息披露的现状和揭示其影响因素。在理论框架的构建中，以政治经济学理论、环境管理理论、社会学理论等为基础，运用诠解主义和归纳方法，注重全面梳理、立足前人成果基础上的理论创新。

在企业环境信息披露的影响因素分析中（如高管背景特征、高管更替；企业内部经济与环境绩效水平；行业的竞争强度），采用实证主义和演绎法，重视数据的分析和逻辑的推理，先提出研究的假设（命题），搜集相关的数据/证据，验证并获得相关结论。在利益相关者对企业环境信息披露的压力和综合效应上，采用归纳法，通过个别环境事件，辅以历史资料和相关证据，逐步归纳出中国企业环境披露利益相关者的角色和一般作用规律。

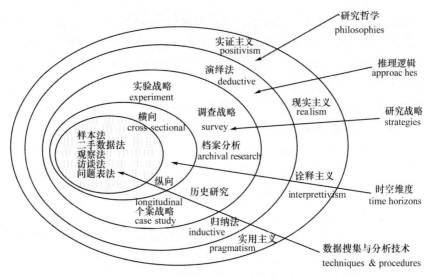

图 1-2　管理研究方法"洋葱"图
资料来源：Saunders 等（2008）、Yin（1989）和赵康（2009）

二是，研究战略与时空维度。

在研究战略的选择上，与研究哲学相一致，采用调查和个案研究战略，定性与定量相结合。在时空维度上属纵向的研究，采集中国企业环境信息披露规定颁布前后的纵向数据，运用调查研究战略，重点以制造业上市公司为研究对象，量化分析环境信息披露中的高管角色、企业因素和行业效应。

三是，数据搜集与分析工具。

综合一手与二手数据，以内容分析法、计量经济学、数理统计学、案例研究方法等为主要分析工具。

企业环境信息披露的数据分析采用内容分析法（content analysis）。在理论研究的基础上，针对中国环境披露规制的特点，通过"设计量表→调查年报（含独立的社会责任报告）→文本分析→计量披露水平"的步骤，对中国制造业上市公司环境信息披露进行研究，并作出动态的统计分析。企业年报来源于沪深证交所网站的上市公司年度报告、巨潮资讯网[①]。样本容量很大，覆盖所有"A"股制造业上市公司，且数据均为公开信息，使得分析结果具有稳定性、可复制性。

对企业环境信息披露影响因素的识别采用计量经济学模型。对高管背景特征、高管更替、企业内部经济与环境绩效水平、行业的竞争强度对环境信息披露的影响，采用诸多计量模型，如 Probit Model、 Tobit Model 等。另外还采用 Heckman

---

① 中国证监会指定的上市公司信息披露网站：http://www.cninfo.com.cn。

（1979）两步法程序解决部分模型中可能存在的样本自选择问题。由于涉及纵列数据，还运用最新的 Petersen（2009）方法，检测面板数据误差项的内在相依性来判断模型的稳健性。高管背景与更替、企业经济数据来自于国泰安数据库的上市公司数据库（CSMAR），环境违规企业信息主要来自环保部，行业竞争的数据通过中国工业企业数据库所有各行业规模以上企业的销售额数据计算得到。

对外部利益相关者的驱动机制采用案例研究方法，以一个典型的公开环境事件，尽可能地收集事件期间所有相关媒体报道，在纵向的研究资料中，将事件按一定的阶段，定性研究利益相关者的作用特点，并结合理论视角、历史文献、案例具体证据、阶段模式，采用规范的解释、推理和印证，从而得到一般性的规律和启示，体现"分析的概化"原则，并结合西方国家的企业环境信息披露利益相关者的作用机制和中国特有的情境，以及研究者在研究过程中的主观诠释和归纳，获得较为全面、透彻的认识。

根据研究内容与研究方法论，本书上篇的研究框架如图 1-3 所示。

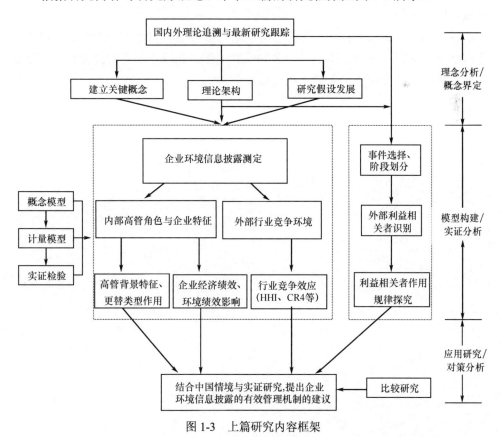

图 1-3　上篇研究内容框架

上篇的创新性体现在以下方面：

（1）将企业环境信息披露的驱动因素拓展到高管个体的责任意识，基于高阶理论的考察为后续研究创造一个打开企业黑箱的机会；系统考察高管更替与企业环境披露的关联，进一步挖掘企业环境披露中牵涉高管的微观机制。

（2）在企业重要特质经济绩效、环境绩效与环境信息披露的关联上获得理论上的突破，研究表明传统上两个相关竞争的理论解释（合法性理论与自愿披露理论）并不是相互排斥的，而是可以调和且能综合诠释当前我国企业环境信息的披露行为。

（3）考察现有报道中产品市场竞争与环境信息披露的联系，从理论上阐述竞争是企业环境信息披露理论框架中一个极为重要的环节。

（4）揭示中国情境下企业环境信息披露的核心利益相关者具有的不同利益诉求，作用力具有明显的强弱与次序，利益相关者的利益诉求及其相互交织的复杂驱动力会随着环境事件演变而发生迁移，这丰富了利益相关者理论在中国环境信息披露实践中的实践。

诚然，本书也仅是揭示中国企业环境信息披露早期阶段的一些特征，尚有许多问题亟待解决。作者希望通过本书的研究工作引起更多学者对企业环境信息披露的关注，进而促使中国企业承担起绿色责任。

第 2 章　企业环境信息披露研究进展评述

2.1　企业环境信息披露发展过程与测度

20 世纪 70 年代初发表于 *The Journal of Accounting*（Beams and Fertig，1971）和 *Journal of Accountancy*（Marlin，1973）上的关于污染社会成本与会计的研究，揭开环境会计的研究序幕，然而在环境会计领域，率先进入实务环节的并不是环境影响要素的会计计量与确认，而是环境信息的披露问题（张世兴，2004），即公开企业的运营对自然环境的影响。

国际环保履约的压力使环境问题由区域性扩展为全球性，在企业环境信息披露方面，发达国家的许多企业，尤其是著名的跨国公司，从 20 世纪 70 年代开始在财务报告中披露环境信息（Marlin，1973；Ullmann，1985；王军，2007）。美国是最早要求披露环境信息的国家之一，美国国会于 1986 年建立了有毒排放登记系统；1993 年美国证监会（SEC）的规则 S-K 要求披露环境信息；并在 1998 年要求钢铁、造纸、汽车、金属和石油五个行业增加网上环境信息的披露（Evans et al.，2009；Madsen，2009）。日本于 2007 年发布《环境报告指南——通向可持续发展社会》，促进了企业环境信息披露的发展，并通过第三方验证来保证信息的可靠性（Nakao et al.，2007）。欧洲国家也分别出台制度规范（Brammer and Pavelin，2006）。

我国企业环境信息披露处于起步阶段。2008 年我国发布《企业环境信息公开办法》（试行），要求企业披露环境方针、环保执行与环境业绩等信息（Xu et al.，2012），同年上海证券交易所颁布《上市公司环境信息披露指引》，进一步要求上市公司披露更多与环境有关的信息，如投融资、诉讼、罚款等，但总体上企业披露的环境信息仍然较少而且不规范（Zhu and Zhang，2012）。

企业环境信息披露用企业环境信息披露内容的水平与详尽程度来测量。关于环境信息披露水平，有的研究采用年报中包含环境信息的页数或句子数来衡量（Gray et al.，1996；Unerman，2000），或者包含的字数来衡量（Campbell，2000；Deegan and Gordon，1996），但更多的是采用内容分析法来衡量（Beck, et al.，2010；Blacconiere and Patten，1994；Bewley and Li，2000；Cormier and Gordon，2001；Liu and Anbumozhi，2009；Zeng et al.，2010；Wiseman，1982），这种方法能够比

较真实地评价企业环境信息披露的水平。内容分析法（context analysis）是对文献内容进行客观、系统、量化分析的一种科学研究方法，它利用统计描述等手段将文本资料按一定的标准进行解读，并根据事实分析、判断其内容与程度，量化并进行数量分析（Beck et al.，2010）。在环境信息披露的研究中，通过对企业年度报告的分析，按照年报中披露的企业环境活动的多少、详尽程度进行赋值来评价企业环境信息披露的情况，首先是确定标准，其次是分析企业披露的信息中是否存在标准中所包含的内容，若存在则分析其描述的详尽程度，最经典的研究是Wiseman（1982）作出的。Bewley 和 Li（2000）以及 Cho and Patten（2007）指出运用与环境有关的财务类与非财务类信息能有效地估计企业的环境信息披露指数。每一个要素的得分根据企业披露信息的详尽程度，得分为 0～3 分。当环境信息披露涉及财务类信息（monetary information）时给 3 分，披露具体的非财务类信息（concrete non-monetary information）时给 2 分，对于一般的非财务类信息给 1 分，没有披露信息的给 0 分。Zeng 等（2010）对中国上市公司的环境披露研究也采用这一方法。基于 Beck 等（2010）对环境信息披露的内容分析法的研究，将代表性的研究列于表 2-1。

现存的文献表明国别是决定环境与社会披露的重要因素，不同国家的实践具有显著的差异（Fallan and Fallan，2009；Gray et al.，1996；Hackston and Milne，1996）。

环境信息披露制度是用来约束环境信息对外公开的相关规范，就披露的客体内容来划分，可以区分为强制性环境信息披露和自愿性环境信息披露两种情况（Doshi et al.，2013；Fallan and Fallan，2009）。前者由政府依照强制性披露规范强制执行，后者则由信息披露主体依照自有意愿自觉披露。关于环境信息披露的内容指标，许多的研究实践借鉴全球报告倡议组织（Global Reporting Initiative，GRI）、注册会计师协会（Association of Chartered Certified Accountants，ACCA），商业环境组织（Business in the Environment，BiE）和国际标准化组织（International Organization for Standardization，ISO）中涉及环境报告的建议内容。现有的学术文献中主要涉及环境信息披露的测量罗列于表 2-1 中，但是测量的条目与国家社会政治背景有很大的差异。尤其涉及自愿性披露的测量更是极少，而且缺乏一致性的观点（Deegan and Gordon，1996；Patten，2002），一个较易接受的观点是除政府强制性披露以外的均属于自愿性范畴。此外，许多研究者也发现企业环境信息披露具有高度的选择性。这就造成企业信息披露的真实意愿难以揭示，导致促进其环境信息披露的有效应对机制难以挖掘。因此，需要针对所研究国家的情境发展一个可操作化的内容分析量表，并对企业环境信息披露进行细分研究。

表 2-1　企业环境信息披露的内容分析法部分代表性研究情况

作者和年份	研究主要问题	工具/内容	一般赋值方法
Wiseman，1982	环境披露与环境绩效的关系	指标：四大方面、十八个分类和指标打分	关注内容，根据信息披露程度打分（0～3分）
Patten，1991	检查埃克森石油泄漏事件对环境披露的影响	基于 Wiseman（1982）的指标	不关注披露内容，机械计数
Unerman，2000	补充 Milne 和 Adler（1999）文章的应用	页数	机械计数
Wilmshurst and Frost，2000	感知环境问题的重要性和实际的环境信息披露	句子数	机械计数
Campbell，2003	作为一种合法化手段的企业环境信息披露	字数	机械计数
Milne et al.，2003	他们如何评估新西兰公司环境报告评分	标杆（benchmark）研究	UNEP/可持续指南
Patten and Crampton，2004	探索应用网页与利益相关者交流环境信息	基于 Wiseman（1982）的指标	机械计数
van Staden and Hooks，2007	外部排名与环境信息披露的内容和质量	标杆（benchmark）研究	UNEP/可持续指南和其他
Liu and Anbumozhi，2009	中国上市公司环境信息披露的决定因素	GRI 指南与中国环境披露办法要求	关注内容，根据信息披露程度打分 1 为无信息，3 为一般定性信息与不详细的定量分析，5 为详细定性定量分析
Zeng et al.，2010	面向中国企业的环境信息披露：一个描述性统计的研究	基于 Liu 和 Anbumozhi（2009）以及中国上市公司环境信息披露指引	关注内容，基于 Wiseman（1982）方法根据信息披露程度打分（0～3分）
Beck et al.，2010	环境报告内容分析研究：英国和德国方面的方法比较	Gray 等（2001）以及 Buhr 和 Freedman（2001）的指标	两个维度（关注披露水平、内容的丰富度）；1～5 五级连续打分法（0 为无信息）

2.2　企业环境信息披露理论动因评述

　　企业环境信息披露可能具有诸多不同的动因（如法律要求、融资需要、社会压力等），但许多研究倾向归因于回应外部的压力，如 Liu 和 Anbumozhi（2009）基于利益相关者理论识别了影响企业环境信息披露水平的决定因素。他们发现中国的上市公司环境信息披露的策略主要是满足政府的要求；而股东和债权人对企业环境信息披露水平的影响非常微弱。de Villiers 和 van Staden（2010）调查澳大利亚、英国和美国的个人利益相关者，发现是股东需要，认为在影响环境方面企业管理层应该对股东负责。

也有学者从社会责任理论的角度认为企业披露环境信息是表明企业自身的一种正当性地位。Cho 和 Patten（2007）的研究支持企业利用披露信息作为其正当性地位的一种工具。更多的研究强调外部的因素，如规制的压力、竞争机制以及来自非政府组织的压力（Christmann and Taylor，2001；Delmas，2003）。Rivera-Camino（2001）和邹立（2006）认为：企业主要是将环境管理系统（包括环境信息披露）作为提升公司形象和政治关系的途径，以获得政治和竞争上的优势。

部分学者认为企业环境信息披露是基于企业声誉与市场的考虑，如 Philippe 和 Durand（2011）认为企业披露信息是为了获得投资者的青睐，以减少由于信息不对称而产生的代理成本。Aerts 等（2008）发现环境信息披露能够快速地通过股价变化反映出来。Sharfman 和 Fernando（2008）则指出银行在贷款决策过程中，要对企业进行环境信用风险评价，这对企业来说无疑是一种强有力的外部约束。

Lee 和 Hutchison（2005）提出环境信息披露的主要原因有社会层面的（法律和政策，合法性和公众压力）、企业或行业层面的（企业特质，合理的损益分析）和个体层面的（文化和意识）。Solomon 和 Lewis（2002）则将企业披露环境信息的动机浓缩为四个方面，即市场、社会、政治和企业社会责任。

尽管环境信息日益增加，国外许多研究表明大多数国家的企业环境信息披露的数量仍非常低甚至不存在。寻找披露不足的动机非常困难，因为环境管理对企业管理层是一个敏感的问题（Owen，1992）。但是仍然有少数学者作出积极的探索。

Gray 等（2001）认为企业不愿意披露环境信息有以下原因：信息需求不够、成本太高，组织对其重视程度不足。事实上，环境立法具有地方性，因地方保护主义可能会使环境污染事件较难得到公开（Ball and Bell，1995）。Solomon 和 Lewis（2002）揭示了企业披露环境信息的阻碍机制，认为对于公布敏感信息的担忧是阻碍企业进行披露的原因之一，以及环境信息提供者与环境信息使用者之间存在着认知落差。与此同时，披露不利的消息对企业而言也是不智之举，Benston（1982）认为披露的信息越多，反而会增大公司所承受的社会压力；社会报告方面，经理层没有一种清晰的委托责任，他们认为利润最大化是公司的唯一目标。

当前解释企业披露环境信息的动机理论尚有争论，Gray 等（1996）曾将其先前的文献涉及的理论概括为三种：决策有用论、经济代理理论、社会与政治论。理论的争论表明或暗示企业环境信息披露具有复杂的动机。广泛接受的企业环境信息披露的动机主要建立在以下三种理论上：政治经济理论（political economy theory）、合法性理论（legitimacy theory）以及利益相关者理论（stakeholder theory）。

　　第一，政治经济理论。企业通过披露环境信息，以支持社会的形象旨在保护企业自身利益、维持并合法化其与社会的关系（Guthrie and Parker, 1990; Williams, 1999），以及显示良好的潜在绩效（Clarkson et al., 2008），并避免可能的监管处罚（Cho and Patten, 2007; Zeng et al., 2010）。因此，政治经济理论为企业的环境信息披露实践提供了有价值的解释。政治经济理论表明，一般来说企业的存在依赖于社会的支持，如果一家企业被认为从事不利于社会的活动，那么社会可能不再认可该企业，甚至导致该企业倒闭，因此企业有动机披露环境和其他社会责任的信息以维持其社会存在（Guthrie and Parker, 1990; Ramanathan, 1976; Williams, 1999）。根据政治经济理论的观点（Clark, 1991），企业披露环境信息是为了满足企业周围的社会、政治和经济系统的需要。

　　第二，合法性理论。在近来的研究中，越来越多的研究者倾向于认为合法性理论可以作为解释企业环境报告的理论（Deegan, 2002; Cho and Patter., 2007; Clarkson et al., 2008; de Villiers and van Staden, 2010; Fallan and Fallan, 2009; Magness, 2006; Wilmshurst and Forst, 2000）。合法性理论沿袭政治经济理论的观点，认为企业经济问题不能孤立地进行研究，应在政治、社会与制度的框架内讨论（Gray et al., 1996）。当企业创造的价值与社会认同的价值不一致时，企业的合法性便出现实质性或潜在的威胁（Deegan, 2002; Lindblom, 1994）。根据合法性理论，公司实际的环境表现应与社会期望相符合。

　　"合法性理论"也较"政治经济理论"更能进一步解释企业进行环境信息披露的原因。企业的生存和发展依赖于对赋予其权力的利益相关者的贡献（Magness, 2006）。因此，在某种程度上，具有较差环境绩效的企业面临更强的社会与政治的压力，这些压力威胁其合法性，企业会积极地在年报中向外部利益相关者披露详细的环境信息（Cho and Patten, 2007; Clarkson et al., 2008）。在规制背景下环境信息披露主要是合法性显示的功能，而不是显示责任的机制（Patten, 2005; Cho and Patten, 2007），更多的环境披露用于满足日益增长的利益相关者对环境的关注（Fallan and Fallan, 2009）。

　　第三，利益相关者理论。Freeman（1984）认为企业可被理解为关联的利益相关者的集合，而企业的管理者需要管理与协调各个利益相关者。利益相关者可以影响企业的利益与合法性权力。因此，企业的社会责任包括环境责任必须满足利益相关者的需求。这一理论从企业组织的视角分析企业环境信息披露的行为动机，Ullmann（1985）和 Roberts（1992）作出一个很好的表述。根据这一理论，企业生存需要利益相关者的支持。利益相关者越有影响力，企业就越要适应它。Wilmshurst 和 Frost（2000）针对澳大利亚 62 位污染行业的财务主管，通过问卷调查，研究企业年报中涉及的环境信息披露动因和其实际的环境信息披露行为是否一致，结果表明，管理层的环境信息披露决策，首先要考虑的因素是股东和法规，但事实上披露的内容并非以法规为主，而主要是满足强势利益相关者即股东的需求。此时，正当性理论无法加以解释。

对于企业披露环境信息的理论，学者的看法不是完全一致的。但通过上述的文献分析可知，各种动机理论彼此间是互补的，而并非相互矛盾与竞争的。

合法性理论与利益相关者理论都构筑在政治经济理论基础上，理论之间并不完全冲突，是可以相互补充的，利益相关者理论提供了一个分析的框架，在环境信息披露方面，更多地表现为对企业的压力，尤其是政府的法规，企业积极地应对政府施加的压力以取得合法性的地位。

政府颁布一系列法规制度，是一种直接的压力，影响较大；而公众是一种间接的压力，影响较小（Lee and Hutchison，2005）。Liu 和 Anbumozhi（2009）基于利益相关者理论识别了影响企业环境信息披露水平的决定因素。他们发现中国的上市公司环境信息披露的策略主要是满足政府的要求，而股东和债权人对企业环境信息披露水平的影响非常微弱。Bewley 和 Li（2000）发现如果提供更多的媒体聚焦、高环境敏感性行业或产品以及更多的政治接触，那么企业更有可能自愿披露较全面的环境信息。

通过文献研究发现，现有文献中涉及的理论基础仍然需要进一步的推进与发展，尽管企业环境信息披露大多借鉴政治经济、合法性、利益相关者三个理论，但是仍然有必要澄清在环境信息披露领域具体的和关键的利益相关者及其角色，以及所谓合法性，是否存在经济的披露动机，上述理论是否能分别充分解释自愿时期的披露与强制时期的披露，企业选择性披露策略是否与其社会心理有关，即是否存在通过选择性行为进行面向利益相关者的印象管理，等等。

2.3 利益相关者与企业环境信息披露的研究进展

根据利益相关者理论，利益相关者提供关键的资源有利于企业发展，因此，管理者有责任满足利益相关者的需求，并平衡具有冲突的利益相关者的需求（Brammer and Pavelin，2006；Cormier and Magnan，2003；Huanng and Kung，2010）。

先前的环境披露的研究已揭示不同的利益团体能够影响企业的环境信息披露（Alnajjar，2000；Bewley and Li，2000；Bowen et al.，1995；Brown and Deegan，1998；Cormier and Magnan，2003；Huang and Kung，2010；Neu et al.，1998；Patten，1991，1992；Liu and Anbumozhi，2009）。这些研究认为企业需要履行社会责任以

满足利益团体的需求，因此环境信息披露是企业展示社会责任的一种手段。但是目前，大多数的文献仅讨论某些特定的利益相关者与企业环境信息披露之间的关联，如有的从规制视角分析与政府的关系（Cormier et al.，2004；Liu and Anbumozhi，2009），有的从经济因素角度关注外部市场（Brammer and Pavelin，2006；Capelle-Blancard and Laguna，2010；Dasgupta et al.，2006），有些从公司治理视角讨论所有权（Brammer and Pavelin，2006；Halme and Huse，1997）。

代表性的研究主要有：Halme 和 Huse（1997）探索了公司治理因素、行业因素、国家因素，研究发现高污染企业更关注环境披露，如果所有权属于多个国家，企业在准备年报时会给予环境信息披露不同程度的关注；Cormier 等（2004）揭示企业环境主管的态度与不同的利益相关者有关系，企业会响应不同的利益相关者的诉求以获得社会合法性；Brammer 和 Pavelin（2006）研究了企业自愿性环境信息披露的决策受到来自外部利益相关者的压力，发现规模大、低负债、所有权分散的企业可能倾向于较多的环境信息披露。Liu 和 Anbumozhi（2009）检验了三个利益相关者的影响，发现中国企业的环境信息披露主要受政府的影响，股东与债权人影响微弱。Huang 和 Kung（2010）研究了中国台湾地区的上市公司，从利益相关者期望的角度分析对企业环境披露的影响。

综上所述，在环境信息披露的研究领域，利益相关者得到研究者们的重视。但是，单一视角的分析可能导致难以厘清其间的学理关系。因此，需要更全面地检视各种利益相关者（尤其是外部，如政府、债权人、顾客、供应商、竞争者、股东、环保团体、公众及媒体、会计公司等）对企业环境信息披露的角色，以及具体"利益"如何，对企业环境信息披露的影响力程度，如何识别影响大的利益相关者，企业应如何回应并平衡利益相关者等问题的相关研究仍然欠缺，需要进一步的推进。

2.4　企业经济绩效与环境信息披露的研究进展

在过去的研究中，没有一个企业因素，如经济绩效与企业环境信息披露水平的关系复杂到难以得到明确结论的地步。大量的实证研究关于企业经济绩效与企业的环境信息披露决策的关系产生了理论观点上的不一致以及研究结果的冲突（Gray et al.，2001；Karim, et al.，2006；Laidroo，2009；Ullmann，1985；Yu et al.，2011）。

如果一家公司具有优良的绩效，极有可能披露更多环境信息以显示其优势或卓越（Ross，1977），从而减少投资者与管理者的信息不对称所导致的代理成本

（Botosan，1997；Laidroo，2009）；相反，如果运营状况越差越有可能少披露关于环境责任、环境投资与有关运营支出的信息（Karim et al.，2006）。因此较多披露环境信息的企业倾向于具有当前较好的绩效（Lang and Lundholm，1993）和较低权益资本的成本损失（Richardson and Welker，2001），所以在企业环境信息披露与企业利润之间存在正相关关系。Neu 等（1998）、 Cormier 和 Magnan（1999）、Frost 和 Wilmshurst（2000）、 Watson 等（2002）和 Prencipe（2004）的研究均支持这一结论。

但是，也有一些研究发现两者之间不相关（Brammer and Pavelin，2008；Clarkson et al.，2008；Cormier and Gordon，2001；Cowen et al.，1987；Freedman and Jaggi，1982；Patten，1991，Karim et al.，2006；Laidroo，2009），有的甚至是负相关（Brown and Hillegeist，2006；Chen and Jaggi，2000）。

以下几个方面的原因可能导致企业经济绩效与环境信息披露水平之间的不一致甚至矛盾的结果（Patten，2002）：

（1）环境信息披露与企业所处国家的情境有关（Darnall et al.，2010；Gray et al.，2001；Fallan and Fallan，2009）。Fallan 和 Fallan（2009）指出不同的国家和社会对环境信息披露具有不同的制度要求。

（2）可能目前环境信息披露的理论还不充分或者解释不当（Ullmann，1985），尽管很大程度上理论基础已取得共识（Gray et al.，2001）。当前在环境信息披露行为的理论上，更多的研究倾向于利益相关者理论和合法性理论，认为企业披露环境信息主要来自外部的压力以体现其合法性。但是企业环境信息披露还具有信号显示的功能，企业可能会通过积极的环境信息披露以显示其优良的业绩，或者通过有选择性披露策略达到印象管理的目的。因此单一的理论很难解释企业环境信息披露的现状，其理论解释需要融合多种理论，以形成更为深入的理论洞察。

（3）早期许多研究中缺乏企业规模、行业或其他的控制变量（Bowman and Haire，1975；Freedman and Jaggi，1982；Preston，1978），以及没有运用系统的纵向研究，两者之间的关系被证明是不固定的，会随时间的变化而变动（Cho and Patten，2007；Patten，2002）。

（4）大多数研究没有区别企业的自愿性披露与强制性披露（Gray et al.，2001）。Huang 和 Kung（2010）也发现企业绩效与自愿性披露有显著正相关关系，而与非自愿披露没有关系；Karim 等（2006）也发现强制性环境披露总量与企业绩效不相关。通过文献研究也发现，在发达国家环境披露立法相对完善的背景下，有强制性环境信息披露的要求，研究结果更多表现为不相关或负相关关系，而早期的企业自觉披露的背景下，研究结果更多地表现为正相关关系。

对于自愿性环境披露与企业绩效，信号理论（signaling theory）表明具有高盈利能力与品质的公司有动机自愿将自身品质的信号传递给外界，以区别于低品质公司，从而获得更多的利益。因此，上市公司可能会基于公司形象、投资者关系等动机主动对外披露公司信息。基于市场的研究表明，环境信息中的环境成本和责任的财务信息与投资者和债权人有关（Blacconiere and Patten，1994；Li and McConomy，1999；Neu et al.，1998）。Neu 等（1998）揭示利益相关者中的投资者和债权人的关注是影响企业环境披露水平的首要因素。企业有越多的融资需要就越有可能频繁披露信息（Barth et al.，1997；Healy et al.，1999；Laidroo，2009）。因此环境披露肯定传递了经济信息，因为投资者会根据企业披露的污染数据来调整他们的期望（Freedman and Jaggi，1988；Clarkson et al.，2008）。Lang 和 Lundholm（1993）、Al-Tuwaijri 等（2004）、Frost 和 Wilmshurst（2000）、Clarkson 等（2008）研究表明经济绩效好的企业有较高的自愿性披露的倾向，通过对广泛的可量化具体措施和污染事件的处理，向金融市场显示他们的正面的消息。这些作者认为企业环境信息披露与财务状况正相关。Gray 等（2001）的研究也显示，规模大和盈利能力强的公司会倾向于披露更多的环境与社会责任信息。现存的研究认为企业自愿的环境信息披露是有价值取向的，同时也是一种策略性选择。根据社会心理学，企业环境责任信息披露是一种印象管理，企业可以采取选择性信息披露的方式，通过"回应、支持，甚至夸大"主要的环境责任，传递并强化公众印象，为公司利益服务。信息披露中的印象管理行为就像财务报告中的盈余管理行为一样，尤其是在自愿披露的情况下（Leary and Kowalski，1990；Lehman and Tinker，1987；Abbott and Monsen，1979；孙蔓莉，2004）。许多研究表明有关环境信息的报告几乎都是正面的环境信息（Deegan and Rankin，1996；Fallan and Fallan，2009；Niskanen and Nieminen，2001）。因此当财务状况较好，使公司有更宽裕的资源投入环境责任中去时，管理层对环境事项的反应与企业获利模式相同。

然而，对于强制性环境披露与企业绩效的关系，政治经济学理论、合法性理论表明，企业披露是社会与政治压力的结果（Clarkson et al.，2008），在规制压力背景下预测企业绩效与环境信息披露是负相关关系（Clarkson et al.，2008；Patten，2002）。这样，自愿披露和强制披露与经济绩效的关系将是完全相反的。

2.5　企业特征与环境信息披露的关系研究评述

先前的研究文献中，影响企业环境信息披露的企业特征除经济绩效外，主要涉及企业规模、行业类型、所在区域的市场化程度、资产负债率、所有权与公司治理结构、融资需求。

（1）企业规模。"利益相关者理论"与"外部压力理论"均证实了企业规模与环境信息披露水平之间存在密切关系（Boesso and Kumar，2007；Campbell，2003）。一方面，规模越大对环境有更大的影响，就越会受到政府环保机构、环境团体、媒体等利益相关者的关注以及更大的压力（Darnall et al.，2010；Deegan and Gordon，1996），这将直接有助于提高企业的环境管理和信息披露水平；另一方面大公司拥有更多的资源来实施环境保护（Liu and Anbumozhi，2009；Zeng et al.，2010），这样更可能多的环境信息披露显示了其承担的企业社会责任（Dierkes and Preston，1977），进而降低企业的政治与代理成本（Cormier and Gordon，2001；Karim et al.，2006）。

（2）行业类型。行业类型也被认为是影响企业环境信息披露的重要因素（Bewley and Li，2000；Boesso and Kumar，2007；Cormier and Gordon，2001；Li，1997；Wang et al.，2004）。环境敏感性行业的企业可能披露更多的环境信息来表明其合法性（Boesso and Kumar，2007；Zeng et al.，2010）。重污染行业的企业面临更严格的政府监管，并被要求披露更多的环境信息。因此，企业披露策略与政府的关注程度密切相关。

（3）所在区域的市场化程度。不同市场化程度的区域，相应的外部利益相关者的关注与要求是不相同的（Liu and Anbumozhi，2009；Zeng et al.，2010）。我国各地区的市场化进程是不均衡的，经济发达的东部地区，其市场化程度也较高（樊刚等，2007）。Liu 和 Anbumozhi（2009）研究发现企业所在地区的市场化程度与环境信息披露存在正相关，而 Zeng 等（2010）发现是负相关。事实上，市场化程度高的地区其环境敏感性行业相应较少。发达地区的地方公众环境保护的意识更强，政府会通过改变污染企业的布局来达到环境保护的目的，更多的污染企业正在向经济不发达的中西部区域转移。

（4）资产负债率。资产负债率能反映一个企业的财务风险和金融资源的可获得性。高负债率的公司可能会面临更高的资本成本，因为更多的债务意味着更高的风险（Karim et al.，2006）。Cormier 和 Magnan（1999）揭示高负债率与较低环境信息披露相联系，存在负相关关系。Eng 和 Mak（2003）的实证研究也证实这一发现。

（5）所有权与公司治理结构。相比于其他企业特征，所有权类型作为企业环境信息披露的影响因素之一则较少被分析（Celik et al.，2006），但是研究者对所有权影响企业环境信息披露的观点比较一致（Celik et al.，2006；Healy et al.，1999，

Laidroo，2009；Saleh et al.，2010；Xiao et al.，2004），即国有产权的上市公司能得到国家更多的扶持（Zeng，et al.，2003）和更大的政治关注度（Eng and Mak，2003；Makhija and Patton，2004），因此倾向于披露更多环境信息，而私营企业在环境信息披露方面则表现较差。Saleh 等（2010）针对马来西亚的上市公司，研究得出企业社会责任与其所有权之间存在显著的相关性。相比于西方发达国家，如美国和英国，企业所有权相对分散（Chau and Gray，2002），而在中国有大量国有企业或国家控制的上市公司，这必然会产生国有与非国有两类企业环境信息披露的差异。企业的法人治理情况也可能会影响高层管理者对待环境信息披露的态度（Kock et al.，2012）。

（6）融资需求。企业管理者若有融资需求会为了减少与潜在投资者的信息不对称而增加自愿性环境披露（Healy and Palepu，2001；Karimer et al.，2006）。

研究者们已从一个广泛的理论视角，针对许多企业特征（如环境敏感性行业、企业规模）得到了较为一致的结果，但是企业特征与环境信息披露的联系程度仍然需要作出更进一步明晰的解释。此外企业的产品市场竞争程度对环境信息披露的作用尚没有报道，而 Nickell（1996）和 Aghion 等（2005）发现产品市场竞争对企业绩效和企业创新性具有重要的影响。

2.6　有关中国企业的环境信息披露研究评述

近年来，中国企业的环境信息披露问题已受到许多学者的关注，尤其是从事环境会计的研究人员，以及一些环境创新与管理的学者。在国际期刊上关于中国企业环境信息披露的研究非常少，主要有上海交通大学的 Zeng 等（2010，2012）针对中国的上市公司的环境信息披露研究，2006～2008 年动态分析环境信息披露水平，以及不同企业规模、所有制、地区市场化程度、行业的披露水平的差异，以及 Xu 等（2012）针对企业环境违规的股票市场反映研究。另有日本 Kansai 研究中心（全球环境战略研究所）的 Liu 和 Anbumozhi（2009）针对中国的上市公司分析政府、股东、债权人三个利益相关者对企业环境信息披露的影响，主要结论是政府影响巨大，而股东与债权人则影响微弱。Liu 等（2010c）还以江苏常熟的 23 家参与政府披露项目的企业为样本，分析强制性环境披露的传导机制，即企业环境披露影响信息使用者的感知，进而影响使用者的行为，这反过来又影响企业的环境披露行为，企业的环境绩效因之得到改善。

我国国内其他学者在环境信息披露的研究上，也作出大量的努力。我国学者早先是从规范的角度进行研究，如我国企业环境报告书基本框架（李建发和肖华，

2002；高红贵，2010；宣杰和胡春晓，2010），绿色会计应如何计量和报告（孙兴华和王兆蕊，2002）。有的研究者通过定性的比较研究，分析中日两国企业环境信息披露的外部动因（蒋麟凤，2009）。

近年来，实证的方法开始逐步在我国环境信息披露研究中应用，主要有以下几个方面。

（1）环境信息披露的内容和方式。耿建新和焦若静（2002）以及毕茜等（2012）建议上市公司完整的环境信息披露内容应包含环境问题及影响、环境对策和方案、环境支出和环境负债。有的研究者调查企业环境会计报告的形式并建议企业披露相关的内容（肖淑芳和胡伟，2005；蔡昌，2000；储姣等，2003；翟春凤和赵磊，2007）。也许借鉴国际经验能得到好的启示，王建明等（2007）选取欧盟国家及美国、加拿大等西方发达国家的 5 家上市公司为样本案例，对其环境信息披露的形式和内容进行对比，指出西方发达国家的企业在环境信息披露方面的主要特点。这个研究对中国环境信息披露形式和内容具有启发性。

（2）环境信息披露的现状研究。一些研究者通过对我国企业环境信息的内容展开分析，指出存在的若干问题以及对策建议（周一虹和孙小雁，2006；尚会君等，2007）。一个基本认识是我国上市公司环境信息披露水平不足及缺乏货币计量，如王珍义等（2008）以年报业绩前 50 名的公司为例的分析，赵丽萍等（2008）以2007 年沪市 A 股 166 家上市公司为例的分析。

（3）环境信息披露的影响因素分析。汤亚莉等（2006）实证研究了企业特征，如规模、绩效等影响企业环境信息披露程度。万里霜（2008）统计分析了 2006年我国上海证券交易所"A"股上市公司年报中"管理层讨论与分析"包含的环境信息，也发现环境披露与规模、行业、地区有关。李晚金等（2008）以沪市的201 家公司为样本，发现总体状况很差，但披露水平在不断提高，除公司规模外，企业绩效、法人股比例也是影响我国上市公司环境信息披露的重要因素。还有一些研究者分析了公司治理（邹立和汤亚莉，2006；孙烨等，2009；舒岳，2010）与外部环境监管（王建明，2008）对企业环境信息披露具有重要的影响。另有少数研究者分析了特定行业的企业环境信息披露的因素，代表性的有孙玉军和姚萍（2009）以医药制造业上市公司为例；王珍义等（2009）基于纺织行业的实证分析。王霞和徐晓东等（2013）针对中国的制造业上市公司，从公共压力、社会声誉和内部治理三个方面选择若干因素，从是否披露以及披露多少，实证分析了中国企业环境信息披露的决定因素。

对环境信息披露的实证研究在我国刚刚起步，但已取得了可喜的进展。然而对披露环境信息的范围和内容尚需进一步的细化以及设置符合我国目前特点的环境信息披露内容框架；在用年报反映信息披露水平时的定量统计分析比较杂乱，尚未形成一致性的共识。大多数的研究所选样本较少，许多研究限于某一行业，缺乏大样本、跨行业比较以及动态的持续跟踪研究。

综上所述，我国大多数对环境信息披露的研究正处于从介绍环境信息披露现状、披露内容与披露方式的探讨阶段向影响因素的实证研究阶段转变。总体来看，我国学者结合中国情境对企业环境信息披露研究进行了有益的探索。

第3章　企业环境信息披露：高管的角色

3.1　高管背景特征对企业环境信息披露的影响

3.1.1　引言

为监督及推动企业履行环境责任，国家环境保护部门及社会公众已经开始意识到环境信息的披露可以作为约束企业环境行为的重要措施（万里霜，2008；Murray and Gray，2006）。企业环境信息可以通过财务报告、网络媒体、传统媒介或其他途径向公众披露，其中环境信息指企业的环境政策、环境影响、环境表现等。发布透明的企业环境信息正成为许多国家对上市公司的法定要求（Lee and Hutchison，2005）。

在中国许多公司通过在年报上增加一些环境信息条目来披露信息，甚至制定独立的环境报告。但是由于缺少具体的环境信息披露准则、方针，加之政府监管的不足，中国企业环境信息披露的程度、时间、效果还不尽如人意（Liu and Anbumozhi，2009；尚会君等，2007；Zeng et al.，2010）。近60%的上市公司没有公开环境方面的数据信息（Zeng et al.，2010）。

目前我国爆发了一系列的环境污染重大事件，使环境信息公开引起社会的高度关注。例如，紫金矿业公司在2010年7月发生含铜酸性溶液渗漏到汀江事件，并且隐瞒了此次事件，直到第二次渗漏发生，造成了严重的社会影响。这家著名的中国上市公司受到了严厉的处罚，并遭到停牌整顿。社会要求上市公司披露环境信息并接受公众监督的呼声也越来越强烈。

环境信息披露作为企业社会责任的一部分（Rahman et al.，2007），其披露水平究竟受到哪些因素影响，人们已展开了许多深入的研究。面向中国企业的环境信息披露，Zeng 等（2010）、Liu 和 Anbumozhi（2009）、Liu 等（2010a，2010b，2010c）已展开很有价值的研究，基于中国背景考察了企业特征的影响以及外部因素的作用。Zeng 等（2010）统计分析了中国制造业上市公司环境信息披露的状态，发现其披露水平与企业的特征有密切的关系（如行业类型、企业规模、所有权、所在地区市场化程度）。近年来的研究还进一步关注利益相关者对企业环境问题（包括环境信息披露）的促进作用（Liu and Anbumozhi，2009；Dong et al.，2011；

Liu et al.，2010b）。根据利益相关者理论，Liu 和 Anbumozhi（2009）识别了具有外部代表性的三个利益相关者（政府、股东、债权人）对中国上市企业环境信息披露的影响，揭示企业环境信息披露主要受政府压力的驱动，有证据表明股东和债权人的影响非常微弱。Liu 等（2010b）进一步调查另一类利益相关者——当地居民，发现当前其环境意识还是比较薄弱，不愿意与污染企业对抗。然而居民的抱怨也是有用的，可以提供有价值的信息，以便于规制者获知污染的来源（Dong et al.，2011）。尽管实证研究识别政府、顾客、股东、当地居民的压力一定程度上促使企业提升环境绩效（Zhang et al.，2008；Liu and Anbumozhi，2009），但其中政府的作用是最突出的，中国上市公司环境信息披露仍然定位于满足政府的要求（Liu and Anbumozhi，2009），如 Liu 等（2010a）和 Liu 等（2010c）在我国江苏省常熟市的调查表明，针对污染企业的绿色观察（greenwatch）项目有效提高了企业环境绩效的水平。

企业的环境活动嵌入在内外部利益相关者的网络之中（Darnall et al.，2010）。然而，绝大多数的文献没有考察内部重要的利益相关者——企业高管，尽管高管是企业内部感知利益相关者压力的群体，但先前文献假定企业高管是沉默且具有同质性的，有关高管的异质性研究很少。一个显然的事实是，高管具有最终决策权，决定是否披露环境信息，披露什么，披露多少。企业高管处于环境信息披露的枢纽地位，是关键的内部利益相关者。因此企业高管的环境意识在决定环境信息披露的内容和程度方面具有重要作用（Alberti et al.，2000；Murray and Gray，2006）。

调查制造业上市公司的数据，并实证检验高管的背景特征与企业环境信息披露程度的关联，主要贡献在于：

（1）从高阶理论的视角调查可能影响环境信息披露的高管背景特征，统计描述中国制造业上市公司的高管特征的状况和差异；

（2）进一步发展 Zeng 等（2010）对于企业特征如何影响中国上市公司环境信息披露的研究，并拓展 Liu 和 Anbumozhi（2009）关于外部压力对中国上市公司环境信息披露的研究；

（3）利用计量模型实证检验高管的背景特征是否会影响企业环境信息披露水平，考察在中国环境监管不足的情况下，高管对环境信息披露的态度是否存在异质性，以期加深对高管环境披露行为的理解。

3.1.2　文献回顾

在环境信息披露领域，一个重要的理论与实践问题是，什么决定了企业环境信息披露活动。之前许多研究已关注企业环境信息披露的动机，倾向于归因不同的组织特征和外部压力。压力群体包括政府、当地社区、顾客、公共利益团体等利益相关者，他们关心企业信息披露并且能对企业施加影响（Boesso and Kumar，2007；Christmann and Taylor，2001；Delmas，2003；Liu and Anbumozhi，2009）。组织特征主要包括企业规模（Deegan and Gordon，1996；Gray et al.，2001；Zeng et al.，2010）、行业类别（Bewley and Li，2000；Boesso and Kumar，2007；Cormier and Gordon，2001；Wang et al.，2004；Zeng et al.，2010）、企业所有权类型（Zeng et al.，2003）等；一些研究指出公司治理影响环境信息披露（Chen and Jaggi，2000；Haskins et al.，2000）；另有少数学者探究了企业所在地区市场化程度与企业环境披露的关联（Liu and Anbumozhi，2009；Zeng et al.，2010）。但是先前的研究都是建立在高管具有同质性的假设上，缺乏对高管的承诺和偏好的不同对环境信息披露影响的具体探究。

环境管理的许多文献已经触及高管环境感知能影响企业环境保护行为（Sharma，2000；Tzschentke et al.，2004），表明环境管理成功的关键因素是高管的支持（Zutshi and Sohal，2004），需要高管向员工灌输环境的重要性，并让每一个员工认识到与之有关（Pujari et al.，2004）。Tzschentke 等（2008）指出高管的环境意识、关注水平被证实是旅店环境管理的决定因素。Sharma（2000）提出一个概念性模型，认为高管将环境问题视为威胁或机会和企业积极的环境战略存在正向关系。Aragón-Correa 等（2004）的研究支持了高管在提升公司环境承诺方面的核心作用。另一些研究者认为高管个体的环境态度影响污染治理的实施（Cordano and Frieze，2000；Alberti et al.，2000；Zeng et al.，2003，2005）。Cordano 和 Frieze（2000）发现节能偏好与环境管理者的防污态度、法规标准感知、污染行为控制、先前污染削减活动存在正向关系。Zeng 等（2003）调查发现影响中国建筑企业实施 ISO 14001 环境管理体系的障碍在于财务负担、低利润率、企业缺乏环保意识，而驱动实施环境管理体系的原因是"试图进入国际建筑业市场"。Zeng 等（2005）的进一步调查发现阻碍中国制造业企业导入 ISO 14001 最重要的因素是高管的环境意识。

在 Egri 和 Herman（2000）之前，除了 Snow（1992）对美国 248 家环保组织的调查之外，人们对环境管理层面的管理者特征知之甚少。Snow（1992）发现环保组织 79% 的领导者是男性，且这些领导者的平均年龄是 45 岁，他们受过良好教育，99% 的人至少拥有大学学历。Egri 和 Herman（2000）调查了非营利环保团队的领导者以及提供环保产品或服务营利组织的 73 个领导者，数据表明，与其他类型的组织相比，这些领导者更加开明，易于接受变化，也更加追求超越自我。但在人口特征（如年龄、性别、教育程度、婚姻状况）上没什么显著差别。Fryxell 和 Lo（2003）却证实环保知识和环境价值观对具有不同特征（性别、年龄、教育）的中国管理者的行为会产生影响，其中性别会影响管理行为，而年龄影响不大（尽管观察到年龄和环保知识之间呈反向关系），他们还发现商业教育和管理培训对预防环境污染行为很有帮助。

正如前述，尽管环境管理问题已得到深入讨论，高管对环境管理的影响也不时得到强调，但是高管的背景特征对环境管理的影响还鲜有人调查，尤其是在环境信息披露领域，还没有引起关注。由此，实证检验中国上市公司高管背景特征和环境信息披露水平之间的关联，这也许可以提供一个新的视角看待中国高管对环境管理的态度，并更好地理解环境信息披露的决定因素。

3.1.3　理论和假设

作为企业社会责任的一部分，环境管理很大程度上由高管如何感知内部和外部压力所决定（Sharma，2000）。Hambrick（2007）阐述到"如果想了解为什么组织这么做，就必须考虑他们最有权力的管理者——高管的偏好和性格"。因此，"高阶理论"可以被用来理解上市公司高管背景特征和环境信息披露之间的关联。

高阶理论，最初由 Hambrick 和 Mason（1984）提出，后又经过 Hambrick（2007）进一步发展，为理解高管特征与商业组织环境和战略选择提供了理论框架。这个理论认为企业战略选择是一个非常复杂的决策，而最终决策受高管多种行为因素的影响，反映了高管的特质（Hambrick and Mason，1984；Hambrick，2007；Ding 2011）。图 3-1 展示了高阶理论预示高层管理者背景特征影响企业环境信息披露的过程，高管要面对复杂的战略情境以及各种利益相关者的压力，可能超出高管的领会范围，高管的行为取向会受到自身可观测的背景特征以及难以观测的心理因素影响，这些导致高管进行选择性认知，基于信息的筛选作出具有个性化的对现实的诠释。很多研究都证实了管理者特征对企业战略选择、企业表现的影响，进而支持了"高阶理论"（Tihanyi et al.，2000；Jensen and Zajac，2004；Bantel and Jackson，1989）。以高阶理论为研究基础，研究可以分为两部分，第一部分讨论高管团队（TMT）的影响，第二部分着重关注企业家或高管的个体影响。本书聚焦于后者。对于后者，理论建议应关注高管的背景特征，包括年龄、性格、工作经历、教育程度、性别、民族和经济地位等。因为企业家和高管的认知来自于他们先前的经历。这样，背景特征可以体现高管的认知和价值观。

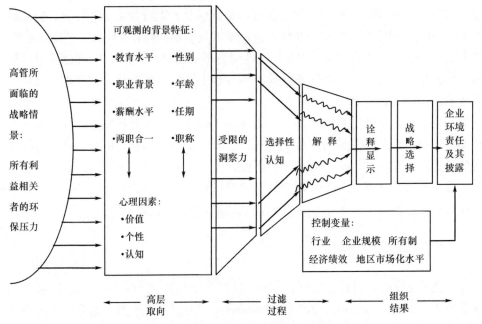

图 3-1　有限理性下的战略选择：高管诠释的现实

资料来源：参考 Hambrick 和 Mason（1984）、Finkelstein 和 Hambrick（1996）的研究以及 Hambrick 对高阶理论起源、迂回的概述，并引入环境披露的履行及其程度作为组织结果

　　企业环境信息披露也与商业伦理有关，因为企业不仅可能粉饰环境信息，还极有可能有目的地选择性披露环境信息，以此为公司谋取利益。因为外部利益相关者很难判定环境信息披露的质量，所以企业常常报告对自己有利的信息。Pava 和 Krausz（1996）发现高管会利用策略性和非策略性的语言来披露社会责任信息，策略性语言是指隐瞒社会责任的敏感议题。尽管关于环境信息披露与高管特征的关系研究很少，但是个体因素已经引起了很多伦理研究者的关注，有关伦理决策的文献也对个体特征进行了深入的研究（Ford and Richardson，1994；Loe et al.，2000）。一些学者对有关伦理决策的文献进行了综述，影响伦理决策的变量被划分为独特的个体因素和情境变量（Ford and Richardson，1994），其中与个体因素有关的变量包括国籍、宗教、性别、年龄、教育、职业等。Loe 等（2000）总结了先前学者关于个体因素（如性别、道德、教育、工作经历）和影响伦理决定的组织学习过程的一致观点。一个明显的事实是，越来越多的个体因素受到广泛关注。

　　根据高阶理论的启示和伦理决策中有关个体的因素，涉及的高管背景特征包括教育背景、工作经历、年龄、任期等（Hambrick and Mason，1984；Bantel and

Jackson，1989；Wiersema and Bantel，1992；Tihanyi et al.，2000；Jensen and Zajac，2004）。选取的高管背景变量包括高管教育水平、专业资质、年龄、性别、任职时间、是否领取薪酬及多寡、是否兼任 CEO、是否在上市公司以外单位兼职等方面。

第一，教育水平和专业资质。

教育背景在一定程度上反映了一个人的知识和技能基础。受教育程度反映高管接受和处理新异知识和复杂信息的能力。教育程度高的管理者更愿意接受新想法，更有能力适应变化。先前的研究表明教育程度高的管理者更倾向于实行战略变革（Bantel and Jackson，1989；Wiersema and Bantel，1992；Ding，2011）。Finkelstein 和 Hambtick（1996）发现高管的教育水平和组织能力呈正向关系，教育水平高的管理者更会作出理性的决定。因此受到的教育水平越高，可能越关心企业的社会责任。专业资质是授予专业技术人员的"头衔"，反映专业技术或水平的等级。当前中国的会计师、经济师、律师、审计师、统计师的专业认证越来越严格，得到这样资格的先决条件包括取得大学本科以上学历，一定年数的中级任职资格且工作业绩突出。一般认为，高职称的企业家具有较高的知识和技能，对自我的要求较高，对社会具有更高的责任感（Ding，2011）。

综上所述，教育程度高或专业资质高的人更愿意改变或更有能力解决包括环境保护在内的复杂问题，当然他们也越有可能承担更多的社会责任。鉴于以上讨论提出以下假设：

H_a：企业环境信息披露的水平与高管的教育水平呈正相关；

H_b：企业环境信息披露的水平与高管的专业水平呈正相关。

第二，年龄和性别。

年龄代表了管理者的经历和风险偏好，会影响企业的战略选择。研究表明年龄与认知水平有关，随着年龄的增加，管理者更倾向于规避风险（Hambrick and Mason，1984）。先前研究证实年龄越大的管理者越倾向于保守的战略决策（Wiersema and Bantel，1992）。年轻的管理者可能对环境保护的态度更开放，也有较强的环保意识。

人口学和心理学研究证实男性和女性管理者在行为表现上有差异。一项关于教育水平影响企业生存的调查显示，一般来说，在美国女性任高管的企业比男性任高管的企业生存得时间更长久（Boden and Nucci，2000），而且调查还发现女性高管倾向于追求长期的稳定发展，企业战略相对保守。Barua 等（2010）综述有关性别和信息披露质量之间的关联，讨论在不同决策背景下，如对待风险的态度、财务分析、法律遵守性别的差异。正如 Barua 等（2010）总结的那样，女性在制定决策时表现出更谨慎、更少攻击性。谨慎的管理者倾向于规避风险，出于股东的压力和股票市场的反映，对待环境事件的披露也更谨慎，因此对于女性高管来说，披露环境信息的行为更谨慎。由此假设：

H_c：高管年龄与企业环境信息披露水平负相关；

H_d：与男性相比，女性任高管的企业更倾向于减少环境信息的披露。

第三，是否领取薪酬及多寡。

高管领取的薪水越多，他们对企业与社会所承担的信托责任也越大。高管为了保持合法性地位和表明相应报酬安排的理由，倾向于积极地对外披露社会责任的信息（Inchausti，1997）。Berrone 和 Gomez-Mejia（2009）研究了环境绩效和高管薪酬之间的关系，实证发现高管的薪水和企业环境绩效联系紧密，具体表现是如果高管因为额外工作和处理环境问题的高风险却没有获得更多的报酬，则他们倾向于维持而不是提升企业环境绩效，这将会损害公司的合法性。因为高管在考虑企业环境战略时，要分析风险承担能力以及为了达到目标可能产生的损失（Berrone and Gomez-Mejia，2009），所以激励机制应该与管理努力/行为紧密联系（包括披露环境信息）。由此假设：

H_e：上市公司的高管获得薪水越多，越倾向于披露更多的环境信息。

第四，是否兼任首席执行管（CEO）、任职时间和在其他单位兼职。

代理理论认为 CEO 和董事长的职位应该由不同人担任，目的是保证公众获得满意的信息。如果 CEO 同时担任董事长职位，可能倾向于向外部利益相关者隐瞒不利消息，这会威胁监管和控制的质量（Forker，1992）。同样，在上市公司任职时间越长，最高管理者对公司的管理控制越强，越有可能威胁信息披露的水平。由此假设：

H_f：高管任职时间越长，越不利于企业环境信息披露；

H_g：高管身兼董事长与 CEO，二职合一不利于企业环境信息披露。

此外，高管是否具有丰富的其他企业任职经历也会影响企业战略选择。高管在其他单位担任职务，则应对经营中出现的复杂问题和突发事件的能力会较强。而在多个企业任过职或同时任职的高管，其社会关系网络的规模更大，高管在一家公司的自利程度有所降低，有助于企业披露更多的环境信息，由此提出：

H_h：高管在其他单位兼职与企业环境信息披露呈正相关。

根据文献综述和高阶理论的视角，研究框架如图 3-2 所示。

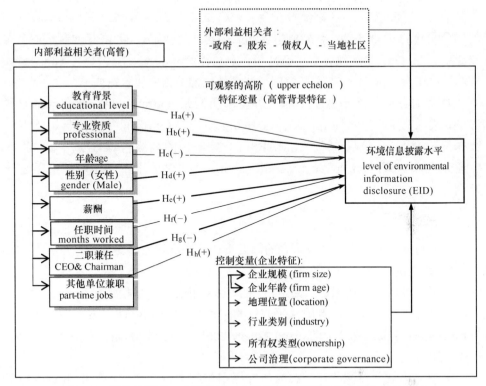

图 3-2 概念性模型：高管背景、企业特征与环境信息披露水平的关系

3.1.4 研究方法

1. 样本与数据

研究样本是中国沪深上市的全部"A"股制造业上市公司，选取制造业公司是因为制造业在生态环境方面面临更多的社会责任，研究区间为 2006～2008 年。同时根据以下标准对采集到的原始样本进行筛选：

（1）由于研究是三个会计年度的数据，为防止企业上市初期在环境方面的"包装"因素，研究选取在 2004 年 12 月 31 日以前上市的公司。

（2）剔除环境信息披露状况可能存在异常的 ST 类和 PT 类公司。经过筛选，最后用于研究的制造业上市公司 3 年共 2361 个观测样本。样本中包含 9 类制造业公司[①]，包括 174 家食品和饮料公司（7.4%），195 家纺织服装和毛皮加工公司（8.3%），82 家造纸印刷业公司（3.5%），431 家石油化工公司（18.3%），132 家电

---

① 行业分类依据是中国证监会 2001 年 4 月发布的《上市公司行业分类指引》（CSRC，2001）。

子制造公司（5.6%），365 家金属非金属冶炼公司（15.5%），652 家机械、设备和仪器公司（27.6%），270 家医药生物制品公司（11.4%），60 家其他制造业公司（2.5%）。在 2361 个观测样本中有环境信息披露的样本公司有 871 家（36.9%）。样本地区来自中国 31 个省份（我国港澳台地区的数据未包含在内）。

使用的数据全部来源于上海证券交易所网站（http://www.sse.com.cn）和深圳证券交易所网站（http://www.szse.org.cn）的上市公司年度报告，国泰安数据库的企业研究数据库（CSMAR），一些缺失的高级管理者学历与职称数据通过巨潮资讯网（http://www.cninfo.com.cn）提供的上市公司网站手工逐一查询。

2. 变量测量

以下测量指标构成了本节研究的因变量、自变量和控制变量。

1）因变量

采用环境信息披露指数（SEID）来反映上市公司环境信息披露水平。SEID是用企业环境信息披露内容的水平与详尽程度来测量（Bewley and Li，2000；Cormier and Gordon，2001；Cho and Patten，2007；Liu and Anbumozhi，2009；Zeng et al.，2010）。

关于环境信息披露水平，有的研究采用年报中包含环境信息的页数或句子数来衡量（Gray et al.，1996），或者包含的字数来衡量（Deegan and Gordon，1996），但更多的是采用内容分析法来衡量（Bewley and Li 2000；Blacconiere and Patten，1994；Cormier and Gordon，2001；Liu and Anbumozhi，2009；Zeng et al.，2010）。

Liu 和 Anbumozhi（2009）发展了上市公司环境信息披露的测量列表，通过比较全球报告倡议组织（Global Reporting Initiative，GRI）和国家环境保护总局（SEPA）在 2007 年颁布的《环境信息公开办法（试行）》，从国家的信息公开办法中的九个项目中选择了六个。Zeng 等（2010）也开发了一个测量 SEID 的指标体系（含十个项目），该指标体系不仅参考了 Liu 和 Anbumozhi（2009）的研究和中国环保总局的标准，还参照了 2008 年发布的《中国上市公司环境信息披露导引》，此规定主要针对所有上市公司，要求披露更多的有关环境保护的投资、财务和罚款信息，以及政府环境法规对企业的影响。

考虑到适应中国企业环境管理的能力以及关注的企业是上市公司，借鉴 Zeng等（2010）测量环境信息披露的方法，包括十个观测项目（表 3-1），然后依照这十个观测项目从每份年报中分析样本公司的环境信息披露水平。"指数化"技术被广泛应用于量化企业环境信息披露的质量。Bewley 和 Li（2000）以及 Cho 和 Patten（2007）指出运用与环境有关的财务类与非财务类信息能有效地估计企业的 SEID。每一个要素的得分根据企业披露信息的详尽程度，分为 0～3 分。当环境信息披露涉及财务与量化类信息时给 3 分，披露具体的非财务类或量化类信息时给 2 分，对于一般的信息给 1 分，没有披露信息的给 0 分（Bewley and Li，2000；Cho and Patten，2007；Zeng et al.，2010；Wiseman，1982）。将每个样本公司的十个披露的方面的得分进行相加得到 SEID（$SEID = \sum_{i=1}^{10} CID_i$，这里 CID_i 是某公司的第 i 个 component 的得分）（Wiseman，1982）。

2）自变量

自变量是董事长的背景特征。大量的研究表明，中国的法人代表都是董事长，董事长是事实上的最高管理者，在企业中拥有更多的决策权。中国上市公司的董事长更像发达国家的 CEO（宋德舜，2004；石军伟等，2007；陈传明等，2008）。因此将上市公司的最高管理者设定为董事长[①]。

表 3-1　企业环境信息披露水平的内容分析法测量列表

序号	测量条目
I1	企业环保投资和环境技术开发情况
I2	与环保有关的政府拨款、财政补贴和税收减免
I3	废物的处理、处置情况以及废弃产品的回收、综合利用情况
I4	ISO 环境保护体系的相关信息和责任体系认证
I5	企业环境设施的建设、运行及污染物的排放情况
I6	政府环境保护政策对企业运营的影响
I7	与企业环保有关的贷款
I8	环保相关的诉讼、补偿、处罚、奖励等
I9	企业的环境保护方针、年度环境保护目标及成效
I10	其他与环保有关的信息

（1）董事长学历：董事长的学历分成五个等级（即博士、硕士、本科、大专、中专及以下），并分别赋值为 5 至 1。其中少数的 EMBA、MBA 学历在研究中等同于硕士学历。

（2）董事长职称：研究中将董事长的职称分为三类：有且为高级职称、有且

---

① 中国上市公司法定代表人一般为董事长，是信息披露事务的第一责任人。

为非高级职称和无职称①。设置为两个虚拟变量,以无职称为基准组,ProftilCBH表示有且为高级职称则赋值为 1,其他则赋值为 0。ProftilCBM 表示有且为非高级职称则赋值为 1,其他则赋值为 0。

（3）董事长年龄:董事长的实际年龄。用样本统计年份减去董事长的出生年份。

（4）董事长性别:定义为一个虚拟变量。若董事长的性别为男则赋值为 0,为女则赋值为 1。

（5）董事长在本上市公司任职时间:以月为单位,用样本统计时年月减去董事长的任现职开始年月。

（6）董事长是否兼任 CEO:设置虚拟变量,若董事长同时兼任 CEO,则赋值为 1,如果不兼任,则赋值为 0。

（7）董事长是否在本上市公司领取薪酬:定义为一个虚拟变量。1 表示领取薪酬,0 表示没有领取薪酬。

（8）董事长在上市公司领取的报酬总额:定义为董事长在报告期年份的报酬总额,以元为单位。

（9）董事长是否在其他单位兼职:定义为是否在世界范围内除上市公司外的其他单位有兼职任务。设置一个虚拟变量,若有兼职则赋值为 1,没有则赋值为 0。

3）控制变量

根据先前的研究,应控制企业的特征（如企业规模、企业年龄、行业类别、所有权类型、经济绩效、公司治理）（Gray et al.，2001）。

企业规模采用年末总资产的自然对数作为代理变量（Grey et al.，2001；Zeng et al.，2010）。

企业年龄是指自公司上市之日起到报告期年份的时间。

ROE（return on equity）作为企业经济绩效的代理变量（Richardson and Welker,2001；Zeng et al.，2010）。

企业所在的行业。处于环境敏感性行业的企业可能会披露更多的环境信息以表明其经营的环境合法性（Boesso and Kumar，2007）。重污染行业面临政府严格的监管,并要求有关企业披露相应环境信息。1996～2008 年中国颁布了许多环境法规。企业环境管理策略与政府对所属行业的关注度有密切关联。样本中的制造业企业,分布在 9 类行业中,因此设置 8 个 0-1 行业虚拟变量,其中食品饮料行

---

① 其中高级职称包括:高级工程师、高级经济师、高级会计师、高级审计师、高级统计师、教授、研究员、高级政工师、副研究员、副教授;有但为非高级职称包括:经济师、会计师、建筑师、规划师、主管技师、讲师、助理工程师、助理研究员。

业视为基准组。如果某公司属于某一行业，记为 1，否则记为 0（Cormier and Gordon，2001；Boesso and Kumar，2007）。

资产负债率（leverage）反映企业的财务风险和财务资源冗余程度。高负债意味着高风险，高资产负债率的企业可能接近债务违约，同时面临较高的资本成本（Karim et al.，2006）。Cormier 和 Magnan（1999）发现高资产负债率与企业环境信息披露负相关。资产负债率的测量采用年末总负债与年末总资产的比值（Brammer and Pavelin，2006，2008；Karim et al.，2006；Liu and Ambumozhi，2009）。

企业的所有权类型。中国的国有产权的上市公司由于体制的原因，能得到国家更多的扶持，因此倾向于披露更多环境信息，以体现其承担更多的社会责任，而个人在环境信息披露方面则表现较差（Zeng et al.，2003；黄群慧等，2009）。为此，根据中国证监会划分的五种企业产权形式，分别为国有股、国有法人股、境内法人股、境外法人股和个人股（CSMAR）。以个人股为基准组，设置了 4 个0-1 虚拟变量。若某企业属于某一种所有权类型则赋值为 1，否则为 0。

公司治理结构也许会影响高管对环境信息披露的态度（Haskins et al.，2000）。由于中国上市公司的公司治理结构还不完善，许多公司还没有成立监事会。因此只从两个方面考虑：董事会和股东结构。董事会结构从三个方面来反映：董事数量、监事会的规模、独立董事占董事总人数的比例。股东结构用第一大股东和第二大股东的持股比例反映股权集中度。

控制变量中还包括外部法规环境和公司所在地区的市场化程度。

外部法规环境。研究区间内中国上市公司面临的外部法规环境发生较大的变化。2007 年 2 月国家环境保护总局发布《环境信息公开办法（试行）》（环发[2007]35号），要求企业及时、准确地公开企业经营的环境影响和企业环境行为。2008 年 5月 1 日起此法规正式生效施行。这是中国第一部有关环境信息公开的规范性文件，提出环境信息公开内容和形式。因此外部法规环境明显不同，研究中将三个年份设置成两个时间虚拟变量：是否为 2007 年以及是否为 2008 年（以 2006 年为基准），以控制时间与外部法规的影响。

公司所在地区的市场化程度。我国各地区的市场化进程不平衡，东部沿海地区市场化程度较高（樊刚等，2007）。Liu 和 Anbumozhi（2009）发现越是东部经济发达的地区，企业越可能披露与排放有关的信息。Zeng 等（2010）也发现市场化程度与环境信息披露存在相关性，但是负相关性，同时也指出这个负相关性可能受污染行业的影响，即污染行业分布与地区有很大的关系，严重污染的企业大多位于经济不发达的西部地区。经济发达区域的政府会采取有关的法规对产业的布局产生影响，对环境保护提出了更高的要求（Zeng et al.，2008），环境敏感性的企业正逐渐由东部向中西部转移。由此，上市公司因所处的地区不同，对应的市场化程度会有较大的差异，其相应的利益相关者对环境信息的重视程度也可能不尽相同。因此采用地区的市场化程度来反映企业的区域差异。市场化指数参照樊纲等（2007）的系列研究。

3. 计量经济模型设定

采用 Tobit Model 来验证高管背景变量与环境信息披露关系的假设 Ha-Hg。因为在给定年份有相当数量的制造业上市公司的环境信息披露指数为 0。

表 3-2　变量定义

项目	变量标识	变量名称	变量测量
因变量	SEID	Total score of environmental information disclosure	企业环境信息披露水平和程度
解释变量	DegreeCB	董事长的学历水平	5=PhD；4=M.A.；3=B.A.；2=大专；1=高中及以下
	ProftilCBH	董事长有且为高级职称	1=Yes；0=No
	ProftilCBM	董事长有且为非高级职称	1=Yes；0=No
	AgeCB	董事长年龄	Years
	GenderCB	董事长是否女性	1=女性；0=男性
	TimeCB	董事长已任职时间	月
	SalaryCB	董事长是否在该公司领取薪酬	1=Yes；0=No
	TotalYuanCB	董事长在报告期年度内的总薪酬	元
	CEOCB	董事长是否同时兼任其他公司的 CEO	1=Yes；0=No
	PtjobCB	董事长是否在其他公司或机构任职	1=Yes；0=No
控制变量	Year2007	报告期是否是 2007 年	1=Yes；0=No
	Year2008	报告期是否是 2008 年	1=Yes；0=No
	FirmSize	企业规模	Ln（总资产）
	Industry:	是否是重污染行业	1=Yes；0=No
		纺织服装和毛皮加工	1=Yes；0=No
		造纸印刷业	1=Yes；0=No
		石油化工	1=Yes；0=No
		电子制造	1=Yes；0=No
		金属非金属冶炼	1=Yes；0=No
		机械、设备和仪器	1=Yes；0=No
		医药生物制品	1=Yes；0=No
		其他制造业	1=Yes；0=No

项目	变量标识	变量名称	变量测量
控制变量	FirmAge	上市公司年数	年数
	Ownership：	是否是国有股或国有法人股	1=Yes；0=No
		国家股	1=Yes；0=No
		国家法人股	1=Yes；0=No
		境内法人股	1=Yes；0=No
		境外法人股	1=Yes；0=No
	Leverage	资产负债率	年末总负债/年末总资产
	ROE	经济绩效	ROE
	Marketization	地区的市场化指数	数据见表注
	BIG4	是否聘请四大会计事务所	1=Yes；0=No
公司治理	BoSize	董事会人数	人
	Supervisors	监事会规模	人
	Indir	独立董事占董事会总人数比例	%
	StockStructure	第一大股东与第二大股东的持股比例	%

注：2007 年樊刚等测算的各地区市场化指数如括号中数值，即上海（10.41）、广东（10.06）、浙江（9.90）、江苏（9.07）、北京（8.62）、福建（8.62）、天津（8.34）、山东（8.21）、辽宁（7.84）、河北（6.41）、海南（5.54）、湖北（6.65）、安徽（6.56）、湖南（6.55）、江西（6.22）、河南（6.20）、吉林（5.89）、山西（5.26）、黑龙江（5.26）、重庆（7.23）、四川（6.86）、广西（5.82）、内蒙古（5.52）、云南（5.15）、新疆（5.02）、宁夏（4.85）、陕西（4.80）、贵州（4.57）、甘肃（4.44）、青海（3.84）、西藏（2.50）

因此，虽然样本企业的环境信息披露水平的总体分布散布于一定的正数范围内，但数字在零上却相对集中，统计分布见表 3-2。Tobit 模型可以解决这类受限因变量的问题。事实上，OLS 模型也可以进行良好的估计，但主要对均值附近的 x_j 而言，可能会得到负的 SEID 拟合值。因此对于这种类型的受限因变量（SEID），适合采用经典的 Tobit Model（Heckman，1979）。

Tobit 模型定义为一个潜变量模型，如下：

$$y^* = \beta_0 + \beta_1 DegreeCB + \beta_2 \mathrm{Pr}\, oftilCBH + \beta_3 \mathrm{Pr}\, oftilCBM + \beta_4 AgeCB$$
$$+ \beta_5 GenderCB + \beta_6 TimeCB + \beta_7 CEOCB + \beta_8 SalaryCB + \beta_9 TotalYuanCB \quad （3\text{-}1）$$
$$+ \beta' Control\ \ Variales + \varepsilon$$

$$\mathrm{SEID} = \begin{cases} 0 & if \quad y^* < 0 \\ y^* & if \quad y^* \geqslant 0 \end{cases} \quad （3\text{-}2）$$

这里 β' 是需要引入的控制变量的回归系数，ε 服从均值为 0 的正态分布。此时潜变量 y^* 在大样本情况下，满足经典线性模型假定（Wooldridge，2003）。

运用面板数据集时可能会出现两种形式的残差相依性，一是同一企业在不同年份的残差相依性，二是同一年份不同企业的残差相依性。如果存在企业和年份的残差相依性，OLS 和 Fama-MacBeth 标准误差会偏小，同时 Newey West 标准误差也会有所偏差，尽管这种偏差也非常小（Petersen，2009）。因此，选择正确的方法来估计标准误差十分重要。为了解决误差项之间的相依性，Petersen（2009）提出企业-年份两维群聚稳健标准误调整的估计方法，采用其测试 Tobit 结果的稳健性。

另一个值得注意的问题是样本的自选择（self-selection）。披露环境信息的企业可能和没有任何信息披露的企业不同。为此用 Heckman（1979）的两步法估计程序（Heckit method）来解决自选择问题。首先估计概率模型（Probit 回归）来解决企业是否决定披露环境信息，用估计的概率值来衡量 λ，修正自选择；然后针对有环境信息披露的企业，即企业决定披露多少。当涉及第二个问题时，可能存在样本选择问题，因为此时样本不具有随机选择性。但在控制了第一阶段的样本选择偏差后，第二阶段将得到高管背景特征和披露环境信息公司的 SEID 的无偏估计。

3.1.5 结果分析

1. 环境信息披露水平的评估

图 3-3 显示企业环境信息披露水平呈偏态分布，平均得分是 1.126，最小值为 0，最大值为 10。在 2361 个样本公司里有 1490 家公司没有披露任何环境信息，大约占 61.3%；有 487 家公司的披露水平得分超过 3，大约占 20.6%，结果表明中国上市公司环境信息披露的程度还很低。尚会君等（2007）、Liu 和 Anbumozhi（2009）、Zeng 等（2010）也指出在中国公司环境信息的披露程度十分有限。但是，从 2006～2008 年的统计数据可以看出，在国家环境法律法规的强烈影响下，中国上市公司环境信息披露的程度逐步在提高。在 2006 年，披露环境信息的公司的比例是 31.6%，2007 年是 36.5%，到 2008 年上升到 42.7%。

从环境信息披露的各个组成部分来看，样本公司在具体环境信息的披露上具有选择性。在环保意识和责任的两个方面（企业环境保护政策和目标；政府法规对企业环保政策的影响）披露水平排在前两位，表明企业更多考虑了政府的环境要求；而涉及环境运营管理、技术与投资方面的信息相对较少，尤其是在以下两

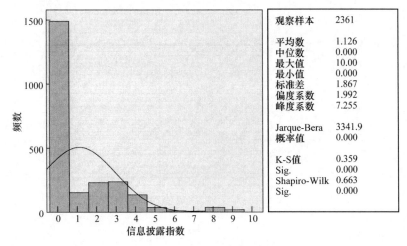

图 3-3　SEID 分布直方图

个方面（与环保有关的贷款；涉及环保的诉讼、补救措施和罚款）更是极少披露，这反映了企业披露环境信息非常谨慎。

2. 高管背景与 SEID 的描述性分析

自变量与 SEID 的分层描述性统计见表 3-3。从董事长背景特征的各个层面来看，有信息披露的公司占样本数的比例绝大多数集中在 30%~40%。根据描述性统计，不考虑控制变量的情况下，仅从董事长的背景特征与 SEID 的数据，可以发现一些重要的信息。

（1）从董事长的性别来看（Panel A），中国上市公司的董事长绝大多数是男性（约占 96.7%），而 SEID 无论从全部样本公司还是从有信息披露的公司来看，董事长是男性的公司环境信息披露平均水平都要稍高于董事长是女性的公司。进一步从 Panel B 中可能看出年龄越高，信息披露水平也相应略高。年龄为 29~39 岁的董事长披露信息水平要明显低于其他年龄组。

（2）从董事长的学历来看（Panel C），高学历的董事长比例约占 50%，其中 41.%的具有硕士学位，8.6%具有博士学位。只有 4.1%的董事长具有中专及以下的低学历。从本科、硕士、博士等不同学历层次的信息披露水平上看，并没有发现明显的差异。

（3）从董事长的职称看（Panel D），无职称的董事长占 66.4%，有高级职称的董事长占了 27.7%。董事长具有不同的职称与企业的 SEID 无明显关联。

（4）从董事长的任职时间来看（Panel E），51.1%的董事长任职时间在 1 年以

表 3-3　高管背景特征与 SEID 的描述性统计表

项目	背景特征	类别	所有样本				子样本：披露公司（SEID>0）				比例
			（1）		SEID		（2）		SEID		（3）=（2）/（1）
			N	%	Mean	SD	N	%	Mean	SD	%
Panel A:	性别	男	2280	96.7	1.138	1.874	845	97.0	3.070	1.882	37.1
		女	79	3.3	0.810	1.302	26	3.0	2.462	1.029	32.9
Panel B:	年龄	29~39 岁	155	6.7	0.897	1.521	54	6.3	2.574	1.525	34.8
		40~49 岁	979	42.6	1.123	1.863	358	41.9	3.070	1.875	36.6
		50~59 岁	975	42.4	1.162	1.896	363	42.5	3.121	1.882	37.2
		60 岁以上	191	8.3	1.215	1.878	80	9.4	2.900	1.880	41.9
Panel C:	教育水平	博士	156	8.6	1.218	1.902	60	8.7	3.167	1.796	38.5
		硕士	763	41.8	1.159	1.884	288	41.7	3.069	1.882	37.7
		本科	594	32.6	1.190	1.927	221	32.0	3.199	1.884	37.2
		专科	236	12.9	1.047	1.625	91	13.2	2.714	1.522	38.6
		高中及以下	75	4.1	1.360	2.294	30	4.3	3.400	2.500	40.0
Panel D:	职称	高级	654	27.7	1.012	1.777	217	24.9	3.051	1.816	33.2
		中级	139	5.9	0.871	1.541	45	5.2	2.689	1.564	32.4
		无职称	1568	66.4	1.196	1.912	609	69.9	3.079	1.901	38.8
Panel E:	任职时间	<1 年	1459	51.1	1.130	1.856	539	51.0	3.058	1.851	36.9
		1~3 年	1252	43.9	1.154	1.880	467	44.2	3.094	1.864	37.3
		>3 年	143	5.0	1.007	1.693	50	4.7	2.880	1.674	35.0
Panel F:	二职合一	Yes	335	14.3	1.027	1.696	120	13.9	2.867	1.660	35.8
		No	2006	85.7	1.146	1.887	745	86.1	3.086	1.899	37.1
Panel G:	薪酬/万元	=0	880	37.6	1.189	1.954	349	44.6	3.158	1.980	40.0
		<20	630	27.0	0.998	1.725	219	30.0	2.950	1.741	34.8
		20~50	540	23.1	1.110	1.710	109	14.0	3.248	2.037	20.2
		50~100	214	0.09	1.056	1.702	76	0.10	2.882	1.657	35.5
		>100	75	0.03	1.707	2.660	30	0.04	4.267	2.599	40.0
Panel H:	其他单位兼职	Yes	1870	79.4	1.172	1.928	696	79.9	3.149	1.939	37.2
		No	484	20.6	0.963	1.557	175	20.1	2.663	1.476	36.2

内，超过 3 年的仅占 5%。从 CSMAR 数据库中发现绝大多数的董事长聘期是 3年，而 3 年后仍然继续担任董事长的极少，这一职位流动性很大。董事长的任职时间在 3 年以上公司环境信息披露要略低于任职在 3 年以内的公司。

（5）从是否兼任 CEO 来看（Panel F），兼任 CEO 的董事长占 14.3%。两职分离的占绝大多数（85.7%），当董事长两职合一时，公司的环境信息披露相对稍低。

（6）从薪酬与在其他单位兼职情况来看（Panel G，Panel H）。有 37.6%的公司董事长并未在本上市公司领取薪酬，有 79.4%的公司董事长在本上市公司外单位兼任职务。当董事长没有领取薪酬的公司，其环境信息披露水平相应略高，尤其是报酬额在 100 万元以上时，环境信息披露水平明显较高。当董事长在上市公司以外的单位任职的公司，其具有较高的环境信息披露水平。

当然对 Panel A 至 H 的描述性统计分析，并没有检验这些差异的统计显著性，也没有引入控制变量，在接下来的回归分析中将引入控制变量，进行 Tobit 分析来检验这些差异的统计显著性。

3. 相关性矩阵和检验

表 3-4 列出了变量的取值范围、平均值、标准差和 Pearson 简单相关系数。没有两个变量的相关系数达到±0.8 及以上，表明多重共性线问题并不严重（Hair et al.，1996）。

4. Tobit 回归分析

表 3-5 中显示 Tobit 回归分析的结果。根据 Wooldridge（2003）的建议，首先引入控制变量，表 3-5 中的模型 1 是 SEID 与控制变量的回归。表 3-5 中模型 2 是在引入控制变量的情况下，SEID 对解释变量进行回归。

Tobit 回归结果显示在 0.001 的水平下，表 3-5 中的模型 1 与模型 2 均是高度显著的，Tobit 模型整体配适良好。通过 Tobit 回归分析，发现董事长的背景特征变量对 SEID 均无统计显著性影响，假设 Ha-Hg 均没有得到支持，即尚没有发现高管在环境信息披露异质性的证据。针对董事长背景特征的 9 类变量，逐一引入与控制变量一起进行回归，也没有发现某一变量的统计显著性关系。还调查了高管特征之间以及背景特征变量与控制变量之间可能的交互效应，但是仍没有发现任何系统性关联。稳健性分析显示 Tobit 回归结果很稳定（见稳健性检验部分）。另外对董事长的年龄等还考察了其非线性关系，即引入平方项，但也没有发现非线性关系的存在。虽然在描述性分析中，发现高管不同性别、年龄、学历、是否兼任 CEO 等方面在环境信息披露上有一定的差异，而且在回归分析中解释变量系数和假设一致，只是这些差异还不具有统计显著性。一方面可以解释为现阶段中

表3-4 均值、标准差与相关系数表 [a]

Item	Range	Mean	Std. Dev.	1	2	3	4	5	6	7	8	9	10	11	12	13	14	15	16	17	18	19	20	21
SEID	0~10	1.21	1.91																					
Degree	0~5	3.34	1.04	0.00																				
STitle	0~1	0.34	0.47	-0.05	0.13																			
NSTitle	0~1	0.07	0.25	-0.04	0.00	-0.20																		
Age	31~71	49.90	7.10	0.02	-0.28	0.17	-0.08																	
Gender	0~1	0.03	0.18	-0.06	-0.05	-0.01	-0.01	-0.02																
Months Worked	0~137	18.46	13.27	0.05	0.00	0.01	-0.02	0.10	-0.02															
CEO	0~1	0.15	0.36	-0.02	-0.06	-0.05	0.02	-0.06	0.01	0.01														
Salary	0~4 065 200	244 116 367	345	0.04	-0.14	-0.01	0.03	0.16	0.00	0.05	0.21													
SPTJobs	0~1	0.80	0.40	0.03	0.08	0.07	-0.05	0.02	0.01	0.01	-0.16	-0.08												
Firm Size	0~108	4.18	8.49	0.16	0.14	0.06	-0.06	0.13	-0.03	0.09	-0.04	0.16	0.07											
Industry [b]	0~1	0.57	0.50	0.14	0.09	0.07	0.00	0.00	-0.08	0.04	0.00	0.01	-0.01	0.06										
Firm Age	1.58~18.03	9.05	3.44	-0.05	0.05	0.03	-0.09	-0.01	0.07	0.00	-0.03	-0.05	0.00	0.11	0.00									
Ownership [c]	0~1	0.59	0.49	0.15	0.15	0.06	-0.10	0.06	-0.04	0.02	-0.12	-0.15	0.07	0.14	0.09	0.12								
ROE	-9.94~5.13	0.07	0.37	0.00	0.02	0.03	-0.02	0.00	0.02	0.03	-0.04	0.11	0.08	0.06	0.03	0.02	0.03							
Marketization	2.5~10.41	7.58	1.88	-0.06	0.01	-0.01	-0.01	0.04	0.09	-0.01	0.08	0.16	-0.03	0.02	-0.22	0.06	-0.19	-0.01						
Number of directors	1~17	9.24	1.87	0.08	0.04	0.08	-0.02	0.05	-0.05	0.01	-0.10	0.13	0.06	0.22	0.08	-0.01	0.16	0.04	-0.06					
Scale of supervisors	1~9	3.98	1.27	0.04	0.08	0.10	-0.03	0.05	-0.04	0.05	-0.09	0.02	0.02	0.11	0.08	0.05	0.24	0.06	-0.13	0.38				
Indir proportion	0~57%	0.36	0.05	-0.01	0.05	0.00	0.04	-0.04	0.00	-0.09	0.05	0.00	0.03	0.04	-0.04	0.01	0.04	-0.08	0.07	-0.22	-0.08			
Shareholding structure	5.6~480.4	20.1	40.7	0.04	0.00	-0.01	0.04	0.04	0.04	-0.05	-0.09	0.04	0.05	0.05	0.05	0.14	-0.03	0.02	-0.05	-0.03	0.02	0.02		
Year 2007	0~1	0.33	0.47	0.00	0.00	0.08	0.00	0.00	0.00	0.04	0.00	0.00	0.00	0.01	0.01	-0.01	0.01	0.06	0.00	0.01	0.02	0.00	-0.02	
Year 2008	0~1	0.36	0.48	0.13	0.02	-0.03	-0.02	0.02	0.00	0.00	0.02	0.06	0.02	0.05	-0.02	0.22	0.01	-0.02	0.01	-0.03	-0.02	0.07	-0.01	-0.53

a. n 的取值有所不同，当 n≥1800 时，简单相关系数绝对值至少应为 0.045 以上时，才在 $P<0.05$ 时显著。

b. 将九大类制造业行业划分为轻污染和重污染行业。列出其与其他变量的相关系数

c. 根据五类上市公司的产权性质，设置 一个一个分类变量，即是否是国家股。限于篇幅，只列出此产权特征的 0-1 分类变量与其他变量的简单相关系数

表 3-5　Tobit 回归分析

Variables	Y=SEID						Tobit with firm–year 2D clustered SEs
	1		2		3		
	β Coef.	Robust Std. Err.	β Coef.	Robust Std. Err.	β Coef.	Robust Std. Err.	
Control							
Constant	−1.993*	(0.842)	−2.121+	(1.276)	0.198	(1.658)	(1.818)
Year 2007	1.034***	(0.234)	1.049***	(0.236)	1.0435***	(0.269)	—
Year 2008	1.985***	(0.238)	1.982***	(0.243)	2.023***	(0.274)	—
Firm Size	0.030*	(0.011)	0.027*	(0.013)	0.071***	(0.014)	(0.015)
Firm Age	−0.214***	(0.029)	−0.209***	(0.029)	−0.227***	(0.034)	(0.041)
ROE	0.073	(0.022)	0.036	(0.023)	−0.065	(0.060)	(0.034)
Marketization	−0.011	(0.054)	0.004	(0.055)	0.024	(0.064)	(0.075)
Textile，clothing and fur	−0.072	(0.460)	0.005	(0.464)	−0.202	(0.511)	(0.608)
Paper making and printing	0.951	(0.567)	0.913	(0.569)	0.755	(0.668)	(0.851)
Petroleum, chemistry and plastic	0.787+	(0.401)	0.838*	(0.411)	0.789+	(0.446)	(0.525)
Electronic industry	−1.341*	(0.577)	−1.194*	(0.583)	−1.170+	(0.664)	(0.793)
Metal，nonmetal mining	−0.152	(0.432)	−0.078	(0.439)	−0.799	(0.493)	(0.578)
Machine，equipment and instrument	−1.095**	(0.400)	−0.958*	(0.409)	−1.030*	(0.447)	(0.524)
Medicine，biological products	−0.003	(0.463)	0.111	(0.471)	−0.050	(0.508)	(0.618)
Other manufacturing	−1.435+	(0.751)	−1.298+	(0.747)	−1.979*	(0.821)	(0.927)
State shares	3.136***	(0.669)	2.998***	(0.676)	2.960***	(0.726)	(0.811)
State–owned legal pers. shares	2.464***	(0.637)	2.344***	(0.642)	2.560***	(0.674)	(0.752)
Domestic legal person shares	1.268*	(0.632)	1.189+	(0.636)	1.215+	(0.664)	(0.890)
Foreign legal person shares	1.801+	(0.991)	1.768+	(0.997)	2.128*	(1.039)	(1.159)
Number of directors			0.064	(0.059)	0.065	(0.065)	(0.070)
Scale of supervisors			−0.001	(0.081)	−0.112	(0.091)	(0.103)
Indir proportion			−1.802	(1.978)	−2.812	(2.190)	(1.945)
Shareholding structure			0.002	(0.002)	0.003	(0.002)	(0.002)
Explanatory variable：							
Degree					−0.149	(0.112)	(0.132)
STitle					−0.614+	(0.236)	(0.274)
NSTitle					−0.585	(0.434)	(0.480)
Age					−0.016	(0.016)	(0.019)

续表

Variables	Y=SEID						Tobit with firm–year 2D clustered SEs
	1		2		3		
	β Coef.	Robust Std. Err.	β Coef.	Robust Std. Err.	β Coef.	Robust Std. Err.	
Gender					−0.816	(0.588)	(0.541)
Months worked					0.009	(0.008)	(0.002)
Salary					-1.46×10^{-8}	(3.43×10^{-7})	(3.53×10^{-7})
CEO					0.141	(0.294)	(0.309)
SPTJobs					−0.161	(0.254)	(0.267)
Model indices：R^2	0.084		0.081		0.111		
Adjusted R^2	0.076		0.071		0.093		
LL FUNCTION	−3114.65***		−3044.1***		−2344.5***		N of clusters (firm) = 638
Obs：Left censored	1401		1371		1025		N of clusters (year) = 3
Uncensored	856		836		657		
Total	2257		2207		1682		1682

$+p < 0.10$；$*p < 0.05$；$**p < 0.01$；$***p < 0.001$。最后一列是模型 3 的企业-年份两维群聚稳健标准误，计量分析的 Stata 代码参见 Petersen（2009）。模型 1、模型 2 的两维群聚稳健标准误受限表格的宽度未列出

国的环境信息披露仍处于早期阶段，作为企业内部重要的利益相关者以及所有利益相关者联系纽带的高管，受到外部的压力较小，缺乏向利益相关者披露环境信息的战略动机；另一方面，对于高管而言，环境信息披露仍然是一个敏感问题，尽管他们已经认识到环境保护的重要性，但是在认知与行为之间存在较大差距。因此，高管背景特征与环境信息披露之间无系统性关联，结合当前中国上市公司环境信息披露明显不足的事实，表明我国当前阶段高管对环境信息披露仍然持消极态度。此外，环境法规和政策执行的有效性制约了环境监管的质量，地方保护主义，公众在环保中的参与程度严重不足（Dong et al.，2011），致使高管在商业战略的制定中，环境保护仍未占有一席之地（Liu and Anbumozhi，2009）。

由表 3-5 知，影响上市公司环境信息披露的主要原因是企业的外部法律环境以及企业的特征因素：企业所处的行业、产权特征以及企业规模与年龄。

其一，外部法律环境对企业环境披露行为有积极的影响。在研究区间，即 2006～2008 年，企业的外部环境监管日益严格。企业的环境信息披露也逐年得到显著的提高。从表 3-5 的模型 1 中，发现 2007 年 SEID 相对于 2006 年升高了 1.034

（$P<0.001$），2008 年 SEID 相对于 2006 年升高了 1.985（$P<0.001$），进一步通过 Wald χ^2 检验，2008 年比 2007 年显著提高 0.851（$P<0.01$）。这表明法律监管对中国当前企业的环境信息披露有极显著的影响。

其二，企业环境信息披露水平与企业是否属于环境敏感性行业密切相关。前人的许多研究也支持这一点（Boesso and Kumar，2007；Cormier and Gordon，2001；Liu and Anbumozhi，2009；Zeng et al.，2010）。从表 3-5 的行业回归系数来看，发现重污染行业（纺织服装和毛皮加工、造纸印刷业、石油化工、医药生物制品、金属非金属冶炼）的披露水平明显高于轻污染行业（电子制造、机械、设备和仪器、其他制造业）。其中 SEID 最高的制造行业是造纸印刷业、石油化工。2008 年 6 月《上市公司环保核查行业分类管理名录（373 号文）》进一步规范重污染行业企业申请上市或再融资环境保护核查。因此越是环境敏感的行业，受到政府监管越严，企业会披露更多环境信息以显示运营合法性（Boesso and Kumar，2007）。

其三，不同的产权性质对环境信息披露也有极显著的影响。其中国有股（国有股、国有法人股）企业环境信息披露水平远远高于非国有股（境内法人股、境外法人股、个人股）企业。根据表 3-5 中的模型 1，国有股的环境信息披露平均值比个人股高 2.744（$P<0.001$），国有法人股比个人股高 2.083（$P<0.001$）。境外法人股环境信息披露水平略高于个人股，但却无显著差异。进一步通过 Wald χ^2 检验，国有股与国有法人股两者的环境信息披露水平无显著性差异（$F=1.42$，$P=0.234$），而与其他三种产权类型的企业，差异明显，这一结果和 Zeng 等（2010）一致。Zeng 等（2003）和黄群慧等（2009）认为具有国有特征的中国上市公司会从中央或地方政府得到更多的关注和支持。因此鉴于当前的国家体制，披露更多环境信息是显示其社会责任的必要表现。

其四，企业的规模与成立年限也对环境信息披露有影响。在相关系数表显示，企业规模与年龄之间存在显著的正相关（$r=0.12>0.045$）。公司规模越大，对环境的影响就越大，环境信息披露越多（Cormier and Gordon，2001；Karim et al.，2006；Liu and Anbumozhi，2009）。

在本节的研究中企业经济绩效与环境信息披露无统计显著性，这两者的关联在过去的研究中也存在争议（Richardson and Welker，2001），将在第 4 章中重点详细研究。

企业所在地区的市场化程度没有对 SEID 有正向作用。一般认为发达区域（即市场化程度高的地区）的企业倾向于披露更多环境信息，而 Zeng 等（2010）发现两者存在负相关关系，他们进一步讨论可能的原因是发达地区控制发展重污染行业。控制了行业变量后，没有探测到市场化程度对 SEID 有积极作用，表明从地区的角度看，中国各个地区相同行业的上市公司在对待环境信息披露上没有明显不同。

5. 稳健性检验

通过变换回归分析方法和因变量取值进行稳健性分析。样本数据为面板数据集，涉及众多公司跨年度的数据，已引入时间虚拟变量并尽可能地控制企业特征变量。此外，利用 Petersen 的企业-年份两维群聚无偏标准差的估计方法（firm-year 2-way cluster SEs），克服残差项与企业和年份的相依性。Petersen（2009）认为如果存在企业效应和时间效应，则标准误差会增加并且会比（Eicker-Huber-White）稳健标准误大 2～4 倍。但是根据表 3-5 中的模型 3，可以发现两维稳健标准差的估计值比 Eicker-Huber-White 标准误差只是略大，这表明企业和时间效应对回归结果的影响较小。

为了避免内容分析法计量 SEID 的主观性，进一步采用 Karim 等（2006）的方法，定义一个二分变量，根据 SEID 数值是否大于 0，将全部数据分成两类，如果大于 0，则将确定为有信息披露的公司，取值为 1，否则取值为 0。针对环境信息披露的公司，为了克服样本自选择，采用 Heckman 两步估计模型。第一步，考察企业是否披露（Probit 回归），第二步，针对有环境信息披露企业的截断样本，采用校正自选择的 Heckit 模型。表 3-6 显示 Heckman 两步法估计结果，其中 Mills lambda（λ）的值不显著（P=0.343），结果表明样本自选择问题并不严重，可能的原因是样本全部是制造业上市公司，面临同样的环境法规和市场监管。表 3-6 显示截断样本的 OLS 回归结果和 Heckit 两步法估计结果相差很小。但是表 3-6 同样显示董事长背景特征和 SEID 在 0.05 水平上无统计显著性。因此，多个模型的结果比较表明 Tobit 分析的稳健性较好。

3.1.6　讨论与结论

从高阶理论的视角，基于中国转型经济的特殊背景，对中国制造业上市公司分析检验了高管背景特征与企业环境信息披露的关系，加深了对发展中国家的企业高管对环境披露行为的理解。研究结论主要有以下几点：

其一，董事长个人的背景特征（学历、职称、年龄、性别、薪酬、是否兼任 CEO，以及是否在其他单位兼任职务）均没有发现与环境信息披露的显著相关性。

其二，尽管企业环境信息呈逐年增长趋势，但总体水平仍然很低，且披露具有选择性。影响环境披露的因素主要是外部环境法规、行业的环境敏感性、所有

续表

Variables	Y=SEID>0 OLS β Coef.	Y=SEID>0 OLS Std. Err.	Y=SEID>0 OLS Std. Err. (SEs clustered with firm and year)	Y=SEID>0 Heckit β Coef.	Y=SEID>0 Heckit Std. Err.	Y=1 (if SEID>0), Y=0 (if SEID=0) Probit β Coef.	Y=1 (if SEID>0), Y=0 (if SEID=0) Probit Std. Err.
Number of directors	-1.132	(0.045)	(0.050)	0.001	(0.045)	0.016	(0.020)
Scale of supervisors	0.021	(0.061)	(0.049)	-0.004	(0.066)	-0.048$^+$	(0.029)
Indir proportion	-1.132	(1.634)	(1.811)	-1.286	(1.631)	-0.756	(0.708)
Shareholding structure	-0.001	(0.002)	(0.002)	0.000	(0.002)	0.001	(0.001)
Explanatory variable:							
Degree	-0.056	(0.076)	(0.069)	-0.069	(0.076)	-0.048	(0.035)
STitle	-0.257	(0.163)	(0.342)	-0.328$^+$	(0.178)	-0.171*	(0.073)
NSTitle	-0.285	(0.314)	(0.208)	-0.341	(0.317)	-0.128	(0.136)
Age	-0.001	(0.011)	(0.015)	-0.003	(0.011)	-0.005	(0.005)
Gender	-0.784$^+$	(0.464)	(0.408)	-0.850$^+$	(0.463)	-0.132	(0.187)
Months worked	0.002	(0.005)	(0.003)	0.003	(0.005)	0.002	(0.003)
Salary	2.57×10^{-7}	(2.33×10^{-7})	(2.60×10^{-7})	1.95×10^{-7}	(2.40×10^{-7})	-1.26×10^{-7}	(9.82×10^{-8})
CEO	-0.200	(0.205)	(0.205)	-0.161	(0.208)	0.086	(0.095)
SPTJobs	0.416*	(0.184)	(0.194)	0.351$^+$	(0.195)	-0.133	(0.082)
Mills Lambda				0.654	(0.690)		
Model indices:	Adjusted R^2=0.112 $F_{(31, 625)}$ =3.67***		$F_{(31, 625)}$ =4.34***	Wald Chi^2 (61) =230.7***		LR (31) =190.03***	
Observations:	N= 657		N= 657, N of clusters (firm) =294, N of clusters (year) = 3	Uncensored obs =657, Censored obs =1052, N=1682		657 Obs Dep =1, 1025 Obs Dep =0, N=1682	

$^+$ p <0.10; * p < 0.05; ** p < 0.01; *** p < 0.001. OLS 模型（SEID>0）显著性水平基于第三列的标准误差。第四列是 OLS 模型（SEID>0）企业-年份内稳健标准误差。Heckit 回归方法采用 Heckman（1979）两步法（Mills lambda 对应的 p 值是 0.343）。

续表

Variables	OLS — Y=SEID>0 β Coef.	OLS Std. Err. (SEs clustered with firm and year)	Heckit — Y=SEID>0 β Coef.	Heckit Std. Err.	Probit — Y=1 (if SEID>0), Y=0 (if SEID=0) β Coef.	Probit Std. Err.
Number of directors	-1.132	(0.045)	0.001	(0.045)	0.016	(0.020)
Scale of supervisors	0.021	(0.061)	-0.004	(0.066)	-0.048+	(0.029)
Indir proportion	-1.132	(1.634)	-1.286	(1.631)	-0.756	(0.708)
Shareholding structure	-0.001	(0.002)	0.000	(0.002)	0.001	(0.001)
Explanatory variable:						
Degree	-0.056	(0.076)	-0.069	(0.076)	-0.048	(0.035)
STitle	-0.257	(0.163)	-0.328+	(0.178)	-0.171*	(0.073)
NSTitle	-0.285	(0.314)	-0.341	(0.317)	-0.128	(0.136)
Age	-0.001	(0.011)	-0.003	(0.011)	-0.005	(0.005)
Gender	-0.784+	(0.464)	-0.850+	(0.463)	-0.132	(0.187)
Months worked	0.002	(0.005)	0.003	(0.005)	0.002	(0.003)
Salary	2.57×10^{-7}	(2.33×10^{-7})	1.95×10^{-7}	(2.40×10^{-7})	-1.26×10^{-7}	(9.82×10^{-8})
CEO	-0.200	(0.205)	-0.161	(0.208)	0.086	(0.095)
SPTJobs	0.416*	(0.184)	0.351+	(0.195)	-0.133	(0.082)
Mills Lambda			0.654	(0.690)		
Model indices:	Adjusted R^2=0.112		Wald Chi^2 (61) =230.7***		LR (31) =190.03***	
	F (31, 625) =3.67***	F (31, 625) =4.34***	Uncensored obs =657		657 Obs Dep =1	
			Censored obs =1052		1025 Obs Dep =0	
Observations:	N = 657	N of clusters (firm) =294	N=1682		N=1682	
		N of clusters (year) = 3				

+ p < 0.10；* p < 0.05；** p <0.01；*** p < 0.001。OLS 模型（SEID>0）显著性水平基于第三列的标准误示。第四列是采用 OLS 模型（SEID>0）企业-年份两阶维稳健标准误。Heckit 叫叫方法是采用 Heckman（1979）两步法（Mills lambda 对应的 p 值是 0.343）

权类型和企业规模及年龄。外部法规的影响极其显著，加强企业环境信息披露的
法规会引起企业明显反应。国有性质的企业比其他所有权类型企业披露了更多信
息，以表明其国家性质企业的社会责任。重污染行业披露的环境信息比轻污染行
业的企业要多，规模大的企业承担了更多的环境责任。

其三，公司治理对企业环境信息披露没有影响。企业环境信息披露与企业所
在地区的市场化程度没有关系，中国各个地区的上市公司对环境信息披露具有相
同的反应。

总的来说，现阶段我国上市公司注重企业经济目标而并没有足够重视企业环
境责任。中国绿色和平组织污染防治项目组 2009 年调研，也显示了国内企业在环
境信息公开方面的执行很令人担忧。尽管环境信息披露的规定对企业产生积极影
响，但是近年来发生的一系列严重环境事件揭示了有关环境披露法律的压力还不
足，侧重于重污染和大型公司的环境监测法规仍然缺乏针对性和可操作性，而且
对违反信息披露规则的处罚很轻。

鉴于上市公司的环境信息披露仍处于初级阶段（Liu and Anbumozhi，2009；
Zeng et al.，2010）。高管披露环境信息的动机之一是为了应付外部压力和保证企
业的环境合法性。如何有效地进一步激发上市公司高管的环境责任，需要深入讨
论。当前企业环境信息披露需要加强环境立法，增强环境信息的透明化并引入利
益相关者的监督机制，也许在一定程度上能推动中国企业的环保行为。强制性披
露可以降低污染的程度（Cohen and Santhakumar，2007），如 Liu 和 Anbumozhi
（2009）建议企业申请 IPO 时强制说明企业对环境的风险，Liu 等（2010a）和 Liu
等（2010c）建议对重点污染企业参与绿色观察项目，并在年报中引入强制性的披
露项目并接受外部审计。公众参与环保也是极为重要的（Dong et al.，2011）。政
府有责任支持居民的环保努力（Liu et al.，2010b），明晰公众参与环保诉讼的流程，
并使公众易于接触环境信息，保证参与的效果，因为环保部门对治下的污染源信
息常常不是完全了解，而且监管的成本极高（Dong et al.，2011；Liu et al.，2010b）。

强制性披露还要与其他的环保政策工具结合起来，一些基于市场的刺激措施
近年来也开始采用，如绿色信贷、绿色保险和排放交易系统（Liu et al.，2010c）。
其他利益相关者，如媒体、环境 NGO 也应在环境信息披露中扮演重要角色（Huang
and Kung，2010），政府应重视媒体曝光及对环境 NGO 拓宽制度空间（Liu et al.，
2010a）。在缺乏强烈环境责任的情况下，外部压力可以促使高管严肃地对待环境
问题。

本节研究也有诸多不足。一是高管的背景特征变量选择，鉴于数据的限制，
无法统计与考虑董事长早期的工作经历。二是环境信息来源主要是上市公司的年

报和公告，信息可能并不完全。高管特征和环境信息披露之间缺乏显著的关系，启示未来的研究可以进一步通过问卷调查的方式，探索高管对企业环境管理及其信息披露的真正认知、态度、实施障碍及原因。

3.2　高管更替对企业环境信息披露的影响

3.2.1　引言

高管更替（TET）在企业运营中是重要且常见的事件（Shen and Cho，2005），如美国企业高管平均年更替率达 9.3 %（Huson et al.，2001），中国上市企业约为 25.5 %（Chang and Wong，2009）。作为组织管理中的一个极为重要的主体（Firth et al.，2006），许多针对高管更替的研究侧重于离任者的原因以及强制性变更的组织因素（Shen and Cho，2005），如企业不良的经济业绩（Dahya et al. 2002；Huson et al.，2001）、大股东的影响（Dahya et al.，1998；Renneboog，2000）、政府所有权（Chang and Wong，2009）、高管的权力（Boeker，1992；Goyal and Park，2002）和个人的特质（Huson et al.，2001）。

无疑，高管是承担企业环境责任的重要角色（Pujari et al.，2004；Sharma，2000），各种原因的更替也许对企业环境责任产生复杂的影响（Zutshi and Sohal，2004）。然而，迄今为止，还缺乏针对高管更替对企业环境责任影响的探究。

企业环境信息披露的内容与水平一定程度上反映了企业环境责任履行的水平，正日益引起企业利益相关者的重视（Cormier and Magnan，1997；Clarkson et al.，2004；Li and McConomy，1999；Richardson and Welker，2001）。环境业绩好的企业将会更多地披露量化具体的环境信息以向资本市场发送"好消息"，但是环境业绩差的企业较少有相关环保举措，会披露较少的环境信息，或对其环境业绩保持沉默（Al-Tuwaijri et al.，2004；Clarkson et al.，2008）。当面临的政治和社会压力威胁到企业的合法性时，企业将会增强环境信息披露，以改变利益相关者对企业实际环境业绩的感知，借以提升企业的公众形象（Patten，2002）。因此，企业环境信息披露（包括环保方针和政策、环境技术和投资、污染控制和法规遵守、实际的环保成效等）的水平反映了企业环境责任履行程度。

大量研究者试图识别驱动企业披露环境信息的动机（Tagesson et al.，2009；Xu et al.，2012），许多研究强调外部的压力与不同的组织特征，其中压力包括来自政府、地方社区、顾客和公众利益团体（Boesso and Kumar，2007；Christmann and Taylor，2001；Huang and Kung，2010），企业特征包括规模（Gray et al.，2001；

Zeng et al.，2010)、行业 (Bewley and Li，2000；Boesso and Kumar，2007)、所有权性质 (Brammer and Pavelin，2008；Laidroo，2009)。还有一些研究涉及公司治理（如董事长与 CEO 的二职合一性、所有权的集中与制衡）对企业环境信息披露的影响 (de Villiers et al.，2011；Gibson and O'Donovan 2007；Halme and Huse，1997)。

本节研究从环境信息披露的视角分析制造业上市公司高管更替与企业环境责任的关联，主要贡献是：其一，试图打开黑箱，即高管更替（包括各种董事长离任和继任者的继任方式）是否以及怎样影响企业的环境责任；其二，首次将高管更替纳入对企业环境信息披露影响的考察，对于减少高管更替对于企业环境披露带来的负面影响和监管企业环境信息披露提供了一个可资借鉴的思路；其三，基于中国制造业上市公司环境信息披露现状、高管离任原因与继任类型的统计分析，及两者关系的实证考察，对于监管机构完善相关法规、提高企业环境信息披露质量具有一定的政策含义。本节研究的结果有助于理解发展中国家的企业发生高管更替时如何履行可持续环境责任。

在本书中，高管被认为是企业的董事长。根据中国的公司法，企业的董事长处于最高执行地位，是企业的法人代表，权力高于企业的 CEO，他们就像发达国家企业中的 CEO (陈传明和孙俊华，2008；石军伟等，2007；宋德舜，2004)。董事长对日常的商业与管理运行负有全面的责任 (Li and Yang，2003)，所有的重大决策都要经过董事长的批准 (Firth et al.，2006)。公司法定代表人即董事长是信息披露事务的第一责任人，一般未经董事会决议或董事长授权，董事、高级管理人员个人不得代表公司或董事会向股东或媒体披露未经公开披露的公司信息。

3.2.2　理论分析与研究假设

近年来，由于外部压力 (Liu and Anbumozhi，2009；deVilliers and van Staden，2006，2010；Fallan E and Fallan L，2009)，企业需要向利益相关者披露环境信息。实际上，我国已发布了一系列的与信息披露有关的环境法规[①]，要求企业积极履行环境责任，并进行相关环境信息披露。但是，企业高管在向市场披露信息时具有较强的自利倾向，更多地披露好消息将会提升企业及个人形象，避免因为监管机构与公众注意所带来的处罚 (Cho and Patten，2007；Zeng et al.，2003，2010)。

---

① 如《企业环境信息公开办法（试行）》，国家环保总局，2007；《关于加强上市公司环境保护监督管理工作的指导意见》，国家环保总局，2008；《上市公司社会责任指引》，深圳证券交易所，2006；《上海证券交易所上市公司环境信息披露指引》，上海证券交易所，2008。

同时，企业披露环境信息也是一种印象管理行为（Leary and Kowalski，1990）。根据印象管理理论，企业会通过选择性的环境信息披露，试图使各利益相关者对上市公司产生良好印象，而这种印象将直接或间接地演变为上市公司与管理层的现实利益，如股价、吸引投资者、高管薪水以及提升职业管理者的市场声誉。基于市场的研究也表明，投资者和债权人关心企业与环境责任有关的财务信息，有助于评估企业的价值和前景以及污染控制的成本等（Blacconiere and Patten，1994；Li and McConomy，1999；Xu et al.，2012）。

由于高管与投资者之间的信息不对称，环境信息披露受人为操纵的现象很容易发生，导致选择性的信息披露。环境信息披露对中国的上市公司的管理层仍然是一个敏感的问题。当前企业环境信息披露的水平很低（Zeng et al.，2010）。高管可能会担忧更多的披露水、空气或土壤的污染信息，会遭遇更多的竞争与更大的社会压力（Solomon and Lewis，2002）。

根据上述理论与实证的观点，下面针对中国上市公司董事长的更替对企业环境责任信息披露的影响形成理论假说。中国公司治理数据库（CCGRD）提供了高管更替原因的信息。为了便于讨论，根据谁引起更替（公司还是个人）、企业引起更替情况下的动机，以及向外界传递正面还是负面的更替信息，将更替划分为四大类型[①]：

（1）公司治理与战略的原因（具体包括"控股权变动""公司完善法人治理结构""工作调动""结束代理"）；

（2）非自愿且负面的更替（具体包括"涉案""解聘""健康不良""死亡"）；

（3）非自愿但正常的更替（具体包括"任期届满"[②]"退休"）；

（4）具有合法化原因的个人自愿更替（具体包括"辞职""个人原因"）。

A. 离任原因与企业环境信息披露

第一种类型：公司治理与战略的原因。

对于第一种类型的更替，"控股权变更"主要指内外部治理机制对公司控制权主体的调整造成高管离任，通常是由大股东的控股权变更、战略兼并与收购、接管等造成的。这类变更常常伴随企业融资。股东、投资者和债权人的关注是影

---

① 大多数公司治理的文献根据更替的原因，划分为强制变更与正常变更两类（Chang and Wong，2009；Firth et al. 2006；Huson et al.，2001），但是实际上，区分是否强制变更是非常困难的，许多研究也表明，企业对外的公告信息很少清楚地表明一个高管的更替是自愿的，或是强制的（Chang and Wong，2009；Huson et al.，2001）。因此对高管更替的类型划分，四种类型可能更为合适。

② 一般董事长每届任期三年。

响企业信息披露的主要原因（Neu et al.，1998）。环境信息披露能够传递经济信息，因此若企业对外有更多的融资需要，将会有更多的信息披露（Barth et al.，1997；Laidroo，2009）。在中国，"完善法人治理结构"涉及董事长与 CEO 的两职分离。根据我国 1998 年 12 月发布的《中华人民共和国证券法》中关于上市公司完善法人治理结构，其经营权和所有权应相分离，董事长和总经理应由两人分别担任，具体如原董事长兼总经理辞去董事长职务。两职分离有利于向外部利益相关者披露信息（Forker，1992）。大多数国有企业董事长的"工作调动"，则是由上级主管机构通过行政命令，使原董事长的工作发生变动，承担重要的地方或中央政府其他职位。"结束代理"是指结束董事长的代理角色。

　　上市公司因内外部公司治理机制或战略的因素使企业高管发生变动，可能会披露更多的社会责任信息，倾向于在变更期间较大程度地披露信息以传递积极的信息，形成公司正常、良好发展的形象，吸引投资，提升公司价值，因此上市公司会有更强的披露信息的动机。因此，假设：

　　假设 a_1：因"控股权变更"致使董事长离任，与企业环境信息披露正相关；

　　假设 a_2：因"完善法人治理结构"致使董事长离任，与企业环境信息披露正相关；

　　假设 a_3：因"工作调动"致使董事长离任，与企业环境信息披露正相关；

　　假设 a_4：因"结束代理"致使董事长离任，与企业环境信息披露正相关。

　　第二种类型：非自愿且负面的更替。

　　如果高管变更是"涉案""解聘""健康不良"，甚至突然"死亡"，市场一般会将此类高管变更视为坏消息（朱红军和林俞，2003）。由于信息不对称，企业倾向于通过减小坏消息披露的程度，在坏消息出现时为了规避坏消息带来的冲击，而倾向于隐匿敏感信息，包括环境污染的信息。因此，提出如下假设：

　　假设 b_1：对于高管非自愿离任的原因为"涉案"的上市公司，倾向于较少披露企业的环境信息；

　　假设 b_2：对于高管非自愿离任的原因为强制性"解聘"的上市公司，倾向于较少披露企业的环境信息；

　　假设 b_3：对于高管非自愿离任的原因为健康问题包括"健康不良"甚至突然"死亡"的上市公司，倾向于较少披露企业的环境信息。

　　第三种类型：非自愿但正常的更替。

　　对于高管非自愿但正常的离任，由于"任期届满"、个人达到退休年龄导致"退休"，通常是正常的更替，一般与公司的业绩无关（Chang and Wong，2009）。因此，认为这些更替不会影响企业环境信息披露。于是，提出如下假设：

假设 c_1：对于高管非自愿但正常的更替原因为"任期届满"，与企业环境信息披露无关；

假设 c_2：对于高管非自愿但正常的更替原因为"退休"，与企业环境信息披露无关。

第四种类型：具有合法化原因的个人自愿离任。

从字面上看，对于高管因"辞职"或其他"个人原因"，也许可以归类为主动离任。然而，这些原因比较模糊，辞职事实上是使用较多的托词（朱红军，2002），可能是为了考虑被强制解聘董事长的面子，而采用的一种对外说辞（Firth et al.，2006；朱红军，2002）。因此"辞职"并不能传递其背后真实的信息，难以辨明高管是主动辞职，还是由于外界的压力所迫而被动辞职。但是，如果是主动请辞，对企业环境信息披露应该不会有大的影响。如果是被动的，这种方式仍然比较温和，对企业的震荡也较小。因此，不妨假设：

假设 d_1：董事长更替的原因为"辞职"，与企业环境信息披露无关或负相关。

假设 d_2：董事长更替的原因为"个人原因"，与企业环境信息披露无关或负相关。

B. 继任方式与企业环境信息披露

第一种方式：内部晋升与外部招募。

继任董事长来自于外部（如政府机关、上市公司的母公司以及其他单位）往往会对企业进行较大程度的变革，而来自内部则往往会继续实施企业原有的战略（Cao et al.，2006；Helmich and Brown，1972）。此外，来自内部的继任者与前任相熟，可能较早地参与权力交接，因此将会考虑前任的个人形象，而可能较少披露坏消息以避免归咎于前任（Vancil，1987；朱红军和林俞，2003）。因此，继任董事长来自于内部可能不会倾向于披露负面或敏感信息，如环境污染信息。于是假设：

假设 e：相对于外部招募，来自于内部晋升的董事长将会倾向于较少披露环境信息。

第二种方式：独立性。

继任者为专职的，比那些同时在上市公司母公司或其他公司兼任职务的，要具有更强的独立性。鉴于我国上市企业的高管任期较短（根据公司法，较少超过三年），继任者上任伊始就必须努力实现企业目标以维持职位（朱红军和林俞，2003）。因此，当上市公司高管为专职时，他们会积极向市场传递好的业绩，以实现个人多方面的利益（如财富、工作安全、职业声誉等）。根据印象管理理论与信息不对称理论，对于敏感性环境信息的披露，专职继任者则会相对较为谨慎，因而相对而言，更有动机进行选择性的信息披露。于是假设：

假设 f：相对于同时在母公司或其他公司拥有职位的继任者，专职继任者将会倾向于较少披露环境信息。

3.2.3　研究方法与设计

1. 样本选择与数据来源

研究样本是中国沪、深上市的全部"A"股制造业上市公司[①]，选取制造业公司是因为制造业比其他产业产生了更多的水、空气、土壤的污染，在环境保护方面面临更多的社会责任（Darnall et al.，2010；Zeng et al.，2010）。企业环境信息披露的数据，全部根据沪、深证券交易所网站[②]发布的上市公司年报和独立的 CSR 报告，通过内容分析法获得。高管变更的数据来源于国泰安数据库的企业治理数据库（CCGRD）。财务数据搜集于 CSMAR 数据库。对得到的原始数据，进一步根据以下标准对原始样本进行筛选：①由于研究区间是 3 个会计年度的数据，同时防止企业在上市初期在环境方面的"包装"因素，研究选取 2004 年 12 月 31 日以前上市的公司；②剔除高管更替未说明原因的公司。经过筛选，获得 782 家公司 2006～2008 年的数据（共有 2361 家公司的年度观察样本）。

2. 变量定义与测量

1）环境信息披露水平的测量

企业环境信息披露水平根据企业环境披露的内容以及程度来识别（Beck et al.，2010；Bewley and Li，2000；Cho and Patten，2007；Liu and Anbumozhi，2009；Zeng et al.，2010）。一些研究基于内容分析法，通过指数体系，测量环境信息披露的具体内容（Al-Tuwaijri et al.，2004；Bewley and Li，2000；Patten，2002；Wiseman，1982）。还有一些根据 GRI 可持续报告指南，发展环境报告的框架（Clarkson et al.，2008；Liu and Anbumozhi，2009）。

显然，环境信息披露的法规各不相同（Darnall et al.，2010；Gray et al.，2001；Fallan and Fallan，2009）。在我国，2007 年国家环保总局发布了《企业环境信息公开办法（试行）》，要求企业披露是否产生污染，要报告整治措施。根据国家环

---

① 研究样本中包含 174 家食品与酿造公司，195 家纺织服装和皮革公司，82 家造纸和印刷公司，431 家石油化工公司，132 家电子制造公司，365 家金属与非金属冶炼公司，652 家机械、设备和仪表公司，270 家医药生物制品公司，60 家其他制造业公司，共 9 类制造业公司。行业分类是依据中国证监会 2001 年 4 月发布的《上市公司行业分类指引》（CSRC，2001）。

② 上海证券交易所网址（http://www.sse.com.cn），深圳证券交易所网址（http://www.szse.org.cn）。

保总局的这一规定，2008 年上海证券交易所还要求上市公司披露更多的信息，涉及环境保护方面的投资、融资、贷款、法律诉讼、税收减免以及罚款等。因此，根据国家的相关规定，基于内容分析法，从十个方面来评估企业环境信息披露的水平（Zeng et al.，2010）。

运用指数化技术量化环境信息披露的水平，正如 Cho 和 Patten（2007）以及 Bewley 和 Li（2000）指出运用与环境有关的财务类与非财务类信息能有效估计企业的 SEID[①]，每一个要素的得分根据企业披露信息的详尽程度，得分界于 0～3。当环境信息披露涉及财务和量化的信息时（monetary and quantitative information）给 3 分，披露具体的但非财务与量化类信息时（concrete non-monetary information）给 2 分，对于一般的非财务类信息（information in general）给 1 分，没有披露信息的给 0 分。

因此，将每个样本公司的十个披露的方面的得分进行相加得到该公司的环境信息披露总水平。

2）高管变更的测量

根据董事长离任的原因的陈述，具体有十种类别[②]。因此设置了十个相应的二分变量，当离任董事长的原因属于其中某种时，则该变量取值为 1，否则为 0。对于继任董事长的继任类型，"内部继任"为一个虚拟变量（如果继任者是从内部晋升则为 1，0 为来自于外部或无更替）。同样，"外部继任"也是一个虚拟变量（如果继任者是从外部招募则为 1，0 为来自内部或无更替）。关于继任者的独立性，根据专职还是兼职，设置虚拟变量，包括"全职继任"（如果继任者为专职的则为 1，0 为其他）和"兼职继任"（如果继任者同时在其他公司还有资深职位的为 1，0 为其他）。

3）控制变量

控制了企业规模、行业、所有权集中度、经济绩效、财务风险和二职合一性，尽可能地控制或消除这些变量的复杂影响。

企业规模和利润率与企业社会责任以及高管更替均有关（Burke et al.，1986）。规模增大和经济绩效上升，可以增强管理层的职位安全防御能力，高管一般不会轻易被替换（Brickley，2003）。因此，用总资产的对数测度企业规模，ROE 作为

---

① 环境信息可以用货币形式、非货币形式或两者结合的方式进行披露，研究显示，我国制造业上市公司在年报中财务报告的附注栏，常采用货币形式披露企业环境投资、绿化、排污及其他环境费用支出等信息；非货币信息常集中于环境认证、环境政策影响等难以计量的项目中；环保拨款、补贴、"三废"收入，以及涉及环境税收减免等一般常在董事会报告中，采用货币和非货币相结合的形式进行披露。

② 十种更替的类别是：控股权变动、完善法人治理结构、工作调动、结束代理、解聘、健康问题、任期届满、退休、辞职、个人原因。样本公司中没有因涉案原因而离职的。

企业盈利水平的代理变量。所有权的集中度越高，则会显著地影响企业的战略（Mahoney and Thorn，2006）。正如 Craighead 等（2004）的研究表明高管补偿能够激励企业更好地履行社会和环境的目标，而高管的补偿与企业所有权的集中程度有关。采用两个代理变量来反映股东所有权的集中度，第一个代理变量是第一大股东的持股比例（LSH1），第二个代理变量是第一大股东与第二大股东持股比例的比值（LSH2）。高管的更替常常会发生在财务出现困境的企业中（Gilson，1990）。资产负债率（leverage）作为企业财务风险的度量，等于总负债与总资产的比值。若董事长与 CEO 两职合一，则不易发生更替（Chang and Wong，2009），由此，还控制董事长与 CEO 是否两职合一，设置一个虚拟变量，若两职合一，则为 1，否则为 0。董事长变更的年份也作为虚拟变量引入，以控制与时间相关的因素。

3. 计量模型

环境信息披露的水平的变化量，采用两个会计年度间的差分处理（ΔSEID）。这样与那些没有发生高管更替的公司相比较，可以探测高管更替对环境信息披露改变量的影响。计量模型分为两个部分。

（1）对于全部样本，为了分析每一种更替类型与企业 ΔSEID 的关联，通过与没有发生董事长更替的企业相比较，探测每一种原因使董事长离任，是否显著地影响企业环境信息披露水平的变化量。

（2）在发生董事长更替的企业中，进一步调查是否继任的方式显著地影响企业 ΔSEID。由于 ΔSEID 是企业环境信息披露水平的变化量，通过前后两年的差分计算得到，消除了随时间不变的影响因素，比如行业与所有制性质（这也是模型中没有控制的原因）。

由于采用两个时期的平衡面板数据，运用恰当的方法估计标准误是极其重要的，因为不同年份同一公司的残差项可能存在相关性，而且同一年份不同公司间的残差也可能存在相关性。为了克服这两种相关性，以避免 OLS 和 Eicker–Huber–White 稳健标准误的偏差，采用 Petersen（2009）提出的横断面（公司）与时间序列（年度）群聚现象校正标准误（firm-year 2-ways clustered standard error）估计最新方法和程序[①]。

---

① 更多的细节讨论见 Petersen（2009）。程度和代码提供的 Petersen 的个人主页（www.kellogg.northwestern.edu/faculty/petersen/htm/papers/se/se_programming.htm），其中给出 Stata 软件进行二维群聚校正标准误回归分析方法，以及相应的 do file，stata command 为"cluster2 dependent_variable independent_variables，fcluster（cluster_variable_one）tcluster（cluster_variable_two）"。

3.2.4　结果分析

1. 描述性统计

表 3-7 报告了描述性统计量和 ΔSEID 与控制变量的相关系数。表 3-7 表明没有一个 Pearson 相关系数的绝对值超过 0.5，意味着多重共线性不是一个很严重的问题（Hair et al. 1996）。ΔSEID 的分布几乎是对称的，平均值为 0.337，最小值为−8，最大值为 9，表明有近一半的企业环境信息披露水平发生了负向的改变。

表 3-7　描述性统计与 Pearson 相关系数

Item	Mean	SD	Min	Max	ΔSEID	Year_dum	Size	ROE	Leverage	LSH1	LSH2
ΔSEID	0.337	1.096	−8	9							
Dum_Year	0.5	0.500	0	1	−0.022						
Size	21.403	1.182	14.480	26.022	0.128***	0.029					
ROE	0.086	1.561	−16.302	5.858	−0.014	−0.060**	−0.042				
Leverage	0.429	0.210	0.0004	0.948	0.049*	−0.011	0.090**	−0.026			
LSH1	35.884	14.691	4.83	85.23	0.092***	0.007	0.255***	0.007	−0.024		
LSH2	19.807	36.790	1	381.855	0.003	0.008	0.092***	−0.024	0.043	0.447**	
Duality	0.145	0.352	0	1	−0.040	0.011	−0.093***	0.058**	−0.027	−0.097***	−0.058**

*p <0 .10；**p < 0.05；***p <0 .01. ΔSEID 是两个年份环境信息披露水平的变化量。Year_dum 是虚拟变量，当 2008 年时为 1，2007 年时为 0。Size 是总资产的对数。ROE 为权益回报率。Leverage 等于总负债与总资产的比值。LSH1 为第一大股东持股比例，LSH2 为第一和第二两大股东持股比例的比值。Duality 是虚拟变量，1 为董事长同时兼任 CEO，0 为两职分离。因为篇幅的原因，董事长每一种更替类别与其他变量的相关系数没有报告，但是没有相关系数值超过 0.20

表 3-8 报告了董事长更替类型的描述性统计。在表 3-8 中，中国制造业上市公司董事长年变更率为 15.2%。Panel A 中列出所有更替的数量，Panel B 中列出所有更替的原因。在发生更替的样本企业中，"工作调动"排在第一位（占 34.3%），"辞职"排在第二位（占 28.1%），"任期届满"排在第三位（20.7%）。排在后三位的原因分别是"解聘""控股权变更""公司完善法人治理结构"，分别仅占 0.4%、1.2%和 1.2%。在现有的样本中，没有因涉案而离任的董事长。Panel C 显示了内部晋升的比例（50.8%），非常接近从外部招募的比例（49.2%）。但是，继任者为专职的比例（76.8%），远高于兼职继任者（还在母公司或其他公司拥有高级管理职位）（23.2%）。

表 3-8　董事长更替的描述性统计

项目	统计数据			
Panel A：董事长更替的数量（百分比）	2007 年	2008 年	合计	
样本上市公司数目/家	782	782	1564	
董事长更替总数/人	116	122	238	
年更替率/%	14.8	15.6	15.2	
Panel B：离任原因	2007 年	2008 年	合计	比例/%
控股权变动	2	1	3	1.2
公司完善法人治理结构	2	1	3	1.2
结束代理	2	2	4	1.7
工作调动	31	52	83	34.3
退休	9	6	15	6.2
任期届满	38	12	50	20.7
解聘	1	0	1	0.4
健康原因（含死亡）	1	7	8	3.3
涉案	0	0	0	0
辞职	26	42	68	28.1
个人原因	6	1	7	2.9
Panel C：继任方式	2007 年	2008 年	合计	比例/%
I. 内部晋升	55	66	121	50.8
外部招募	61	56	117	49.2
II.专职继任	85	98	183	76.8
兼职继任	31	24	55	23.2

2. 回归分析

表 3-9 报告了董事长各种离任原因与 ΔSEID 的回归分析结果。模型 I 仅对控制变量进行回归分析，模型 II 为引入控制变量后，考察董事长变更对 ΔSEID 的影响。模型 I、模型 II 整体回归效果显著。表 3-9 中第二列为关心的解释变量的符号。模型 II 的结果揭示，有几种离任董事长的变更原因与企业环境信息披露存在显著关联。

表 3-9　董事长离任与 ΔSEID 的两维群聚校正标准误之回归分析

项目	期望符号	因变量：ΔSEID			
		模型 I		模型 II	
控制变量					
Intercept		−1.775	（−4.17）***	−1.725	（−3.58）***
Year_dum		−0.062	（−2.90）***	−0.051	（−2.37）**

续表

项目	期望符号	模型 I		模型 II	
		因变量：ΔSEID			
Size		0.089	(3.00)***	0.087	(2.80)***
ROE		−0.007	(−1.43)	−0.072	(−1.75)*
Leverage		0.246	(1.78)*	0.248	(2.12)**
LSH1		0.006	(1.31)	0.005	(1.36)
LSH2		−0.002	(−0.85)	−0.002	(−0.85)
Duality		−0.086	(−0.84)	−0.102	(−0.99)
解释变量					
A.控股权变动	+			0.753	(0.79)
公司完善法人治理结构	+			1.952	(16.48)***
结束代理	+			0.588	(0.81)
工作调动	+			0.001	(0.02)
B.解聘	−			−0.145	(−3.17)***
健康问题	−			−0.304	(−16.15)***
C.退休	−/+			−0.147	(−0.63)
任期届满	−/+			−0.017	(−0.15)
D.辞职	−			−0.139	(−1.80)*
个人原因	−			0.179	(0.86)
Model indices:					
F		3.48***		3.87***	
R-square		0.019		0.026	
N		1564		1564	

*$p < 0.10$；**$p < 0.05$；***$p < 0.01$。因变量为 ΔSEID；十个离任原因变量均为虚拟变量，董事长离任属于某种原因，则其相应变量取值为 1，否则为 0。所有的控制变量定义见表 3-7。表格中第二列为解释变量的期望符号。Number of clusters（firm）=782，Number of clusters（year）=2。T 统计量值（列为括号中）是根据 Petersen（2009）企业-年份二维群聚无偏标准误差（firm-year two-way clustered unbiased standard errors）计算得到

（1）在组织治理与战略因素的四种具体原因（控股权变动、公司完善法人治理结构、结束代理、工作调动）中，回归系数均为正值，这与假设（Ha_{1-4}）是一致的。其中"完善法人治理结构"导致董事长离任在 0.01 的显著性水平上，对 ΔSEID 有积极影响（系数为 1.952）。但是，其余三种类型的影响在 0.05 的水平上不显著。因此，假设 Ha_2 得到了支持，Ha_1、Ha_3 和 Ha_4 尚没有足够的证据支持。

（2）发现"解聘"与"健康问题"导致董事长离任，在 0.01 的水平上，对 ΔSEID 有显著的负向影响，支持假设 Hb_1 和 Hb_2。

（3）在非自愿但正常离任的原因中，一点不奇怪，正如所假设的，"退休"

和"任期届满"与 ΔSEID 无关。

（4）在报告的因个人自愿离开的原因中，董事长"辞职"在 $P<0.10$ 的水平上（$P=0.072$），与 ΔSEID 显著的负相关，显示较弱的证据支持假设 Hd_1。这表明许多表面上的"辞职"大多数事实上是"解聘"董事长的托词或者是照顾被解聘董事长的面子（Firth et al.，2006；朱红军，2002）。"个人原因"更替的变量符号为正值，尽管与假设 Hd_2 相反，但是变量系数非常接近于 0，在统计上并不显著（$P=0.390$）。

表 3-10 报告了新继任者的继任方式与 ΔSEID 的回归分析结果。从表 3-10 的模型 I 和模型 II，可以发现"内部晋升"与"外部招募"对应的 ΔSEID 与那些没有发生董事长更替的企业对比，均没有显著性差异。与上述结果相似，继任董事长的独立性与 ΔSEID 也无显著性相关。进一步根据模型 III，仅针对有高管更替的样本，"内部晋升"与"外部招募"相比较，两者对应的 ΔSEID 无统计显著性（$P=0.842$），尽管回归系数与前面的假设 H_e 一致。这揭示了内部晋升的继任者，相对于外部招募的继任者，倾向于降低环境责任信息的披露，但并不是显著的。同样，专职继任与兼职继任方式之间也没有发现显著性差异，假设 H_f 没有得到支持。回归结果表明继任的方式与企业环境责任无显著相关。

表 3-10　继任方式与 ΔSEID 的回归分析

项目	因变量：ΔSEID					
	全部样本				发生更替的子样本	
	模型 I		模型 II		模型III	
控制变量						
Intercept	−1.770	(−3.89)***	−1.766	(−4.20)***	−1.996	(−5.56)***
Year_dum	−0.062	(−2.87)***	−0.062	(−2.87)***	−0.096	(−7.50)***
Size	0.090	(2.86)***	0.089	(2.99)***	0.101	(3.26)***
ROE	−0.007	(−1.36)	−0.007	(−1.57)	−0.022	(−0.45)
Leverage	0.244	(1.77)*	0.244	(1.76)*	0.444	(1.00)
LSH1	0.006	(1.30)	0.006	(1.31)	0.003	(0.74)
LSH2	−0.002	(−0.83)	−0.002	(−0.84)	−0.002	(−2.82)***
Duality	−0.087	(−0.85)	−0.087	(−0.83)	0.480	(1.16)
解释变量						
内部晋升	−0.027	(−0.31)			−0.032	(−0.20)
外部招募	−0.010	(−0.17)				
专职继任			−0.016	(−1.55)	−0.067	(−0.47)
兼职继任			−0.029	(−0.42)		
Model indices：						

续表

项目	因变量: ΔSEID		
	全部样本		发生更替的子样本
	模型 I	模型 II	模型 III
F	2.71***	2.70***	0.93
R-square	0.019	0.019	0.076
N	1564	1564	195

*p ＜0.10; **p ＜ 0.05; ***p ＜0.0.　内部晋升是虚拟变量, 1 为继任者来自内部, 0 为来自外部或无更替; 外部招募是虚拟变量, 1 为继任者来自外部, 0 为来自内部或无更替。所有的控制变理定义如表 3-7。模型 I 和模型 II 使用全部样本数据。模型 III 使用是有董事长更替的子样本。回归系数估计采用的 Petersen 的二维聚类稳健标准误。括号中为 Petersen t 统计量值

3.2.5　讨论与结论

从环境信息披露的视角看, 企业高管更替一定程度上影响企业的环境责任。尤其是高管非自愿且负面的离任 (如解聘、健康原因或死亡), 以及强制性质的辞职与企业环境责任呈负相关。这些发现有助于在面对企业发生高管更替时, 洞察企业环境责任的可持续性。

第一, 在所有因组织治理与战略考虑的更替中, 完善公司治理结构显著地正向影响企业的环境责任。这表明公司治理的完善能刺激企业履行社会和环境的义务, 尤其是我国公司治理还不完善, 法律系统还不健全 (Chang and Wong, 2009; Firth et al., 2006)。这一研究结果支持先前的研究结果, 即董事长兼任 CEO 赋予了高管更大的权力, 不利于企业的信息披露 (Dahya et al., 1998; Goyal and Park, 2002)。

研究没有发现控股权变更与企业环境责任的显著性关联。这与笔者的观点并不一致, 一般认为控股权变更往往伴随着财务融资, 这样投资者与债权人这些重要的利益相关者将会通过企业环境信息披露所传递出来的信息来评估企业的价值 (Barth et al., 1997; Laidroo, 2009)。这可以解释为我国不发达的资本市场, 还没有给予企业的绿色责任足够的关注, 正如 Liu 和 Anbumozhi (2009) 的研究认为债权人对中国上市公司的环境信息披露的影响力非常微弱, 以及 Liu 等 (2010c) 指出一些基于市场激励的环保手段, 如贸易许可、绿色信贷、绿色保险和排放交易系统在我国刚刚开始实施。对于董事长的工作调动, 在我国国有企业中常常是高度关注的事件, 这种更替率非常低。有可能是政治的原因而不是经济的考虑导致董事长的变更, 从而与企业的环境责任没有明显的相关性。

第二，非自愿且负面的高管更替影响企业的环境责任。朱红军和林俞（2003）调查了中国上市公司的强制性高管更替，对于市场来说，普遍是一个坏信息。一方面，出于高管自利与企业形象保护的考虑，高管非常谨慎，会较低程度地披露水、空气和土壤的污染，以降低规制者的关注和可能的处罚。这支持 Cho 和 Patten（2007）以及 Zeng 等（2010）的研究结果，高管会披露更多的好消息和降低敏感性环境信息的程度，表现出极强的自利倾向。我国企业环境信息披露的水平极低（Liu and Anbumozhi，2009），而且在企业高管面临强制性变更时，更显著地降低了披露的水平。另一方面，组织资源和能力的缺乏也会影响企业的环境责任，进而影响积极环境战略的采用。先前的研究证实，强制性的高管更替与企业的财务业绩显著负相关（Chang and Wong，2009；Firth et al.，2006；Gilson，1990）。财务困境不利于企业将其资源与能力投向企业的环境保护，从而影响企业实施积极的环境战略。与 Darnall 和 Edwards（2006）的研究相一致的是，企业的资源与能力能够预测企业环境管理系统（EMS）的成本，以及解释为什么一些企业采用先进的环境管理，而一些企业却不采用。

第三，正如所预期的，董事长因退休和任期届满与企业环境责任没有关联。这与公司治理的研究中，关于正常的高管更替与企业的业绩无关相一致（Chang and Wong，2009）。

第四，数据显示，在发生董事长变更的样本企业中，属于辞职的占 28%，排在第二位，而辞职与企业的环境责任呈显著负相关。这强化了这一说法，即在中国"辞职"事实上更多是为了考虑被解聘高管的面子，即使对外宣称是自愿辞职（Firth et al.，2006；朱红军，2002）。这样，辞职很大程度上是因为企业面临某种不利的状况，迫于压力而解聘董事长，进而会影响企业的环境责任。

第五，研究结果揭示在我国继任董事长的继任方式（是否内部晋升和独立性）与企业环境责任不相关。内部晋升与外部招募，以及专职继任与兼职继任对企业的环境责任没有明显的影响，可能表明中国的继任高管在他们较短任期伊始，均倾向于更多地关注企业的经济目标，而对企业的环境责任表现出消极的态度。中国社科院 2011 年展开了一项研究，调查财务业绩杰出的国有企业、民营企业和外资企业的社会责任，结果也显示中国企业的总体社会责任指数较低，大概 70%的企业是沉默的旁观者（社会责任严重缺乏）。因此，先前的研究表明不同的继任方式对企业具有不同的影响（Cao et al.，2006；Helmich and Brown，1972；Vancil，1987；朱红军和林俞，2003），这可能是继任方式在中国法制不健全的情况下，还没有显现出对企业环境责任足够的影响力。未来的研究可以进一步探索这一发现。

本节研究对实践具有一定的启示。继任者是否作出积极的环境管理和战略，研究发现继任者在企业发生强制性更替时（如解聘、健康原因或死亡、强制性辞职），会显著地降低环境责任的披露。这表明企业的环境可持续性此时受到阻碍，由于信息不对称，出于印象管理的考虑，导致选择性披露行为的发生。但是，继任者应该意识到积极地参与环境活动和环境责任的披露，可以作为提升企业的声誉和合法性的一种策略。积极的环境责任披露将会帮助企业建立良好的社会责任名声，以及增强企业的绿色竞争优势（Brammer and Pavelin，2004；Branco and Rodrigues，2008），并符合社会的价值判断（Patten，2002；Zimmerman and Zeitz，2002）。如果他们不应对环境管理、环境违法事件及其相应的公共效应，那么会威胁企业的环境合法性，并进一步损害企业的盈利能力。

然而，继任者肩负着很大的压力，在其短暂的任期内，要最大限度地提高企业盈利，特别是面临财务困境的公司。他们不愿履行社会和环境的责任，可能是因为在短期内没有回报。因此，对于上市公司，在高管强制性更替的情况下，继任者的薪酬补偿（如工资、奖金和股票期权）可以激发继任者实现环保目标，就如 Zalewski（2003）追问 "公司的目标是否可以修正，以使企业活动促进公共的福利，同时也使企业高管和股东受益？"。McGuire 等（2003），Craighead 等（2004）以及 Mahoney 和 Thorn（2006）都建议高管补偿是有效的工具，导致企业更多地担负起社会责任。另一个实践的启示是，通过董事长与 CEO 两职分离，完善公司治理，从而避免影响监督和控制的质量（Forker，1992），确保公众获得令人满意的会计信息和企业社会责任信息。

至于公共政策，尽管国家环保总局和地方环保机构采取一系列监管措施，要求企业履行环境义务并披露相关信息，但是对大量的企业进行监督和预防非常困难。通常情况下，盈利能力差是决定高管被迫更替的一个重要因素（Chang and Wong，2009；Firth et al.，2006；Gilson，1990；Huson et al.，2001；Lausten，2002；Nam and Ronen，2004）。最近的环境管理文献显示较差的环境表现与经济绩效有关（Al-Tuwaijri et al.，2004；Montabon et al.，2007；Sarkis and Dijkshoorn，2007）。因此，经济表现不佳先于董事长强制性更替，同时危害到企业的环境责任。不知道或无法观察经济表现不佳到底达到什么程度，才会严重损害企业的环境责任，但是强制性的更替（如辞退、健康原因和死亡、被迫辞职），提供了一个可行的方案，让监管机构可以监控可能的异常环境活动，以及其他利益相关者在企业发生强制性更替时，更好地评估企业环境责任。此外，中国证监会应该进一步推进公司治理改革，比如中国证监会强烈建议董事长与 CEO 的两职分离，但并没有强制性的要求。

关于研究结果的普适性，本节研究识别了一些重要的更替模式，便于理解高管更替对企业环境战略的关系。因为管理战略往往忽略了高管更替对企业环境行为的影响。显然，高管最终决定了是否采用积极的环境管理，决定如何做，以及披露什么。本书的工作提供了初步证据，表明高管更替对环境责任的作用在环境管理研究中应该得到更多的关注。

在环境信息披露的测量中，聚焦于环境责任的信息公开水平，但没有精确地描绘企业所述内容的微妙与复杂（Clarkson et al.，2008）。未来可以更好地采用质性案例研究单个企业的环境信息披露（Cho et al.，2010），以及更多年份的更替样本。虽然基于跨年度的制造业上市公司，并以中国作为发展中国家，提供一些高管更替影响企业环境责任的证据，但是研究结果在发达国家具有严格环境监管的背景下，要谨慎解释。预计高管更替对企业环境责任的效应可能变弱或者消失，这是由于选择性披露与隐匿敏感性消息的代价高昂。这样，未来的研究可以进一步在不同的时期、不同的制度背景下调查高管更替和企业环境责任（甚至延伸到企业社会责任）的关联。

第4章　企业环境信息披露：企业特质的影响

4.1　企业经济绩效与环境信息披露的关联性

4.1.1　引言

环境信息披露"反映社会优先权，响应政府压力，适应利益相关者的环境压力和诉求，保护企业的形象"（Child and Tsai，2005；Guthrie and Parker，1990）。环境信息披露正成为企业实现生态可持续性的一个重要因素（Dawkins and Fraas，2010）。

在过去的二十余年，中国环境恶化已日益受到关注。特别是近年来环境事件的频繁爆发，如紫金矿业公司于 2010 年在将部分含铜酸性废水排放到汀江，造成严重的江水污染并演化成为公共事件。这不仅将环境信息披露问题推向了前沿，而且把环境监管制度推到了风口浪尖上（王建明，2008；Xu et al.，2012）。在实践中，尽管我国政府已探索出一系列的措施鼓励企业实施环境信息披露，但是环境信息公开在企业中并不是很流行。事实上只有约三分之一的中国上市公司选择披露环境信息（Zeng et al.，2010）。

一些研究者已经展开了对中国企业环境信息披露行为的研究（Liu and Anbumozhi，2009；Wang et al.，2004）。然而，本节研究与国外的研究不同，提供了一个深入的实证分析，以揭示企业环境信息披露和企业经济绩效是否存在动态关系，以及这种动态关系是否因企业不同所有制类型而发生改变，这有助于为我国企业环境信息披露行为提供可信的理论解释。本部分研究贡献表现在两个方面：其一，在理论与实证上通过系统地研究企业经济绩效与环境信息披露的关系，研究发现从自愿时期到规制时期，所有权显著地调节了经济绩效与企业环境信息披露之间的关系，并且具有动态性；其二，检验不同规制阶段企业环境信息披露的理论解释，研究表明在不同的发展阶段解释企业环境信息披露的理论是不同的，即在没有政府规制压力的情况下，企业环境信息披露更多可用绩效-印象管理理论来解释，而在严格的规制压力下更多可用压力-合法性理论来解释。这一发现不仅丰富了企业环境信息披露的理论，而且对发展中国家加强环境立法和监管提供了实践启示。

4.1.2　文献回顾

企业环境信息披露的动机和企业特征的影响已被广泛地研究。许多企业的特征对环境信息披露的作用已得到共识。如企业规模（Campbell，2000）、行业（Bewley and Li，2000）、所有权（黄群慧等，2009）等。但是没有一个企业特征像经济绩效那样对环境信息披露的影响产生如此多的冲突的实证结果和理论解释（Bewley and Li，2000；Gray et al.，2001；Karim et al.，2006；Laidroo，2009；Stanwick and Stanwick，2000；Ullmann，1985）。例如，Neu 等（1998）、 Cormier 和 Magnan（1999）、 Stanwick 和 Stanwick（2000）以及 Prencipe（2004）发现环境信息披露的水平和公司的盈利能力正相关。然而，一些其他研究者发现环境信息披露的数量与企业的绩效无相关关系（Brammer and Pavelin，2008；Clarkson et al.，2008；Cormier and Gordon，2001；Freedman and Jaggi，1982；Karim et al.，2006；Laidroo，2009），甚至发现两者是负相关关联（Brown and Hillegeist，2006；Chen and Jaggi，2000）。

先前的研究之所以取得冲突的实证结果，可能是由以下原因导致的：

其一，绝大多数研究没有区分自愿性披露与强制性披露（Gray et al.，2001；Guthrie and Parker，1990）。环境信息披露与经济绩效的关联，会因强制性还是自愿性而有所不同。正如 Huang 和 Kung（2010）研究发现企业经济绩效与企业自愿性环境信息披露有关联，而与企业非自愿信息披露无关。

其二，环境信息披露与不同国家的文化、法规有关。不同的国家往往有不同的立法要求，尤其涉及自愿披露与强制披露的规定（Darnall et al.，2010；Fallan and Fallan et al.，2009；Gray et al.，2001）。

其三，环境信息披露动机的具体理论解释还不充分（Ullmann，1985）。主流的两种理论：合法性理论与自愿披露理论仍然是相互竞争与冲突的。大多数研究者认为环境信息披露的动机，可以运用利益相关者理论和合法性理论来解释，即企业披露环境信息由外部利益相关者的压力来驱动，以显示企业的合法性（Zeng et al.，2012）。

其四，许多早期的实证研究存在方法论的问题。许多研究没有控制重要企业特征变量，如企业规模、行业、年龄等（Bowman and Haire，1975；Freedman and Jaggi，1982；Preston，1978），以及极少研究采用纵向设计，然而环境信息披露与经济绩效的关系可能会随时间发生结构的改变（Cho and Patten，2007；Patten，2002）。

本节研究为了响应这四个方面的可能原因，以中国为背景，采用一个纵向跨自愿性披露与强制性披露时期的研究，在以控制企业规模、行业等为重要变量的情况下，引入所有权调节效应，分析企业经济绩效与环境信息披露的动态关系，检验并发展现存的企业环境信息披露理论。

所有权类型是影响企业环境信息披露的一个重要因素（Celik et al.，2006）。发达国家，如美国、英国等股东所有权比较分散，而与发达国家不同的是，中国却有很大比重的国有企业，他们容易得到国家更大的扶持，以及更多的公众关注（Zeng et al.，2003；黄群慧等，2009）。因此，出于政治的考虑，国有企业倾向于披露更多的环境信息。

进一步的，中国企业外部的环境披露法规在 2007 年发生重大的变化。在 2007 年以前处于自愿披露阶段，由企业根据自身利益和价值取向，向外界主动进行环境信息披露。但是，国家环保总局于 2007 年颁布了第一个正式文件《企业环境信息披露办法（试行）》，并于 2008 年 5 月实施，要求企业在年度报告中说明是否污染环境以及执行的举措。根据 2007 年国家环保总局的规定，上海证券交易所于 2008 年 5 月实施《上市公司环境信息披露指南》，进一步要求上市公司披露更多的环保信息。这两个带有强制性质的规定，为研究提供了一个绝好的研究背景。因此，2006～2008 年对应着不同的规制时期，详细考察企业环境信息披露年度报告，通过这一窗口时期来分析企业经济绩效与企业环境信息披露的动态表现。

4.1.3　概念模型与研究假设

基于政治经济理论（Clark，1991），企业披露环境信息是为了保护其自身利益，呈现出支持社会可持续发展的形象，以维持合法性（Guthrie and Parker，1990；Kock et al.，2012；Williams，1999），展示良好的潜力绩效（Clarkson et al.，2008），避免可能的监管处罚（Cho and Patten，2007）。倾向于认为，环境信息披露与经济绩效的不一致，很大程度上是没有考虑企业环境信息披露在不同规制下的不同动机（Guthrie and Parker，1990；Ramanathan，1976；Williams，1999）。在自愿性环境规制情况下，环境信息为投资者提供了极为重要的信息以评估公司的价值、前景和污染控制成本，然而在强制性的环境规制情况下，环境信息主要是作为应对监管机构和广大公众压力，作为显示合法性的一种工具。

1）自愿性披露与绩效信号

信号理论（signaling theory）表明具有高盈利能力与品质的公司有动机自愿将自身品质信号传递给外界，以区别低品质公司，从而获得更多利益。基于市场的研究表明，环境信息中关于环境成本和负债的金融信息，对于有关投资者和债权人是有用的（Blacconiere and Patten，1994；Li and McConomy，1999；Neu et al.，

1998）。企业若需要更多的外部融资，则会进行更频繁的信息披露（Barth et al.，1997；Healy et al.，1999；Laidroo，2009）。因此，环境信息披露一定会传递经济信息，这样投资者可以根据披露的污染数据，调整他们对企业的期望程度（Clarkson et al.，2008；Freedman and Jaggi，1988）。Bowman 和 Haire（1975）发现，盈利能力显著正向影响企业自愿性环境信息披露水平。Lang 和 Lundholm（1993）、Al-Tuwaijri 等（2004）和 Clarkson 等（2008）研究表明具有"好"的经济绩效的企业有较高的自愿披露倾向，披露更加具体量化的环境信息（如污染数据和控制措施），向金融市场释放"好消息"。

　　企业环境信息披露是一种印象管理行为。企业通过披露信息反馈，支持，甚至夸大其主要的环保责任，以传递和强化公众印象，为企业利益服务。服务于印象管理的披露，是有价值取向的，与企业财务报告中的盈余管理一样，披露的信息具有策略选择性，尤其是在自愿性信息披露的情况下（Leary and Kowalski，1990；Lehman and Tinker，1987）。发现企业年度报告中积极的环境信息占绝对主导地位（Deegan and Rankin，1996；Fallan and Fallan，2009；Niskanen and Nieminen，2001）。当一个企业拥有良好的财务状况，将有更充裕的资源投入环境责任中，因而管理层对环境事项的反应将更积极（Li and McConomy，1999）。

　　所有权类型作为决定因素之一影响企业环境信息披露（Celik et al.，2006）。正如 Healy 等（1999）和 Xiao 等（2004）指出，信息披露的增加与机构持股数增加有关联。相对而言，国有企业更容易得到国家的支持，以更好地履行政治与社会目标。非国有企业有更强的动机告知投资者和其他利益相关者，通过自愿性信息披露以降低融资成本（Botosan，1997），提高股票的流动性（Sengupta，1998）。因此，非国有上市公司基于公司形象、投资者关系等动机，会主动对外披露公司信息，尤其在绩效好的情况下。因此，基于先前的理论分析，假设：

　　假设 1：在自愿披露的背景下，经济绩效与企业环境信息披露水平正相关。

　　假设 2：在自愿披露的背景下，所有制类型调节了经济绩效与企业环境信息披露水平的关系，相对于国有企业，非国有企业对应的经济绩效与环境信息披露水平的正向关系更强烈。

　　2）强制性披露与合法性

　　近来的研究中，越来越多的研究者倾向于使用合法性理论来解释企业环境披露行为（Cho and Patten，2007；Clarkson et al.，2008；Deegan，2002；de Villiers and van Staden，2010；Fallan and Fallan，2009；Magness，2006；Wilmshurst and Frost，2000）。合法性理论认为，如果不考虑与经济活动有关的政治、社会和体制框架的因素，单纯考虑经济因素是没有意义的（Gray et al.，1996）。一个企业的生存和发展取决于其配置与平衡利益相关者的能力，这些利益相关者提供企业经济、社会和政治的合法性权力（Magness，2006）。环境绩效欠佳的企业将面对更大的政治和社会压力。因此，它们会在其财务报告中向外部利益相关者披露更广泛的补救措施（Cho and Patten，2007）。在强制性披露的背景下，环境信息主要充当合法性的工具（Patten，2005），用来满足日益增加的利益相关者信息诉求（Fallan and Fallan，2009）。大量实证研究结果支持了这一理论（Cho and Patten，2007）。

合法性理论、利益相关者理论与政治经济理论并不矛盾，利益相关者理论提供了一个分析的框架，在环境信息披露方面，利益相关者对企业的压力，尤其是政府的法规，会促使企业积极地应对压力以取得合法性地位。因此，将其概括为压力-合法性理论。企业压力主要来自政府和公众。政府颁布一系列法规制度，影响直接，压力较大；而公众影响间接，压力较小（Lee and Hutchison，2005）。Liu和 Anbumozhi（2009）基于利益相关者理论识别了影响企业环境信息披露水平的决定因素。他们发现中国上市公司环境信息披露的策略主要是满足政府的要求；而其他的利益相关者，如股东和债权人，对企业环境信息披露水平的影响非常微弱。Bewley 和 Li（2000）发现更多的新闻媒体聚焦、高环境敏感性行业或产品，以及更多的政治接触，使企业更有可能披露环境信息。国有企业往往具有这些特征，治理环境问题已被融入日常的工作当中。环境信息披露作为一种政治驱动的策略，顺应我国立法的趋势。我国的国有企业要实现经济、政治双重目标。政治目标是代表国家这个大股东的利益。很多情况下，国有企业借助政府的力量实现自己的利益，因此为了提高自身的政治业绩，公司管理层会遵守强制性披露的要求。先前的研究（Eng and Mak，2003；Laidroo，2009；Makhija and Patton，2004；Toms，2002）也支持上市公司信息披露与政府的所有权有关，无论政府持股比例大小。

根据理论分析，环境信息披露在强制性情况下是社会与政治压力的反映，这表明在强制披露的条件下，企业经济绩效与环境信息披露的水平呈负相关关系（Clarkson et al.，2008；Patten，2002）。在自愿披露与强制披露两个不同时期，两个竞争性的理论（自愿性披露与绩效信号、强制性披露与合法性）提供了经济绩效与环境信息披露相反的预测，于是假设：

假设 3：在强制披露的背景下，经济绩效与企业环境信息披露水平具有负相关关系。

假设 4：在强制披露的背景下，所有制类型调节了经济绩效与企业环境信息披露水平的关系，相对于非国有企业，国有企业对应的经济绩效与环境信息披露水平的负向关系更强烈。

为了便于更好地显示要验证的假设，图 4-1 为本节研究的概念模型，反映了从自愿到规制的所有权、经济绩效与企业环境信息披露的关系。

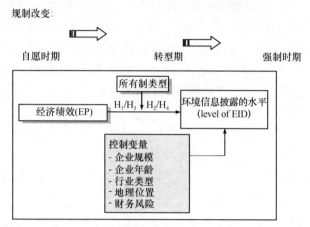

图 4-1 概念模型：从自愿到规制的所有权、经济绩效与 EID 的关系

4.1.4 研究样本与变量设计

1. 样本与数据

本部分的研究样本时间间隔为 2006～2008 年，在这期间环境信息披露的法规从自愿到强制，有了明显的变化。在 2006 年以前，中国与环境有关的法律是《中华人民共和国清洁生产促进法》（2003），其第十七条只要求企业在当地主要媒体上定期公布污染物超标排放情况，接受公众监督，但对环境信息披露的方式、内容、时间以及违规处理均没有作出具体的规定。因此在 2006 年以前，中国上市公司的环境信息披露方面国家基本没有强制性规定，企业披露环境信息基本属于自愿的行为。

但是，国家环保总局在 2007 年发布了第一个环境信息披露方面的规范性法规——《企业环境信息公开办法（试行）》，2008 年 5 月 1 日正式实施，要求企业公开环境污染与整治的信息，带有一定程度的强制性。在国家环境信息披露办法的基础上，上海证券交易所于 2008 年 5 月 14 日发布了《上市公司环境信息披露指引》专门针对中国的上市公司环境提出相关环境信息的要求，主要是与金融财务有关的信息。

因此，中国上市公司的环境信息披露经历了从 2006 年自愿披露阶段，过渡到 2008 年一定程度的强制披露阶段。选择这三个连续的不同时期，可以在不同的规制背景下探究所有权、经济绩效与企业环境信息披露的动态关系。

为了验证本部分的研究假设，样本公司为 2006～2008 年在沪、深"A"股所有制造业上市公司。选择制造业企业是因为相对于服务业，制造业的企业产生了更多的水、空气和土壤的污染（Darnall et al.，2010；Stead and Stead，1992；Zeng et al.，2010）。企业环境信息披露的数据同先前的一样，是从上市公司的年度报告中，通过内容分析法获得。CSMAR 是一个得到广泛使用的关于中国上市公司的数据库，从该数据库中搜集了经济方面的数据。

原始数据搜集时，考虑了下面几个标准：

（1）删除 ST 和 PT 公司，因为这些公司在过去的两年中连续亏损，为了避免因为财务异常而导致环境信息披露异常的情况；

（2）选择在 2004 年 12 月 31 日前上市的制造业公司（样本期前 2 年），以避免企业在早期上市阶段在环境和社会责任方面的粉饰效应；

（3）剔除所有权类型、经济绩效或其他控制变量两个以上数据缺损的公司。经过对原始数据的审查，共获得有效样本为 2360 个（样本期间为 2006～2008 年），其中 2006 年有 792 家样本公司，2007 年有 784 家样本公司，2008 年有 784 家样本公司。这些公司分布在 9 个制造业子行业类别中①。

2. 变量与测度

1）因变量

因变量是企业环境信息披露的总分值（SEID），反映了企业环境信息披露的总水平，用于测量环境信息披露的内容和详细程度（Bewley and Li，2000；Cho and Patten，2007；Cormier and Gordon，2001；Liu and Anbumozhi，2009；Zeng et al.，2010）。披露内容的评分方法（内容分析法），被认为是评估企业环境信息披露水平的合适方法（Al-Tuwaijri et al.，2004）。

使用内容计分的分析技术，首先需要识别与确定一组内容分析的指标体系。然而，一个显然的事实是，不同国家对企业环境信息披露具有不同的规定（Darnall et al.，2010；Fallan and Fallan，2009；Gray et al.，2001）。在中国，国家环保总局 2007 年颁布的环境信息公开办法，要求公司披露污染状况和保护环境的措施。根据国家环保总局的办法，上海证券交易所也要求上市公司披露更多强制性信息，涉及与环境保护相关的投资、金融及罚款（如贷款、诉讼、罚款和减免等）。Zeng 等（2010）提出十个环境信息披露的内容项目，这十个构成要素反映了中国企业环境披露的现实规制背景，不仅体现了 2007 年国家环保总局的规定，而且也包含

---

① 基于中国证券监督管理委员会于 2001 年 4 月发行的上市公司行业分类指引。

上海证券交易所 2008 年的指引要求。本部分的研究采用其内容体系测度面向中国上市公司的环境信息披露水平，具体见表 3-1。这些构成要素与很多现有的文献中环境信息披露的主要测量项目非常相近（Brammer and Pavelin，2006；Cho and Patten，2007；Fallan and Fallan，2009）。

根据 2360 个年度观察样本，对于每个上市公司年度报告中每个构成要素的信息，分析环境信息披露水平。参考前述的研究，利用内容计分方法，对每一个要素的披露内容进行评分，评分介于 0～3，如果运用货币和定量的描述，赋值 3 分；如果非量化但有具体的说明，赋值 2 分；如果仅是泛泛的讨论，赋值 1 分；无信息则赋值 0 分（Al-Tuwaijri et al.，2004；Bewley and Li，2000；Cho and Patten，2007；Wiseman，1982；Zeng et al.，2010）。因此，每个企业得到其环境信息披露的年度分值，计算公式为

$$\text{SEID}_i = \sum_{j=1}^{n} \text{SCID}_{ij} \qquad (4\text{-}1)$$

这里 SEID_i 是企业 i 的环境信息披露总分值；SCID_{ij} 是企业 i 第 j 个要素的得分，j=1，2，…，10。本部分的研究中用 SEID_i 来测量环境信息披露的总体水平。

2）自变量

经济绩效。企业经济绩效的测量，采用基于会计的变量。ROE（股东权益回报率）经常被用来评价企业业绩（Branco and Rodrigues，2008；Roberts and Dowling，2002）。在本节研究中，也采用 ROE 作为经济绩效的代理变量，考察经济绩效和企业环境信息披露之间的关系（Neu et al.，1998；Richardson and Welker，2001；Roberts and Dowling，2002）。在既往的文献中，还有其他经济绩效的代理变量，如总资产收益率（ROA）（Brammer and Pavelin，2006）。然而，ROA 可能有失偏颇，因为样本来自不同行业的企业，固定资产在不同行业中可能不具有可比性。不同行业在不同年份的资产总额可能具有系统性差异（Al-Tuwaijri et al.，2004）。虽然 ROE 和 ROA 这两个代理变量，都反映了企业的盈利能力和水平，都能表征企业经营的相对效率（Freedman and Jaggi，1982；Ullmann，1985），但是在社会与环境披露的研究中，ROE 则被广泛用于衡量企业的经济绩效（Abbott and Monsen，1979；Bowman and Haire，1975；Liu and Anbumozhi，2009；Neu et al.，1998；Richardson and Welker，2001；Ullmann，1985）。

所有权类型。按照控股股东的性质，将上市公司分为国有股份和非国有（私有）股份两种类型（孙铮等，2006；孙烨等，2009）。国有股份企业是指被中央或地方政府部门或国有企业控股（包括国有独资和控股两种情况）的上市公司，根据 CSMAR 数据库，具体有两种所有权类型的企业（国有股、国有法人股）；非国

有股份企业则是被集体所有制企业、外资、民营企业控股的上市公司，同样在CSMAR 数据库中，具体有三种所有权类型的企业（国内法人股、个人股、国外法人股）。鉴于我国当前的国家经济体制，国有企业易于得到政府更多的重视与支持（黄群慧等，2009；Zeng et al.，2003）。在 2006 年的研究样本中，国有股份与非国有股份的企业数量分别为 60.1%和 39.9%。在非国有企业中，主要是集体所有制企业和民营企业，外资企业相对较少（2006 年有 14 家，占 1.77%）。因此，设置一个虚拟变量（记为 StateShare），如果是国有企业记为 1，非国有企业记为 0。

3）控制变量

企业规模。绝大多数研究均控制了企业规模。利益相关者理论和合法性理论均表明企业规模与环境信息披露水平之间存在密切关系（Campbell et al.，2003；Boesso and Kumar，2007）。一方面，大企业一般受到更大的利益相关者压力（Darnall et al.，2010；Deegan and Gordon，1996）；另一方面，大企业有更多的资源投入环境保护（Liu and Anbumozhi，2009；Zeng et al.，2010），这样更可能考虑企业社会责任，从而披露更多的环境信息（Dierkes and Preston，1977），降低政治与代理成本（Cormier and Gordon，2001；Karim et al.，2006）。企业规模的代理变量为企业年末总资产的对数（Gray et al.，2001）。

企业年龄。企业年龄作为控制变量，用报告期企业的上市年限。

行业类型。行业被认为是影响企业环境信息披露的重要因素之一（Bewley and Li，2000；Boesso and Kumar，2007；Cormier and Gordon，2001；Li，1997；Wang et al.，2004）。企业属于敏感性行业会披露更多的环境信息以显示其运营的合法性（Boesso and Kumar，2007）。重污染企业面临着严格的政府监管，被要求披露更多的环境信息。对于样本中的制造业企业，根据 CSMAR 数据库的分类，将其划分为 9 个制造业子行业，设置 8 个虚拟变量，将企业属于"食品与饮料"作为对照组（或基组），如果一个企业属于某一行业类别，取值为 1，其他为 0（Cormier and Gordon，2001）。

地理位置。上市公司处于不同的区域，所在地区的市场化程度则不同，利益相关者对企业环境信息的要求与关注可能不一样（Liu and Anbumozhi，2009；Zeng et al.，2010）。所在地区的市场化程度越高，则该地区经济越发达（樊刚等，2007）。先前的研究发现企业所在地区的市场化水平与企业环境信息披露之间存在相关性，地区的市场化水平越高，则环境敏感性的行业就越少（Liu and Anbumozhi，2009；Zeng et al.，2008，2010）。研究采用樊刚等（2007）的地区市场化指数反映企业在地理位置上的差异。

资产负债率（leverage）。反映了企业的金融风险和财务资源的可获得性，一个企业如果违反债务契约，会面临资本成本的上升，因为较多的债务意味着较高的风险（Karim et al.，2006）。高财务风险与较低的环境信息披露相关联（Cormier and Magnan，1999）。因此，需要控制可能的资产负债率与环境信息披露之间的负相关性，即企业的总负债与总资产的比值（Brammer and Pavelin，2006，2008；Karim et al.，2006）。

3. 计量模型

为了验证研究假设，计量模型采用 Tobit 回归分析。Tobit 模型适用于受限因变量，因变量在大于 0 时取值连续，但等于 0 时有一个截断，具有取值不为零的概率（Green，2003），比如在制造业上市公司的 SEID（环境信息披露总分值）中，其取值在一定范围内，然而对于一大部分的企业其 SEID 的取值为 0。

Tobit 回归模型依赖于背后的潜变量模型，定义如式（4-2）所示。对于给定的一个大样本，潜变量 y^* 满足经典线性模型假定（Wooldridge，2003）。

$$y_{it}^* = f(X_{it}, I_{it}, (\text{ROE}_{it} - \overline{\text{ROE}_t}) \times (\text{StateShare}_{it} - \overline{\text{StateShare}_t}))$$

$$\text{SEID}_{it} = \begin{cases} 0 & \text{if} \quad y_{it}^* < 0 \\ y^* & \text{if} \quad y_{it}^* \geqslant 0 \end{cases} \qquad (4\text{-}2)$$

其中，X={ROE，国有企业，企业规模，企业年龄，所在地区的市场化水平，资产负债率}；I={纺织、服装和皮毛加工；造纸、印刷和文体用品；石油、化学、塑胶和塑料；机械、设备和仪表；金属和非金属矿物；电子信息制造；生物、医药制品；其他制造业}

SEID 为企业环境披露水平的总分值；ROE 为权益回报率；StateShare 是二分变量，国有企业为 1，非国有企业为 0；企业规模为年末总资产的对数；企业年龄为报告期上市公司的上市年限；所在地区的市场化水平为地区的市场化指数；资产负债率为总负债与总资产的比值；I（行业类型）为包括 8 个行业的二分变量。

至于模型中涉及的交互项，根据 Aiken 和 West（1991）的建议，对涉及调节效应的交互项进行中心化处理（平均值转换为 0），以避免可能的多重共线性问题。此外，还要考虑在面板数据集中两种非常重要的残差相依性（即企业效应和年度效应），即可能存在对于一个给定企业，其不同年份的残差存在相关性，也有可能在同一年份不同企业之间的残差存在相关性（Petersen，2009）。遵循 Petersen（2009）的方法，计算企业-年份两维稳健标准误，以识别上述两类效应是否存在。尤其是时间效应，如果不存在或不是严重问题，样本数据将适合对每一年份进行 Tobit 回归分析。

4.1.5　结果分析

表 4-1 报告了 2360 个企业-年份样本数据环境信息披露的描述性统计。全部样本的环境信息披露平均值为 1.126（最小值为 0，最大值为 10）。有 487 家企业（约20.6%）的环境信息披露的得分在 3 以上，这表明中国上市公司的环境信息披露水平仍然很低。大部分环境信息披露是以定性描述为主。正如 Liu 和 Anbumozhi（2009）以及 Zeng 等（2010）揭示，中国企业环境信息披露仍处于起步阶段。然而，表 4-1也表明在国家环境法规的影响下，环境信息披露的水平仍然逐渐提高，如 2006 年平均得分为 2.427，2007 年平均得分为 3.180，2008 年为 3.415。此外，有披露环境信息的公司比例明显从 2006 年的 31.6% 增加至 2008 年的 42.7%。这说明在中国进一步加强环境监管和采用更严格、具体的环境信息披露控制是非常迫切的。

表 4-1　企业环境信息披露分值（SEID）的描述性统计

年份	全部样本		披露环境信息的样本		披露环境信息的国有企业		披露环境信息的非国有企业	
	平均值	标准差	平均值	标准差	平均值	标准差	平均值	标准差
2006	0.775	1.336	2.427	1.256	2.508	1.289	2.256	1.173
2007	1.146	1.940	3.180	1.896	3.360	2.023	2.819	1.559
2008	1.459	2.175	3.415	2.094	3.625	2.195	2.962	1.788
合计	1.126	1.858	3.052	1.856	3.215	1.968	2.790	1.576

注：2006 年、2007 年和 2008 年企业样本分别为 792、784 和 784，SEID 的范围分别是 0～8、0～10 和 0～10，三年中有环境信息披露的企业比例分别是 31.6%、36.5% 和 42.7%

表 4-2 显示变量的 Pearson 相关系数和方差膨胀因子（variance inflation factors，VIFs）。无相关系数在 0.8 以上，VIFs 值都比较接近 1，远小于最大阈值 10，表明解释变量之间的多重共线性并不严重（Darnall et al., 2010；Kennedy，2003）。

表 4-3 报告 Tobit 回归分析结果，计算了整个样本企业-年份两维群聚标准误。根据 Petersen（2009）的建议，通过比较不同的标准误差，可以快速观察企业与时间效应是否存在以及大小。当企业-年份两维群聚标准误（firm-year two-way clustered standard errors）远大于怀特稳健标准误（White robust errors），一般为 2～4 倍，则表示在面板数据集中存在企业与时间效应（Petersen，2009）。表 4-3 中没有发现两维群聚标准误超过怀特稳健标准误的 2 倍。因此企业效应与时间效应并不是个问题。这样可以分裂 2006～2008 年的样本数据，分别进行 Tobit 回归分析。在表 4-3 中，运用全部样本数据显示 ROE 与企业环境信息披露（SEID）是统计不显著的，但是交互项是统计显著的（$P<0.01$），这说明不同的所有权企业其 ROE对 SEID 有不同的响应。由于 2006～2008 年作为一个整体样本，可能模糊了对ROE 与 SEID 的关系的认识，为此将在表 4-4 中具体分析不同规制情况下，ROE

表 4-2　平均值、标志差、VIF 值和相关系数 a

项目	N	最小值	最大值	平均值	标准差	1	2	3	4	5	6	7	8	9	10	11	12	13	14	15
企业环境信息披露水平（SEID）	2360	0.00	10.00	1.13	1.86	1.00														
企业年龄（firm age）	2360	1.57	18.03	9.15	3.48	-0.05	1.00													
企业规模（firm size）	2349	-2.30	5.30	0.64	1.11	0.20	0.11	1.00												
Industry：纺织、服装和皮毛加工	2360	0.00	1.00	0.08	0.27	-0.03	-0.03	-0.10	1.00											
造纸、印刷和文体用品	2360	0.00	1.00	0.03	0.18	0.06	-0.02	0.00	-0.06	1.00										
石油、化学、塑胶和塑料	2360	0.00	1.00	0.18	0.39	0.10	0.02	0.02	-0.14	-0.09	1.00									
电子信息制造	2360	0.00	1.00	0.06	0.23	-0.05	-0.02	-0.01	-0.07	-0.05	-0.11	1.00								
金属和非金属矿产物	2360	0.00	1.00	0.15	0.36	0.05	0.00	0.23	-0.13	-0.08	-0.20	-0.11	1.00							
机械、设备和仪表	2360	0.00	1.00	0.28	0.45	-0.10	0.05	-0.05	-0.19	-0.11	-0.29	-0.15	-0.27	1.00						
生物、医药制品	2360	0.00	1.00	0.11	0.32	0.00	-0.02	-0.09	-0.11	-0.07	-0.17	-0.09	-0.16	-0.22	1.00					
其他制造业	2360	0.00	1.00	0.03	0.16	-0.04	-0.05	-0.03	-0.05	-0.03	-0.07	-0.04	-0.07	-0.10	-0.06	1.00				
地理位置（marketization）	2360	2.50	10.41	7.59	1.91	-0.07	0.08	0.04	0.15	-0.02	-0.06	0.07	-0.14	0.06	0.03	0.07	1.00			
资产负债率（leverage）	2352	0.00	9.73	0.56	0.45	0.05	-0.17	0.25	-0.07	0.10	0.04	-0.08	0.12	0.05	-0.09	-0.02	-0.02	1.00		
经济绩效（ROE）	2259	-53.96	28.98	0.03	1.51	-0.01	-0.03	0.01	-0.00	0.01	-0.00	-0.02	-0.01	0.02	-0.02	0.01	0.05	-0.08	1.00	
所有权（stateshare）	2358	0.00	1.00	0.59	0.49	0.14	0.12	0.18	-0.14	0.01	0.06	0.01	0.11	0.02	-0.01	-0.05	-0.17	0.08	-0.03	1.00
方差膨胀因子（VIF）b						—	1.07	1.17	2.01	1.44	2.79	1.68	2.71	3.46	2.26	1.30	1.12	1.15	1.02	1.11

a　表示 n 有变化，对于 n 等于 2360，相关系数的绝对值大于 0.040（0.053），表明在 5%（1%）的水平上显著不为零。
b　表示鉴于篇幅的限制，此处没有分别报告 2006~2008 年份的变量相关系数表，但是没有一个年份的变量相关系数超过 0.30，所有方差膨胀因子（VIF）都远小于阈值 10

表 4-3　Tobit 回归分析结果（计算企业-年份两维群聚标准误）

因变量：SEID

白变量	1			2		
	β 系数	Robust Std. Err.	Std. Err. (Tobit with firm-year 2D clustered SEs)[c]	β 系数	Robust Std. Err.	Std. Err. (Tobit with firm-year 2D clustered SEs)
常数项	-0.977	(0.642)	(0.802)	-0.916	(0.642)	(0.799)
Year 2007[a]	0.934***	(0.231)	—	0.943***	(0.231)	—
Year 2008	1.822***	(0.233)	—	1.837***	(0.234)	—
企业年龄 (firm age)	-0.218***	(0.029)	(0.036)	-0.220***	(0.029)	(0.036)
企业规模 (firm size)	0.741***	(0.096)	(0.114)	0.757***	(0.095)	(0.113)
行业类判 (Industry)：						
纺织、服装和皮毛	0.019	(0.461)	(0.594)	-0.003	(0.462)	(0.594)
造纸、印刷和文体用品	0.792	(0.565)	(0.748)	0.804	(0.566)	(0.749)
石油、化学、塑胶和塑料	0.589	(0.401)	(0.513)	0.588	(0.412)	(0.513)
电子信息制造	-1.396*	(0.576)	(0.756)	-1.397*	(0.577)	(0.756)
金属和非金属矿物	-0.478	(0.432)	(0.558)	-0.501	(0.432)	(0.557)
机械、设备和仪表	-1.203**	(0.400)	(0.517)	-1.196**	(0.401)	(0.516)
生物、医药制品	-0.002	(0.459)	(0.600)	0.018	(0.460)	(0.601)
其他制造业	-1.286+	(0.751)	(0.891)	-1.302+	(0.748)	(0.889)
地理位置 (marketization)	-0.304	(0.053)	(0.068)	-0.033	(0.053)	(0.068)
资产负债率 (leverage)	0.695	(0.568)	(0.977)	0.588	(0.557)	(1.011)
所有权 (stateshares)	1.184***	(0.204)	(0.248)	1.193***	(0.204)	(0.249)
经济绩效 (ROE)	0.009	(0.064)	(0.012)	0.035	(0.041)	(0.015)

续表

自变量	1			2		
	β 系数	Robust Std. Err.	Std. Err.（Tobit with firm-year 2D clustered SEs）c	β 系数	Robust Std. Err.	Std. Err.（Tobit with firm-year 2D clustered SEs）
因变量：SEID						
StateShares×ROE[b]	0.0415			−0.247**	(0.097)	(0.012)
模型统计-参数：Pseudo R²				0.0421		
F（16，2238）=	15.84***			F（17，2237）=15.12***		
Log pseudo likelihood	−3094.94			−3092.92		
观察值：Left censored	1396			1396		
Uncensored	858			858		
Total	2254			2254		
N of clusters（firm）=768				N of clusters（firm）= 768		
N of clusters（year）= 3				N of clusters（year）= 3		
	2254			2254		

+ $P < 0.10$；* $P < 0.05$；** $P < 0.01$；*** $P < 0.001$

a 表示 year 2007 是虚拟变量，如果样本本期为 2007 年，则为 1，否则为 0；year 2008 是虚拟变量，如果样本本期为 2008 年，则为 1，否则为 0；2006 年作为对比的基期

b 表示交互项中涉及的两个变量 StateShares 和 ROE 均已中心化（平均值转换为 0）

c 表示 Petersen 法计算的企业-年份两维群聚标准误差与（Eicker-Huber-White）稳健标准误差，分别在模型 1 和模型 2 中列出，参数估计的 Stata 程序见 Petersen 的个人网站

与 SEID 的复杂关系及其演变。

表 4-4 中的模型 A_1、B_1 和 C_1 是用来对比的约束模型（仅包含控制变量）。模型 A_2、B_2 和 C_2 分别显示了 2006～2008 年引入所有权类型与经济绩效的调节关系后的回归结果，并显示模型拟合改进程度。F 统计量值和卡方检验表明引入这些自变量来解释 SEID 均具统计显著性。

所有权类型对 SEID 的回归系数在各个模型中均为正值，且具有统计显著性（$P<0.01$），表明国有企业披露了更多的环境信息。从描述性统计中也可以发现，从 2006～2008 年，国有所有权企业的 SEID 平均值分别是 0.903、1.371、1.800。而非国有企业的 SEID 平均值分别为 0.585、0.826、0.972。国有所有权企业的 SEID 在每一年均显著地高于非国有所有权的企业的 SEID，且两种类型的企业的 SEID 均随着时间显著提高，差距也不断扩大。因此，对比于自愿披露时期，法规压力导致更多的环境信息披露，这与 Liu 和 Ambumozhi（2009）以及 Zeng 等（2010）的研究结果一致。

从表 4-4 的 Panel A 中的模型 A_1，Panel B 中的模型 B_1，Panel C 中的模型 C_1，可知当没有引入所有权类型与 ROE 交互项时，ROE 对 SEID 的主效应在 0.05 水平上都是统计不显著的（分别有 $P=0.688$，$P=0.677$，$P=0.086$）。为了验证假设 H_2 和 H_4，经济绩效与所有权类型的交互项引入模型 A_2、B_2 和 C_2 中，但是当引入所有权与经济绩效的调节效应后，似然率（likelihood ratio，LR）统计量显示，对于 2006 年和 2008 年在 $P<0.01$ 的水平上，联合检验拒绝 ROE 对 SEID 的回归系数为 0 的假定（见表 4-4 中的 χ^2 值改变），但是，2007 年 ROE 对 SEID 仍然是统计不显著的，在这个中间过渡阶段，交互效应消失了。这一发现说明不仅所有权类型是经济绩效与企业环境信息披露一个重要的调节效应，而且从企业自愿披露到强制披露，这个调节效应发生了比较复杂的变化。接下来将按年份逐个分析。

根据表 4-4 中的 Panel A，在 2006 年企业处于自愿信息披露的时期，ROE 对 SEID 的主效应在 $P<0.001$ 的水平上，是显著正向的（见模型 A_2），而且所有权类型对 ROE 与 SEID 的调节效应在 $P<0.001$ 的水平上是显著负向的。进一步通过似然函数的对数值从模型 A_1 的 -873.813 增加到模型 A_2 的 -870.575，χ^2 检验值的变化也表明模型 A_2 的拟合程度显著地好于模型 A_1（$P<0.01$）。结果表明在自愿披露下，虽然国有企业的平均披露水平在 2006 年显著高于非国有企业，但是非国有企业在企业经济绩效越好的情况下，越倾向于更多地披露环境信息。这一发现支持假设 H_1（在自愿披露的背景下，经济绩效与企业环境信息披露水平具有正相关关系）和假设 H_2（在自愿披露的背景下，所有制类型调节了经济绩效与企业环境信息披露水平的关系，相对于国有企业，非国有企业对应的经济绩效与环境信息披露水平的正向关系更强烈）。

表 4-4　经济绩效、所有权与 SEID 的动态关系（2006～2008 年）

自变量	Panel A _Year: 2006 模型 A_1		模型 A_2		Panel B _Year: 2007 模型 B_1		模型 B_2		Panel C _Year: 2008 模型 C_1		模型 C_2	
	回归系数	Std. Error	回归系数	Std. Error	回归系数	Std. Error	回归系数	Std. Error	回归系数	Std. Error	回归系数	Std. Error
常数项	−0.268	0.937	−0.032	0.928	−0.118	1.170	−0.058	1.174	0.566	1.087	0.661	1.093
企业年龄（firm age）	−1.932***	0.043	−0.197***	0.043	−0.234***	0.055	−0.235***	0.055	0.207***	0.051	−0.210***	0.051
企业规模（firm size）	0.605***	0.153	0.664***	0.150	0.710***	0.177	0.728***	0.179	0.896***	0.161	0.914***	0.162
纺织、服装和皮毛加工	−0.243	0.672	−0.317	0.673	0.015	0.849	0.027	0.851	0.397	0.821	0.410	0.822
造纸、印刷和文体用品	0.889	0.811	0.945	0.808	0.945	0.992	0.980	1.000	0.648	1.065	0.634	1.057
石油、化学、塑胶和塑料	0.238	0.572	0.270	0.570	0.737	0.761	0.726	0.761	0.775	0.708	0.785	0.709
电子信息制造	−1.402+	0.839	−1.380+	0.836	−1.363	1.096	−1.382	1.097	−1.313	0.994	−1.307	0.995
金属和非金属矿物	−0.510	0.610	−0.582	0.610	−0.237	0.822	−0.275	0.824	−0.684	0.758	−0.715	0.760
机械、设备和仪表	−0.991+	0.567	−0.954+	0.565	−1.212	0.762	−1.220	0.763	−1.256+	0.704	−1.239+	0.705
生物、医药制品	−1.189	0.625	−0.152	0.624	0.100	0.880	0.114	0.880	0.135	0.826	0.139	0.826
其他制造业	−1.960+	1.159	−1.946+	1.152	−1.337	1.365	−1.372	1.360	−0.472	1.315	−0.473	1.316
地理位置（marketization）	−0.014	0.078	−0.024	0.078	0.023	0.099	0.022	0.099	−0.101	0.092	−0.103	0.092
资产负债率（leverage）	0.394	0.902	0.014	0.877	0.215	1.020	−0.256	1.019	1.255	0.970	1.172+	0.983
所有权（state share）	0.837**	0.294	0.861**	0.296	1.243***	0.382	1.234***	0.382	1.397***	0.359	1.387***	0.357
经济绩效（ROE）	0.028	0.068	0.076***	0.014	−0.077	0.185	−0.236	0.223	−0.394+	0.229	−0.631*	0.318
ROE × State Share			−0.306***	0.039			−0.445	0.400			0.968	0.680
模型统计参数：Log Pseudo Likelihood	−873.813		−870.575		−1037.586		−1037.135		−1171.271		−1170.506	
F-statistic	4.82***		12.36***		4.82***		4.53***		7.54***		6.80***	

续表

自变量	Panel A _Year: 2006				Panel B _Year: 2007				Panel C _Year: 2008			
	模型 A_1		模型 A_2		模型 B_1		模型 B_2		模型 C_1		模型 C_2	
	同归系数	Std. Error	同归系数	Std. Error	同归系数	Std. Error	同归系数	Std. Error	同归系数	Std. Error	同归系数	Std. Error
χ^2 test for model significance	35.416***		44.346***		42.021***		43.046***		70.935***		71.776***	
χ^2 test for change in model			8.930*				1.025				0.841	
观察值: Left censored	508		508		470		470		418		418	
Uncensored	245		245		280		280		333		333	
Total	753		753		750		750		751		751	

+ $P < 0.10$; * $P < 0.05$; ** $P < 0.01$; *** $P < 0.001$

根据表 4-4 中的 Panel B，在 2007 年外部法规从自愿转向强制的过渡阶段，所有权的回归系数在 $P<0.001$ 的水平上还是正向显著的，且平均披露水平显著地高于同年的非国有企业，也显著地高于 2006 年国有企业的平均披露水平。但是 ROE 对 SEID 的主效应是不显著的（$P=0.291$），以及所有权类型与 ROE 的交互效应也不存在（$P=0.265$）。进一步通过似然函数的对数值从模型 B_1 的 -1037.586 增加到模型 B_2 的 -1037.135，以及 χ^2 检验的改变量均表明模型从 B_1 到 B_2 模型拟合程度没有得到改善。结果说明随着中国企业环境信息披露法规的试行，无论是国有企业还是非国有企业，平均环境信息披露水平都得到显著提高，而且对于非国有企业与国有企业，无论绩效高低都需要按要求披露一定的环境信息，因此绩效显示的效应消失了。

根据表 4-4 的 Panel C，在 2008 年企业处于强制要求披露环境信息的情况下，国有企业与非国有企业平均披露水平相对于 2007 年进一步显著地提高。ROE 对 SEID 的主效应是显著负向的（$P<0.10$），表明企业在规制压力下 SEID 越大，相应的企业的绩效越不好。所有权类型对 ROE 与 SEID 的调节效应符号是正向的，但是系数具有弱显著性（$P=0.155$），这与 2006 年自愿披露的情况下与 2007 年的过渡时期有很大的差异。表 4-4 的模型 C_2 中，这个较弱的正向交互效应表明，在强制披露情况下，国有企业在强制披露压力下总体披露水平不断提高，而且好的绩效有利于企业更多地披露环境信息，但目前尚不是很明显。这一发现支持假设 H_3（在强制披露的背景下，经济绩效与企业环境信息披露水平具有负相关关系），以及较弱的支持假设 H_4（在强制披露的背景下，所有制类型调节了经济绩效与企业环境信息披露水平的关系，相对于非国有企业，国有企业对应的经济绩效与环境信息披露水平的负向关系更强烈）。

4.1.6 讨论与结论

在先前的研究中，一些研究者试图研究企业环境信息披露与经济绩效两者的关联，但是都是基于发达国家的制度背景运用横截面的数据（Brammer and Pavelin，2006；Karim et al.，2006；Neu et al.，1998；Stanwick and Stanwick，2000），这很难发现环境信息披露与经济绩效的动态关系。继承 Cho 和 Patten（2007）以及 Patten（2002）的主张，采用纵向的环境披露数据，检验环境披露的时间效应，依赖横跨自愿时期到规制时期的系统性数据，基于中国的背景，探索在不同的环境法规下环境信息披露与经济绩效的关系。

既往研究表明环境信息披露与所有制类型有关（Celik et al.，2006；Healy et al.，1999；Laidroo，2009；Saleh et al.，2010；Xiao et al.，2004）。然而，发达国家的

企业几乎都拥有分散化的股东（Chau and Gray，2002），而观察到的中国上市公司，许多具有政府所有权，即有相当高比例的国有企业，这与 Li 和 Zhang（2010）曾经的调查结果是一致的。实证研究揭示，与以前的研究不同，所有权调节了企业环境信息披露与经济绩效的关系，表明所有权是一个非常重要的制度特征，影响企业的环境信息披露。这一发现对那些国有企业在经济生活仍然占重要地位的国家具有一定的启示（Li and Zhang，2010），并支持企业环境信息披露与国家的文化、制度背景有关（Darnall et al.，2010；Fallan and Fallan，2009；Gray et al.，1996）。

考虑到早期，许多研究没有控制企业特征变量，这可能产生环境信息披露与经济绩效不一致的实证结果，控制了企业的特征，如企业规模（Boesso and Kumar，2007；Campbell，2000；Deegan and Gordon，1996；Gray et al.，2001；Karim et al.，2006；Liu and Anbumozhi，2009）和行业类型（Bewley and Li，2000；Boesso and Kumar，2007；Cormier and Gordon，2001；Wang et al.，2004）。这些特征变量在早期的实证研究中没有被控制（Bowman and Haire，1975；Freedman and Jaggi，1982；Preston，1978）。

环境信息披露水平在不同企业间有很大的差异（Patten，2002），企业为什么披露环境信息也有相互冲突的理论观点（Gray et al.，2001；Karim et al.，2006；Stanwick and Stanwick，2000；Ullmann，1985）。自愿信息披露理论认为如果一家公司表现良好，那么会更多地披露信息以传递其优于其他企业的信号（Cormier and Magnan，1999；Neu et al.，1998；Stanwick and Stanwick，2000）；而基于合法性理论的研究，则倾向于相信企业环境信息披露是源于制度与公共利益相关者巨大的压力反应，对于一个表现欠佳的企业，更多的环境信息披露可以帮助解释它们当前的表现，并作为一个工具显示其环境合法性（Cho and Patten，2007；Dawkins and Fraas，2010）。然而事实是，大多数以前的研究主要聚焦于自愿披露（Bewley and Li，2000；Boesso and Kumar，2007；Brammer and Pavelin，2008；Prencipe，2004），没有区分自愿性披露和强制性披露（Karim et al.，2006；Neu et al.，1998；Stanwick and Stanwick，2000）。在这部分的研究中，基于中国的制度背景运用纵向数据，考察了跨越自愿性信息披露和强制性信息披露时期（2006~2008 年），这将提供更多的理论洞见。实证结果具体如下：在 2006 年的自愿披露时期，经济绩效正向影响企业的环境信息披露水平，所有权的调节效应是负向且统计显著的；在 2007 年的过渡时期，经济绩效与所有权的调节效应均是统计不显著的；但是在 2008 年的规制时期，经济绩效对环境信息披露水平的影响是负面的，所有权的调节效应是正向但微弱显著（P 接近于 0.1）。实证结果可以支持本部分的研究假设，即处于自愿披露情况下，可以用绩效-印象理论来解释企业环境信息披露，而处于规制情况下，可以用压力-合法性理论来解释。

进一步阐述理论观点：企业在没有规制压力的情况下，无论国有还是非国有企业自身都缺乏足够的动力关注环境保护，这一时期企业披露的环境信息基本不涉及核心敏感性的环境项目，利益相关者极少参与其中，且没有被第三方验证，所以企业环境披露的数量和质量较低，但是企业自愿地向社会披露一些环境信息可作为一个交流机制，服务于企业的印象管理。正如前面所讨论的，国有企业与政府具有良好的政治关系，容易获得国家的支持，即使在企业陷入困境也更容易得到政府的补贴（包括税收以及特殊的进入许可），而非国有企业则在资本市场很难获得同等的机会，因此非国有企业有更强的动机向外部利益相关者显示其良好的经营状况，因此在企业绩效好的情况下，有更强意愿披露环境信息以作出其环境责任方面的努力，树立良好的公司外在形象，使其在资本市场和产品市场上具有更强的竞争力。当处于政府加强法律监管过渡时期，无论绩效好的企业还是不好的企业为了应对外界的压力，都要求披露一定的环境信息，因此绩效显示的作用减弱至消失。而在规制进一步严格的情况下，国家强制要求企业应补偿其对环境造成的损失，承担环境责任，此时环境信息披露作为一种显示合法性的策略和手段。企业的管理者期望通过提高对环境规则的遵守以维持其合法性。政府的强制性的披露要求一定程度上迫使企业提供真实的环境业绩信息，企业通过揭示具有实质性的环境信息以改变外界利益相关者对其合法性的认知，因而相应的绩效差的企业反而有可能多披露一定的环境信息以表明其环境方面的努力。此外，在压力增加的情况下国有企业在绩效好的情况下倾向于多披露环境信息，尽管目前还不是很明显。

这一关于经济绩效、所有权与企业环境信息披露的研究结果，对公共政策制定者、管理实践以及理论发展均有潜在的启示。对于规制者而言，严格的环境法规和强制性的环境信息披露是环境公共政策和公共治理的重要工具之一。政府的管制具有重要的作用，但目前在中国仍需作出更多的努力，在执行力与违规惩罚方面还不够的背景下，企业环境信息披露的数量与质量需要进一步提高，进一步对环境信息披露的具体内容、形式、发布方式、惩罚措施、监督机制等进行立法，以要求企业真实、及时、完整地向公众披露环境信息，有利于债权人、投资者、社会公众和政府管理部门了解企业环境保护情况。

对企业实践的启示是随着投资者、环境规制者和公众对企业环境影响的关注日益增加，环境信息披露可以作为一种策略，告知利益相关者企业的实际经营能力，反映企业环境业绩，表明遵守社会标准程度，从而降低风险，保证企业合法性，对于绩效优良的企业还可以树立良好公众形象，增加企业资本和产品市场的竞争力。即使在强制性环境信息披露的背景下，其披露也可以作为合法性的一个工具，尤其是国有企业出于政治的考虑。这不仅针对中国企业，对于其他发展中国家的企业或者国有企业仍然很流行的国家，亦具有有益的启示。

至于理论上的价值，揭示企业环境信息披露的动机在不同的国家要考虑其制度背景以及规制的变化。在既往的研究中，企业环境信息披露存在两个主导的理论解释，即自愿信息披露理论和合法性理论，其是相反而且相互竞争的（Al-Tuwaijri et al.，2004；Cho and Patten，2007；Clarkson et al.，2008）。研究表明绩效-印象管理理论适用于发展中国家在自愿信息披露的时期，而压力-合法性理论则更好地解释有严格环境规制国家情境中的情况。这表明对于那些不仅有强制环境披露的要求，而且还倡议企业自愿披露额外信息的国家，研究者可以综合运用多个理论视角解释企业环境披露行为。

研究发现所有权调节经济绩效与环境信息披露的关系也有重要意义，特别是在新兴经济体中，所有权是企业环境信息披露的决定因素之一。国有企业与政府有良好的政治关系，因此往往会披露更多环境信息，在强制性披露背景下以满足政府的期望。这说明所有权成为重要的制度特征影响环境信息披露的水平。Li 和 Zhang（2010）也发现，政治干预和所有制结构，对中国企业的社会责任有显著的影响。政治关联会影响新兴经济体中的企业环保活动，如中国，由于政府出于政治上的考虑，鼓励国有企业更多地履行社会和环境责任。研究结果对于那些投资者是特别重要的，当评估企业的环保行为（包括环境信息披露）进入投资决策框架时，应该更好地区分国有企业和非国有企业，并且要识别不同的监管环境。

从自愿到规制经济绩效与环境信息披露之间的动态演变，可能表明为什么先前的研究一直没有找到另一对重要变量——环境绩效与环境信息披露之间一致且显著的关联。一些既往的研究普遍认为，环境绩效与环境信息披露之间存在正相关（Al-Tuwaijri et al.，2004；Clarkson et al.，2008，2011a；Montabon et al.，2007）。因此，研究结果可能也预示环境绩效与环境信息披露之间的关系很复杂，可能与经济绩效和环境信息披露之间存在类似的形式，这值得在中国作进一步的调查研究。

研究因受限于数据的获得，仅运用中国的企业面板数据，无法捕捉到国家效应，这可能影响经济绩效与企业环境信息披露之间的关系。现有文献已注意到国家效应的重要性，社会和环境信息披露在不同的国家具有重要的差异，国家制度因素是信息披露一个重要的决定因素（Darnall et al.，2010；Fallan and Fallan，2009；Gray et al.，1996）。未来研究不仅着眼于认识所有权调节经济绩效与环境信息披露的重要性，而且要判断所有权的调节作用是否在不同的国家具有不同的表现，进而验证假设理论的一般性，以测试发现这些结果是否能且只能解释中国的情况。

另一个局限性是企业环境信息披露的测量和数据源。一个重要的问题是现有的测量项目是否能足够有效地测量企业环境信息披露的内容和质量。虽然研究中使用与 Zeng 等（2010）相同的企业环境信息披露测量方法，然而也做了更多的阐述为什么这样做的理由，以及在目前中国情境下构建的依据。尽管 Fallan 和 Fallan（2009）强调，关于自愿性披露和强制性披露并没有普适的概念，不同的国家和社会有不同的法律要求。学者们使用不同的测量方法，可能影响实证研究结果的国际比较。由于数据源中涉及环境信息主要是从上市公司年度报告（包括年度社会责任报告）和公告中提取，这些报告便于获得，但是并不能确保这些信息渠道中涉及的环境信息已经完全覆盖了企业所有的环境披露。因此，这可能会影响分析结果。

未来研究应该继续跟踪在中国随着规则压力的进一步增加，企业的环境信息披露与经济绩效的变化关系，以及所有权调节效应是否更加明显，因为中国环保部在 2010 年 9 月 15 日又推出一个文件"上市公司环境信息披露指南"（征求意义稿），这一尚未颁发的文件详细地规定了中国所有 A 股上市公司自愿性与强制性披露环境信息的具体内容和形式并提供了上市公司年度环境报告编写的提纲。

4.2　企业环境绩效与环境信息披露的关联性

4.2.1　引言

影响企业环境信息披露的一个极重要的问题是，企业潜在环境绩效和企业环境信息披露之间的关系（Clarkson et al.，2008）。这一问题引起了实践者和研究者的广泛兴趣（Dawkins and Fraas，2011a；Patten，2002）。先前有关企业环境绩效和信息披露的关系并没有达成一致的共识（Al-Tuwaijri et al.，2004；Clarkson et al.，2011；Freedman and Wasley，1990；Ingram and Frazier，1980；Wang et al.，2004；Wiseman，1982）。

越来越多的企业开始在年报中披露环境信息，有的甚至发布独立的环境报告（Liu et al.，2010b；Park et al.，2010）。针对中国公司环境信息披露的驱动因素，正如前文所讨论的，组织特征（如行业类别、规模和所有权）和外部利益相关者（如政府、股东、客户和当地社区）对企业环境信息披露的影响已进入研究者的视野（Dong et al. 2011；Li et al.，2008；Liu and Anbumozhi 2009；Xu et al.，2012；Zeng et al. 2010，2012）。但是一个重要问题仍然没有得到解决：中国企业潜在的环境绩效和其环境信息披露之间的关系是什么？本部分将利用三个相互关联的实证分析来回答这个问题：探讨环境信息披露的程度和企业环境绩效之间的关系；对比不同环境绩效的企业信息披露具体内容上的差异；寻求证据了解企业被曝光环境违规行为后，其环境信息披露行为的变化。

本部分的研究评估了 2009 年和 2010 年两年中来自 9 个行业的 533 家中国上市公司（48 家绩效差，80 家绩效良好，405 家绩效中等）的环境披露，不仅分析企业环境绩效对环境信息披露程度的影响，而且分析对具体披露内容的差异。研究发现环境绩效好的企业（根据中国环保部的认定或达到若干相应标准）和环境绩效差的企业（环境违规企业），都比环境绩效中等的企业披露更多的环境信息。鉴于环境绩效和信息披露之间不是线性的关系，研究进一步揭示了环境绩效好与差的企业在披露内容上的差异，如发现环境绩效差的企业披露更多的软性信息，环境绩效好的企业披露更多的可验证信息，而且对于被环保部门/媒体曝光后，环境绩效差的企业仍然避免披露负面信息。

研究贡献主要表现在：其一，揭示了发展中国家的环境绩效和环境信息披露之间的非线性关联，这异于以发达国家为背景的研究；其二，超越了简单的信息披露水平，重点对比环境绩效好与差的两类企业的披露内容或模式的具体差异，表明传统两个相关竞争的理论解释（合法性理论与自愿披露理论）并不是相互排斥的，而是可以整合在一起诠释中国上市公司的环境信息披露行为；其三，利用计量分析中的 D-I-D（difference in difference）估计方法，发现环境绩效差的企业尽管披露水平在违规后有所上升，但是却极少披露负面或敏感信息，即便是其环境违规行为被曝光。本节研究揭示的现象对理论研究者和外部利益相关者形成一定的挑战：既然环境违规的企业一定程度上表现出与环境绩效好的企业相似的披露行为，那么在实践中应该如何根据信息区分其环境绩效。

4.2.2　文献回顾

先前学者采用不同样本和实证方法论探究环境绩效和环境信息披露之间的关联，但是研究结果并不一致，而且产生相对立的理论解释。

根据企业年报中环境信息披露的内容和美国经济优先委员会（Council on Economic Priorities，CEP）的环境绩效评级，Ingram 和 Frazier（1980）发现环境绩效和环境信息披露之间没有关系。针对 CEP 排名的前 26 的美国公司，Wiseman（1982）也发现环境披露和真实的环境绩效之间没有关系，其环境信息披露指数由 4 个种类的 18 个条目所构成。Freedman 和 Wasley（1990）也分析了 49 个 CEP

排名公司，发现年报和 10-K 环境报告都不能反映企业真实的环境业绩。

Patten（2002）认为先前的研究没有得到显著关系的原因，可能是源于方法论的缺陷，如样本数量很小、环境绩效测量存在问题、没有控制企业规模和行业等变量。Patten（2002）改进了 Wiseman 环境披露指数，用有毒物质排放指标（toxic release index，TRI）作为衡量 24 个行业 131 家美国公司的环境绩效，发现了环境绩效和环境披露之间的负相关关系。Hughes 等（2001）选取 51 家美国制造业公司，根据 CEP 的标准，将这些公司划分为好、中、差三类环境绩效，研究企业在环境披露方面的差异，结果显示环境绩效好和中等的企业在环境披露方面无差异，但是环境绩效差的企业环境披露程度则更高。

相反，一些研究者发现环境绩效和环境信息披露之间是正相关关系。Al-Tuwaijri 等（2004）对环境信息披露内容的 4 个方面进行分析：潜在责任落实、有害废物（如石油和化学物品泄露）、环境罚款和惩罚、基于 TRI 估计总回收废物的环境绩效，研究结论是环境绩效与环境信息披露、经济绩效呈正相关关系。Clarkson 等（2008）根据全球报告倡议组织的可持续发展指导（2002 版），发展了内容分析指数，利用 TRI/销售额和废物回收百分比作为评估环境绩效的代理变量，以五大高污染行业的 191 家美国企业为样本，发现环境绩效好的企业会披露更多的环境信息。Clarkson 等（2011）进一步利用相似的环境绩效计量方法，发现 51 家澳大利亚企业在环境绩效和环境信息披露之间也是正相关关系。

Dawkins 和 Fraas（2011a）2007 年调查了"Ceres"碳排放和披露项目，以标准普尔 500 企业为研究样本，环境绩效用 2005 年的 KLD（Kinder，Lydenberg and Domini）排名，并将环境信息披露分成三个类型：没有披露、部分披露、完全披露。利用回归分析发现环境绩效和披露是曲线关系，表明绩效好和差的企业都披露较多的环境信息。

尽管以北美和欧洲为国家背景，学者们广泛地研究了环境绩效和环境披露的联系，然而针对中国企业环境绩效和环境信息披露的实证研究还不多，尤其是环境绩效好与差的企业在披露具体内容上的差别，环境违规行为被曝光后绩效差的企业的披露响应。本节利用大样本数据，以中国这一新兴市场为背景展开实证研究，以期为我国环境信息披露规制提供参考依据。

4.2.3　理论分析与研究假设

环境绩效差的企业将面临更多政府和社会压力，因此，环境绩效差的企业会在年报中提供较多的补救措施，并向外部利益相关者积极披露环境信息（Cho and

Patten，2007）。这样，环境信息披露就可以作为一个显示合法性的工具，以满足利益相关者对企业环境保护日益增长的需求（Fallan and Fallan，2009；Patten，2002）。

基于合法性理论的观点，企业管理层的每种环境响应都是为了改善外部利益相关者对组织的感知（Magness，2006）。如果一家企业的合法性受到或可能受到威胁，则有动机提高环境信息披露水平：沟通并告知利益相关者其环境绩效（真实）改变；改变组织的感知；通过突出一些问题以转移人们对其他问题的关注；寻求改变公众对企业环境绩效的期望（Lindblom，1994；Patten，2002）。

然而，根据自愿披露理论，环境绩效好的企业则十分乐意告知投资者和其他利益相关者，自愿披露更多环境信息有利于使其区别于环境绩效差的企业（Clarkson et al.，2008）。对于环境绩效好的企业来说，宣扬好的环境业绩可以提升企业的公众形象和名声（Guthrie and Parker，1990），增强品牌的竞争力（Waddock and Graves，1997），赢得政府的支持（Liu and Anbumozhi，2009；Zeng et al.，2010 Zhang et al.，2011），如环境奖励、再融资便利、贸易允许、绿色信贷等。这样，与同行业竞争者相比，就可以获得更多的利益（Russo and Fouts，1997）。

两种理论的预测结果相反。合法性理论预测环境绩效和环境信息披露负相关，而自愿披露理论则预测是正相关。因此，先前大多数研究将这两种理论看成是相对立的。但是，值得注意的是除了环境绩效好或差的企业，还有大量环境绩效中等的企业，他们一般只是满足公众基本环境期望，环境合法性的威胁小，并且提高环境绩效获得的利益不多，因此可以预测环境绩效差的企业比中等的企业披露更多环境信息（与合法性理论相一致），环境绩效好的企业也比中等的企业披露更多环境信息（与自愿披露理论相一致）。因此假设：

H1：环境绩效差和好的企业均比环境绩效中等的企业披露较多环境信息。

合法性理论和自愿披露理论都能预测环境绩效和披露之间的关联，但是披露动机是不同的。动机不同导致披露内容有差异。根据自愿披露理论，环境绩效好的企业需要传递环境绩效的信号，会倾向于采用客观全面的信息披露（Clarkson et al.，2008）。相反，根据合法性理论，绩效差的企业的合法性受到威胁，可能会进行自我保护性的选择性披露，为了改变公众的感知，其信息大多是难以核实的环境表现（Clarkson et al.，2008，2011）。因此，不同类型环境绩效的企业环境披露内容表现有差异。于是，提出以下假设：

H2：环境绩效好和差的企业环境披露的内容具有不同的特征。

环境违规的企业被视为环境绩效差的企业，违规行为被政府环保部门和媒体曝光后，是否会增加其环境披露，是否会在年报中报告完全真实的环境信息（如受到的惩罚、环境事故发生的后果）。先前的研究表明公众的知晓度越大，越能促使企业信息披露程度提高（Al-Tuwaijri et al.，2004；Bewley and Li，2000；Dawkins and Fraas，2011a，2011b）。环境违规行为致使外部压力增强，负面风险增大，因此环境绩效差的公司为迎合利益相关者的更高期望，为了缓解环境事故带来的外部压力，一般会讨论或解释环境事件（Bewley and Li，2000）。因此，在环境违规行为发生后，企业应该会增加环境信息披露，包含真实的环境绩效，以及其他一些相关的负面或敏感信息和积极应对措施等。于是，提出以下假设：

H3a：当环境违规行为曝光后，企业会披露更多相关负面或敏感的环境信息；

H3b：在环境违规行为曝光后，企业会比其他未违规的企业增加更多的环境信息披露。

4.2.4　研究设计和样本

1. 数据及样本

涉及环境绩效的研究受限于其测量数据的可获得性（Clarkson et al.，2011）。许多国外研究数据依赖于有毒物质排放量，如 TRI 数据库（Al-Tuwaijri et al.，2004；Clarkson et al.，2008；Patten，2002），或 CEP 环境绩效的排名（Freedman and Wasley，1990；Ingram and Frazier，1980；Wiseman，1982），或 KLD 社会绩效评级（Cho et al.，2006；Cho and Patten，2007；Dawkins and Fraas，2011a）。

基于中国情境，企业环境绩效的数据更难以获得，故采用 CEP 环境绩效分类的方法，将样本企业的环境绩效分为三类[①]：差、中等和好。目的是通过对比环境绩效好、中等、差的企业的披露行为，检验环境绩效和环境披露的关系。

研究样本企业中，环境绩效差的企业是环境违规行为企业名单中的上市公司。中国环保部公布了没有遵守国家环境法规的企业名单，其中包括 2010 年 4～11 月[②]的 45 家上市公司（Xu et al.，2012），还有三家在 2010 年被主流网站[③]曝光过的遭

---

① CEP 的环境绩效的定义如下（Hughes et al.，2001）：

差："企业有差的环境记录或严重环境违规行为、重大的事故或违背环保政策的历史"；

中等："企业有或好或差的混合记录：存在积极的环保项目，比如鼓励回收再利用、可替代能源、废物减少等，但也存在问题，比如环境事故、法律摩擦、环境罚款、因环境被投诉等"；

好："存在积极项目，比如回收再利用、可替代能源、废物减少等，无环境违规行为的记录"。

② 存在环境违规行为的企业是在 2010 年 4 月到 11 月搜集的，因为此前中国环保部极少公开环境违规企业的名单。

③ 五家中国主流门户网站：sohu.com，sina.com，163.com，qq.com，xinhuanet.com。

受严重处罚的上市公司。在这 48 家违规企业里,有 11 家公司存在潜在环境风险[①],37 家公司引发严重的水或空气污染。这些企业分布在九个行业类型中[②]。

先前关于环境信息披露的研究表明在多行业分析中,行业类型是一个重要影响因素(Bewley and Li,2000;Clarkson et al.,2008,2011;Cormier and Gordon,2001;Dawkins and Fraas,2011a;Patten,2002;Li and Zhang,2010;Zeng et al.,2010,2012)。为了建立对照组,选择了相应九大行业的其他上市公司。所有的上市公司按照以下两个标准进行初选:

(1)排除由于连续两年亏损的 ST 公司和 PT 公司以避免企业异常的经济状况对企业环境信息披露的影响;

(2)上市公司必须是在 2007 年 12 月 31 日之前上市的,以避免上市初期的环境粉饰行为。经过筛选,确定了 485 家公司。对这 485 家公司进一步识别为环境绩效好和中等的公司。

环境绩效好的企业有两种:第一种是已经被中国环保部授予环境友好型的企业[③],而且截止到研究期没有任何环境违规记录的公司,第二种是符合全部以下标准的公司:

(1)没有被中国环保部列为污染严重的企业;

(2)没有被媒体曝光过因环境事故受到法规处罚、罚款或投诉;

(3)从未因污染物的超标排放被环保部门通报批评;

(4)导入 ISO 14000 或其他环境管理体系;

(5)获得过国家级或至少两项省级以上环保荣誉[④⑤]。

有 80 家企业达到环境绩效好的标准,剩下的 405 家公司不具有或未达到环境绩效好的特征,被划分为环境绩效中等企业,再加上先前确定的 48 家环境绩效差

① 潜在的环境风险指:企业污染物排放量达到了环境法规所容许的最高上限,但是企业仍没有采取任何有效的环保措施;尽管目前污染物的排放在最高上限以内,但没有可行的计划以改善严重受损的环保设施。

② 依证券监管委员会 2001 年颁布的行业分类目录。

③ "环境友好型企业"是由中国环保部严格评定,该荣誉通常授予保护环境、合理使用资源、采用先进环保技术、资源消耗少、环境污染低的企业。这些企业是典型的能遵守环境法律,并在环境保护和经济绩效之间取得双赢的结果。自 2004~2010 年,每年约有数十家企业被授予该荣誉,目前总计有 93 家企业,包括 64 家上市公司。

④ 标准 1 可查阅中国环保部发布的重污染公司名单(http://www.mep.gov.cn);标准 2 可以浏览中国的五大主流网站(sohu.com, sina.com, 163.com, qq.com, xinhuanet.com);标准 3 可以在年报中考察有关环境标准的描述;标准 4 可由中国标准及认证网站检查(www.cnca.gov.cn);标准 5 可以搜索每家企业网站的环境介绍部分。

⑤ 部分省级或国家级环保荣誉,如节能减排优秀企业、中国环境荣誉单位、河南省污染减排十大领军企业、浙江省工业循环经济示范企业、化纤行业环境友好型企业、上海市绿色荣誉项目、煤炭行业节能减排先进企业、中国百家绿色公司等。

的企业，本次研究的样本公司共计 533 家公司，占我国证券市场上市公司总量的 35%。表 4-5 报告了这些样本企业的行业分布。

每家公司的环境信息来源包括：公司年报、独立的企业社会责任报告或环境报告、有关环境的信息公告。这些资料均可以从上海证券交易所和深圳证券交易所的网站上获得。企业经济数据从国泰安数据库[①]搜集。

表 4-5　样本企业的行业分布

行业	环境绩效差（poor）	环境绩效中等（mixed）	环境绩效好（good）
食品和饮料	4	44	8
纺织、服装和皮毛加工	1	48	8
造纸和印刷	2	14	7
石油、化学、塑胶和塑料	13	110	21
金属、非金属冶炼	9	86	18
生物、医药制品	4	79	5
农业生产	3	8	0
采矿业（煤、有色金属、油、气）	9	7	8
电力、燃气及水的生产和供应业	3	9	5
合计	48	405	80

2. 因变量

企业环境信息披露根据环境披露的内容和程度计量（Beck et al.，2010；Bewley and Li，2000；Cho and Patten，2007；Patten，2002；Zeng et al.，2010；Wiseman，1982）。一些研究者基于内容分析测量环境信息披露水平（Bewley and Li，2000；Patten，2002；Wiseman，1982），还有研究者则依据 GRI 可持续报告指南中环境报告框架（Clarkson et al.，2008，2011；Liu and Anbumozhi，2009）。

基于内容分析法的披露计量方法（disclosure-scoring methodology）可以较全面地衡量环境信息披露的程度（Al-Tuwaijri et al.，2004）。首先，需要定义披露内容。显然，每个国家的环境披露规定都不同（Darnall et al.，2010；Fallan and Fallan，2009；Gray et al.，2001）。在中国，2007 年国家环保总局[②]颁布了《环境信息公开办法（试行）》，要求企业披露是否造成了环境污染，报告补救措施实施情况。基于国家环保总局的规定，上海证券交易所在次年也发布了企业社会责任披露指引，鼓励上市公司报告更多与环保有关的投融资信息。Liu

---

① 国泰安数据库是由香港理工大学的会计与财务研究中心和深圳 GTI 财务信息有限公司共同研发。

② 中国环境部前身为 2008 年前的国家环境保护总局。

和 Anbumozhi（2009）通过回顾比较 GRI 指南和国家环保总局的法规，针对中国上市公司提出六个环境相关条目。Zeng 等（2010）根据 2007 年国家环保总局和 2008 年上海证券交易所的规定，发展了环境信息披露的 10 个条目。本节以这些国家法规和指南为基础，定义环境信息披露的项目，共定义了 8 大类共 43 个测量项目。

测量环境信息披露程度采用"指数化技术"（Bewley and Li，2000；Cho and Patten，2007）。根据披露程度，每个测量条目分数为 0～3 分：如果某条目是用货币或其他量化方式报告则得 3 分；如果具体但非量化说明则得 2 分；一般的概要描述得 1 分；没有任何说明得 0 分（Al-Tuwaijri et al，2004；Bewley and Li，2000；Cho and Patten，2007；Zeng et al，2010；Wiseman，1982）。因此，基于以下的式（4-3），可以得到每家企业的环境信息披露指数。

$$\text{SEID}_i = \sum_{j=1}^{n} I_{ij} \qquad (4\text{-}3)$$

其中，SEID_i 是指公司 i 的环境信息披露总得分，I_{ij} 表示公司 i 在条目 j 上的得分，$j=1$，2，…，43。报告了 533 家公司 2009 年和 2010 年的披露信息和每一测量条目的平均值。

3. 解释变量与控制变量

环境绩效被划分为三种类型（差、中等、良好）。环境绩效中等的公司被设为基准组。设置两个二分变量，一是 Poor performers，环境绩效差的公司记为 1，其他记为 0，二是 Good performers，环境绩效好的企业记为 1，其他企业记为 0。

为规避企业异质性的影响，需要控制企业的特征变量（Gray et al.，2001；Patten，2002；Zeng et al.，2010，2012）。公司规模与环境披露正相关（Boesso and Kumar，2007；Patten，2002）。规模越大，社会压力也越大，同时企业也有更多的资源用于环境方面的投入。企业年末资产总额的自然对数作为规模的代理变量（Gray et al.，2001）。行业类型是影响环境披露的另一个重要因素（Bewley and Li，2000；Cormier and Gordon，2001），各行业的污染程度以及外部监管不一样（Dawkins and Fraas，2011a）。针对本部分研究的 9 个行业类型，将食品饮料行业设为基准组，引入 8 个虚拟变量，如果某家公司属于某特定行业，则被记为"1"，否则记为"0"（Cormier and Gordon，2001）。前部分的研究已表明国有企业披露更多的环境信息以表明其承担社会责任（Zeng et al.，2010，2012；Zhang et al.，2011）。设置一个虚拟变量以控制企业所有权特征（国有、非国有），1 表示国有企业，0 表示非国有企业。资产负债率和财务绩效用来表示企业的金融风险和资源的可用性（Brammer and Pavelin，2006；Karim et al.，2006）。资产负债率等于企业的年末总负债和总资产的比值，财务绩效用资产收益率（ROA）作为代理变量。

解释变量和环境信息披露水平的描述性统计见表 4-6。

表 4-6　描述性统计和连续变量的两两相关系数

Iteam	Mean	SD	Min	Max	1	2	3	4	5	6
SEID	15.25	14.06	0	76						
Poor Performers	0.09	0.29	0	1	0.25^c					
Good Performers	0.15	0.36	0	1	0.48^c	-0.13^c				
Size	21.79	1.49	13.08	28.14	0.51^c	0.27^c	0.30^c			
Ownership	0.61	0.49	0	1	0.24^c	0.12^c	0.07^a	0.30^c		
ROA	0.04	0.13	-0.92	2.06	0.01	-0.01	0.02	-0.02	-0.07^a	
Leverage	0.56	0.41	0.00	5.49	-0.08^b	-0.03	-0.05	-0.13^c	-0.03	-0.19^c

a 表示 $P < 0.05$；b 表示 $P < 0.01$；c 表示 $P < 0.001$

4.2.5　结果分析

表 4-7 报告了 2009 年（样本 B）和 2010 年（样本 A）环境信息披露和环境绩效之间的多元回归结果。

由表 4-7 知两组样本的回归模型十分显著，F 统计值分别是 32.40 和 25.29。对于 2010 年的样本，环境绩效差的企业的系数值是 14.29，环境绩效好的企业的系数值是 18.93，都在 0.001 水平上显著，表明环境绩效好和差的企业比环境绩效中等的企业均披露了更多环境信息，而且 F 检验拒绝环境绩效好和差的企业的系数在 0.05 水平上相等的假设，也就是说，环境绩效好的企业同样比环境绩效差的企业多披露环境信息。

上述结果支持了环境绩效和环境信息披露之间的非线性关联，验证了假设 H_1。表 4-7 中的样本 B 是 2009 年的数据，是在中国环保部 2010 年公布环境违规企业名单之前。但是，令人惊讶的是，2009 年已呈现了类似的结果。

为了识别环境绩效好和差的企业在披露内容上的差别，表 4-8 列出了八类披露内容的得分以及 2009 年和 2010 年环境绩效好、中等、差三类企业两两间的差异。

表 4-7　SEID 与环境绩效的回归分析结果

Variables	Sample A：Year 2010	Sample B：Year 2009
	Coefficient estimate（Robust std. err.）	Coefficient estimate（Robust std. err.）
Poor Performers	14.29[c]	8.14[c]
	(2.18)	(2.23)
Good Performers	18.93[c]	13.90[c]
	(1.90)	(1.70)
Size	2.38[c]	3.00[c]
	(0.37)	(0.39)
Ownership	3.19[b]	2.66[b]
	(1.06)	(0.95)
ROA	2.60	0.88
	(3.29)	(1.79)
Leverage	−0.23	−0.44
	(0.71)	(0.65)
Industry effects	Controlled	Controlled
Constant	−42.29[c]	−54.78[c]
	(7.91)	(8.32)
F-statistic	32.40[c]	25.29[c]
Adj. R^2	0.47	0.42
N	533	533

a 表示 $P < 0.05$；b 表示 $P < 0.01$；c 表示 $P < 0.001$. 因变量是 SEID。回归系数是用 OLS 并报告了 Eicker-Huber-White 稳健标准误（在括号中）。F 检验发现 Poor Performers 和 Good Performers 在模型中系数之间的差异在 0.05 水平上有显著差异

由表 4-8 知，2010 年环境绩效好和环境绩效差的企业，在每一类披露内容上，其信息水平都比环境绩效中等的企业高。感兴趣的是，环境绩效好的企业和环境绩效差的企业在披露结构上的差别。观察表 4-8 的样本 A，环境绩效好的企业总得分是 33.78，而差的企业总得分是 29.52，在 0.05 水平上显著。具体的，在 I_1 关于"环保价值观、政策和环保组织架构"上，环境绩效好和差的企业得分分别为 5.10 和 6.13。在 0.05 水平上，−1.03 的差别是显著的，反映了环境绩效差的公司披露了更多软性信息，以寻求其违反环保规定的合法性（Patten，2002）。对于 I_2、I_4 和 I_5，对应项目上环境绩效好的企业得分比环境绩效差的企业都要高，分别超出 2.36、0.63 和 1.09（均在 0.05 水平上显著），表明与环境绩效差的企业相比，环境绩效好的企业在环境管理体系和主动性、资源消耗和污染控制，以及环境绩效提升这三方面有更高的披露水平。对于 I_3 关于"环保技术、环境投资和支出"，环境绩效好的企业和环境绩效差的公司相差 1.34，仅在 0.10 的水平上显著。但是对于 I_6 "重大环境影响 / 事件"、I_7 "环境守法"两类企业没有明显差异。总的来看，环境绩效好的企业和差的企业在披露结构上还是有较大差异。表 4-8 中 2009

年的样本，结果同样类似。因此，数据表明环境绩效差的企业披露更多软性环境信息，而环境绩效好的企业则报告了更多可验证的具体信息，证据支持假设 H_2。

表 4-8　三类企业在环境信息披露各个项目上的结构差异

Sample A：Year 2010	分值			分值差异		
	差 (n=48)	中等 (n=405)	好 (n=80)	差－中等 （Poor-Mixed）	好－中等 （Good-Mixed）	好－差 （Good-Poor）
I_1 环保价值观、政策和环保组织架构	6.13	1.44	5.10	4.69[d]	3.66[d]	−1.03[b]
I_2 环境管理体系和主动性	6.25	2.11	8.61	4.14[d]	6.50[d]	2.36[c]
I_3 环保技术、环境投资和支出	8.56	4.67	9.90	3.89[d]	5.23[d]	1.34[a]
I_4 资源消耗和污染控制	0.65	0.09	1.28	0.56[c]	1.19[d]	0.63[b]
I_5 环境绩效提升	3.69	1.20	4.78	2.49[c]	3.58[d]	1.09[b]
I_6 重大环境影响/事件	1.77	0.92	1.55	0.85[c]	0.63[c]	−0.22
I_7 环境守法	1.90	0.79	2.20	1.11[c]	1.41[d]	0.30
I_8 环保公益活动	0.58	0.08	0.36	0.50[c]	0.28[a]	−0.22
Total	29.52	11.31	33.78	18.21[d]	22.47[d]	4.26[b]
Sample B：Year 2009						
I_1 环保价值观、政策和环保组织架构	4.71	1.38	4.64	3.33[d]	3.26[d]	−0.07
I_2 环境管理体系和主动性	4.63	2.01	7.01	2.62[d]	5.00[d]	2.38[d]
I_3 环保技术、环境投资和支出	7.56	4.40	9.20	3.16[b]	4.80[d]	1.64[b]
I_4 资源消耗和污染控制	0.58	0.13	1.05	0.45	0.92[c]	0.47[b]
I_5 环境绩效提升	3.42	1.24	4.31	2.18[c]	3.07[d]	0.89[b]
I_6 重大环境影响/事件	0.56	0.28	0.59	0.28	0.31[b]	0.03
I_7 环境守法	1.38	0.67	1.70	0.71	1.03[c]	0.32
I_8 环保公益活动	0.81	0.08	0.30	0.73[c]	0.22	−0.51[c]
Total	23.65	10.20	28.80	13.45[d]	18.60[d]	5.15[c]

a 表示 P<0.10；b 表示 P<0.05；c 表示 P< 0.01；d 表示 P <0.001

I_1 为经营者环境的价值观；企业环保方针和目标；环保组织架构与人员职责。I_2 为 ISO 等环境认证；自愿清洁生产；环保教育及培训；厂区绿化与工作环境改善；与利益相关者环境信息交流；环境会计推行；参与政府环保项目；环境保护荣誉；外部第三方环境审计。I_3 为环境技术的研发；废物处理的技术开发；环保设施的建设与运行；环保贷款或投资；环境有关的政府拨款和补贴等；环保经常性支出，如排污费。I_4 为年度资源消耗总量；废气排放总量和主要污染物；废水排放总量和主要污染物；固体废物的产生量。I_5 为减少单位原料的资源消耗；减少主要污染物排放；环保收益如三废收入等；降低排放的社会效益。I_6 为环境违法；重大环境影响的建设项目；是否被列入污染严重企业名单；是否有重大风险源；居民投诉；环保法规对经营有重大影响。I_7 为气体达标情况；废水达标情况；噪音情况；固体废弃物；有毒物质；排污许可证申领；总量减排任务完成情况；依法开展环评。I_8 为环保的社会活动；对全球气候变暖等潜在环境影响；其他环境活动环境绩效好和差的企业的各个分项目之间，具有特征相似的披露框架。如表4-8 的样本 A，两类企业均在 I_1（环保价值观、政策和环保组织架构）、I_2（环境管理体系和主动性）、I_3（环保技术、环境投资和支出）上披露的信息最多，其次是 I_5（环境绩效提升）、I_6（重大环境影响/事件）和 I_7（环境守法）的信息相对较少。但是，并不奇怪的是，对于敏感信息，如 I_4（资源消耗和污染控制）以及 I_8（环保公益活动）披露得最少。表4-8 中的样本 B（2009）也显示出类似的总体披露框架。基于这个事实，仅凭借信息披露的内容和程度，外部利益相关者较难区分环境绩效差的企业和好的企业。因为一方面，尽管环境绩效差的企业比好的企业报告更多软性信息，但一定程度上也比环境绩效中等的企业报告了更多的具体信息；另一方面，除了在部分项目水平上存在显著性差异外，总体上环境绩效差的企业和好的企业具有类似的披露框架。

为验证假设 H_{3a}，表4-9 报告了被环保部曝光环境违规后，企业负面或敏感信息的披露情况。从表4-9 可以清楚地看到，尽管被国家环保部和媒体曝光后，这些企业仍然披露极少相关负面或敏感信息。在48 家环境违规企业里，只有 4 家公司报告受到惩罚，2 家公司承认没有达到环境标准，5 家公司提到了重大危险源的存在，其余大多数企业对负面信息保持沉默。一些公司披露了相对敏感信息，如在建项目的环境影响（13 家公司）、排污费用（19 家公司）、排放量（8 家公司）。但是更多企业（22 家公司）只是略提企业受到环境法规影响。因此，若没有中国环保部的违规名单，根据披露的上述敏感信息，投资者和外部利益相关者不能轻易地辨识环境绩效差的企业。因此，当前证据不足以支持假设 H_{3a}。

表 4-9　环境违规被曝光后的企业负面/敏感信息披露情况

项目	企业数量
1. 惩罚	
声明被环保部处罚	4
无信息	44
2. 被列为重污染企业	
声明没有被列为重污染企业	27
无信息	21
3. 达到环保标准	
声明"没有达到"	2
声明"达到"	17
无信息	29
4. 披露排放污染物数量	8

续表

项目	企业数量
5. 提及企业建设项目的环境影响	13
6. 提及环境法规对企业有重要影响	22
7. 被投诉或集体上访	0
8. 声明交纳排污费	19
9. 提及存在重大风险源	5

注：第 4~9 项报告了披露该项内容的企业数，余下的企业无信息

为了检验环境违规行为被国家环保部曝光后，这些企业是否会比其他企业增加环境信息披露（假设 H_{3b}），利用 2009 年和 2010 年搜集的数据，设计了 D-I-D 回归分析，模型中引入时间虚拟变量和环境绩效二分变量的交互项，这在计量经济学中称之为差异中的差异（difference in differences）估计量，研究的重点是交互项（Green，2003）。表 4-10 模型 4 中，变量 Poor Performers×T_{2010} 和变量 Good Performers×T_{2010} 的系数分别是 4.60 和 3.74，在 0.05 水平下显著不为零，表明 2010 年相对于 2009 年，环境绩效好的企业和环境绩效差的企业，均比环境绩效中等的企业的环境披露上升得更多。然而，在两个交互项之间，其系数差值经过 T 检验发现无显著性差别（$F=0.09$，$p=0.75$），说明在被国家环保部曝光后，尽管环境绩效差的企业比中等的企业环境披露上升得更多，但是与环境绩效好的企业相比，其上升得并不明显，这暗示国家环保部的曝光并没有对环境违规企业的环境信息披露产生重大影响，因此，证据部分支持假设 H_{3b}。

表 4-10 2009 年和 2010 年 SEID 的差异分析

Variables	Model 1	Model 2	Model 3	Model 4
	Poor	Mixed	Good	Entire sample
T_{2010}	5.67[b]	0.81	4.98[b]	0.82
	(2.82)	(0.64)	(2.24)	(0.64)
Poor Performers				8.93[d]
				(2.14)
Good Performers				14.57[d]
				(1.62)
Poor Performers×T_{2010}				4.60[b]
				(2.25)
Good Performers×T_{2010}				3.74[b]
				(1.81)
Size	0.92	2.80[d]	2.01[a]	2.66[d]
	(0.99)	(0.28)	(1.10)	(0.27)

续表

Variables	Model 1 Poor	Model 2 Mixed	Model 3 Good	Model 4 Entire sample
Ownership	4.08	2.78[d]	2.52	2.94[d]
	（4.28）	（0.67）	（3.25）	（0.71）
ROA	10.93[c]	0.83	−19.38	1.43
	（2.86）	（1.76）	（19.45）	（1.78）
Leverage	3.57	−0.004	−10.54[a]	−0.33
	（10.45）	（0.43）	（5.72）	（0.47）
Constant	−13.50	−51.42[d]	−11.34	−48.30[d]
	（20.30）	（6.02）	（23.71）	（5.67）
Industry effects	controlled	controlled	controlled	controlled
F-statistic	16.08[d]	19.87[d]	5.49[b]	48.56[d]
Adj. R^2	0.40	0.22	0.14	0.46
N	96	810	160	1066

a 表示 $P < 0.10$；b 表示 $P < 0.05$；c 表示 $P < 0.01$；d 表示 $P < 0.001$

因变量是 SEID。T_{2010} 为二分变量，样本属于 2010 年记为 1，2009 年记为 0。显著性水平是其于 OLS 分析，Eicker-Huber-White 稳健标准误在括号中

4.2.6　讨论与结论

本节探讨了关于企业环境绩效和环境信息披露之间三个紧密相关的问题：环境信息披露如何与潜在的环境绩效相关联；环境绩效差和好的公司在环境信息披露上质的差异；环境违规行为被国家环保部门曝光后是否显著提升披露水平，以及是否披露有关负面或敏感信息。利用三种类型环境绩效（好、中等、差）的比较，基于中国的情境和纵向的数据，具体研究发现如下：

其一，提供证据揭示环境绩效和环境信息披露之间的非线性关联。通过引入并考察大量环境绩效中等的企业，研究发现环境绩效差和好的企业显著比中等的企业披露更多的环境信息，实证结果支持 Dawkins 和 Fraas（2011a）的发现，即环境绩效和环境信息披露之间是曲线关系，但与之不同的是，还发现环境绩效好的企业比差的企业披露更多的环境信息，并且在披露内容诸多方面有明显差异。

其二，尽管仅通过披露的信息，难以辨识环境绩效差和好的企业，但是环境绩效差和好的企业在具体披露内容方面有所不同，环境绩效差的企业披露较多软性信息，而环境绩效好的企业则披露较多可验证信息。根据自愿披露理论（Dye，2001；Verrecchia，1983），环境绩效好的企业与利益相关者沟通时倾向于采用客观确切的信息，但是发现他们一定程度上也会运用软性信息。根据合法性理论（Patten，2002），环境绩效差的企业与利益相关者交流时则倾向于采用更多无法核

实的软性信息，然而研究发现他们仍然也会采用少量客观的信息。因此，本节研究表明两种竞争性的理论解释（自愿披露理论、合法性理论）不是相互排斥的，相反它们可以整合在一起，综合解释中国企业环境信息披露行为。鉴于我国政府正在探索企业环境信息披露的办法，将信息披露作为现有监管制度的补充（Zeng et al.，2012；Zhu et al.，2013），推动企业积极地进行环境管理，可以预计环境绩效好的企业会自愿披露更多环境信息，包括软性的承诺，体现已获现实好处（如政府环境奖励、再融资和投资审批的便利性、贸易许可等）的合法性。与环境绩效好和差的企业相比，中等的企业在每个项目上披露信息都较少，大量环境绩效中等的企业环境合法性的威胁较低，因此披露仅仅满足于基本的社会期望，仅实施底线策略而不去积极地寻求机会以提高环境绩效。

其三，研究发现环境行为被中国环保部曝光后，违规企业会增加其环境信息披露，然而较少涉及负面或敏感环境信息，表明企业并没有客观的报告其环境状况（Deegan and Rankin，1996）。虽然中国政府持续施压在一定程度上对企业环境信息披露产生影响（Liu and Anbumozhi，2009），但是法律体系的缺陷和较低的处罚可能给企业进行选择性披露留下了余地。在现阶段的中国，公众和投资者对环境绩效差的企业尚没有形成足够的影响力，正如 Xu 等（2012）发现负面的环境违规行为对企业的股价造成的影响并不明显。综合本节研究的发现，环境信息披露的可靠性仍值得关注，因为环境绩效差的企业会通过增加信息披露模仿环境绩效好的公司，会误导投资者。虽然两者在多个披露项目上有显著差别，但仅考虑披露的程度和内容，一般的投资者和其他利益相关者难以区分环境绩效好的与差的企业。

本节研究结果对学术界、管理实践和政府监管方面具有重要启示。从理论的角度看，研究试图在中国情境下调和合法性理论和自愿披露理论。两种理论的融合为环境信息披露提供了一个全面的理解，因此在新兴市场背景下，需要采用多个理论融合以解释企业环境信息披露行为。

本节研究为企业环境实践提供有价值信息。积极的环境披露可以作为一种商业策略，尤其是对于环境绩效好的企业，报告客观可信的信息可以提升企业的公共形象，进而带来绿色竞争优势（Brammer and Pavelin，2006）。对于环境绩效差的公司，若被动地应对环境管理，粉饰环境信息或策略性地过滤并选择信息，则环境违规行为的负面效应将威胁企业的合法性，甚至危害企业盈利能力及生存（Xu et al.，2012）。鉴于外部利益相关者难以判定企业环境信息披露的准确性，也难以区分环境绩效好和差的企业，因此极有可能出现经过粉饰的企业环境报告（Pava and Krausz，1996）。考虑到大量的环境绩效中等的企业仅披露少量环境信息，所以倡议企业高管承担环境责任十分必要（Pujari et al.，2004），尤其是对环境绩效差或中等的企业，鼓励其符合当前社会和道德判断（Patten，2002）。中国企业家俱乐部正努力鼓励企业界注重环境友好，这也许会改变高管对环境问题的认知（Zeng et al.，2012）。此外，Berrone and Gomez-Mejia（2009），Mahoney and Thorn（2006）和 McGuire 等（2003）还建议高管补偿（如薪酬、红利、股票期权）促使高管积极地承担企业社会责任。

研究的政策启示是：第一，在中国，考虑到信息不对称和监管职能的条块分割，中国环保部和证监会有必要共享企业环境活动的信息，尤其是发生重大的环境事故时，这样有助于投资者和其他利益相关者易于获取信息以判定企业的环境绩效；第二，为了避免选择性信息披露或掩盖重要环境事实，一些披露项目应该是强制性的；第三，增强违规披露的惩罚。建立环境审计体系，提高企业环境业绩的透明度，从而推动企业更加环境友好。

本部分仅提供了在中国环境信息披露的早期阶段环境绩效和环境信息披露关联，未来研究有必要采用更长期的数据以评估所揭示的环境绩效和环境披露关系的有效性。

第5章 企业环境信息披露：行业市场竞争的效应

5.1 引　言

竞争是市场经济的基础，是决定企业生存最强大的力量之一。作为管理者应该在他们所有作出的战略决策中考虑产品市场竞争，这当中自然包括企业社会责任的决策（Van de Ven and Jeurissen，2005；Quairel-Lanoizelée，2011）。作为企业社会责任的一个重要组成部分，企业环境责任及其信息披露在学术研究和实践方面都受到越来越多的关注（Sharma，2000）。

然而，令人惊讶的是，企业环境责任及披露和竞争之间的冲突或困境却很少得到注意（Fisman et al.，2005；Quairel-Lanoizelée，2011）。鉴于企业面临竞争强度不同的行业，而且在一个行业内部也可能处于不同竞争地位，这就出现了一个问题：产品市场竞争会驱使企业提高企业环境责任吗，还是说产品市场竞争阻止企业环境责任的履行？

从现有的理论观点可以看到，竞争与企业环境责任及其披露的关系是不明确的。经济学家极少将竞争、社会和环境责任看成相容的（Friedman，1970），因为企业以利润最大化为目标，于是产品市场竞争自然会对成本产生强大压力，这就导致众所周知的后果：耗费成本，自然资源枯竭和对社会缺乏关注（Quairel-Lanoizelée，2011）。另外一些学者（Fisman et al.，2005；Hart，1995；Jones，1995；McWilliams and Siegel，2001；Porter and Kramer，2011；Russo and Fouts，1997）则强调了企业社会/环境责任的战略观点，并认为企业参与利润最大化的社会行动，可以使企业实现竞争优势。根据社会责任的战略观点，处于竞争环境中的企业更愿意对环境活动进行投资，因此，产品市场竞争有助于企业环境责任的提升。

问题的关键在于，到底企业环境责任是带来经营成本，还是竞争优势。显然，如果企业通过提高环境责任来增强自身的竞争优势和财务绩效，则必然产生成本，因此除非环境责任的好处超过相应的成本，否则企业不大可能通过追求自我规制来提高环境责任。事实上，行业的市场竞争程度可能在一个较大的范围内变化，如从激烈的市场竞争到垄断竞争，尤其是在发展中国家，在某一个行业内部市场地位更是具有异质性。环境活动的预期收益是否大于成本则取决于产品市场竞争条件（Quairel-Lanoizelée，2011）。环境管理的倡议也许对一些企业有益，对别的企业则不利，比如那些处于激烈的行业竞争中的企业，或者本身经济状况不良的企业（Campbell，2007；Van de Ven and Jeurissen，2005）。Campbell（2007）认为企业在面对行业竞争和其经济条件时，将权衡企业的利润和环境管理。Clarkson等（2011）认为若企业受到资源约束，则很难提高环境管理水平，即使这样有助于增加财务绩效。一项针对高管的调查显示，成本、难以保证的利益是企业实施环境管理的两大障碍（Fisman et al.，2005）。因此，产品市场竞争的性质可能是企业是否履行环境责任的一个关键要素，而且决定了环境管理投入能否体现出企业的战略优势。

为了识别在环境管理领域产品市场竞争的角色，采用成本-效益分析视角（McWilliams and Siegel，2001），透视产品市场竞争对企业环境责任的影响。我国是观察竞争和企业环境责任水平的一个较理想的环境，因为作为最大的发展中国家，我国有庞大的区域市场，经济体制改革也创造了大量具有异质资源的竞争型企业（Chang and Xu，2008），以及存在不同竞争强度的行业。特别是由于中国法制不完备和公司治理结构不完善，产品市场竞争可能是一个最为重要的外部力量，影响或决定企业社会/环境责任活动。样本公司选择制造业企业，因其产生了更多的污染，需要承受更多的环境责任，同时也面临相似的外部管制压力。

本章中产品市场竞争将考察行业层面的产业竞争强度，同时还兼论企业层面的市场势力。研究表明行业和企业层面的环境责任披露和产品市场竞争水平之间的关系并非严格正向或负向，而是呈倒 U 形的曲线关联。从行业层面来看，无论是激烈的还是较弱的行业竞争强度对应的行业平均披露水平都偏低，而适度的行业竞争与高水平的行业披露相关。从微观企业层面来看，某一行业内部的环境责任披露也有较大的差异，市场势力与环境责任披露也具有相同的关联，即无论是较强的还是较弱的市场势力其产生的企业环境责任披露水平均较低，而适度的市场势力与高的企业披露水平相关联。总之，认为产品市场竞争对环境责任披露具有重要的影响。

5.2　理论关联与研究假设

企业环境责任披露的传统观点（Friedman，1970）是企业经济和环境目标相互矛盾，如污染预防和缓解，作为不必要和额外的成本，减少了企业的利润，将股东价值转移向公共利益。因此，实施环境责任会挤压其他潜在投资，从而让企业在激烈的市场竞争中处于经济劣势（Sarkis and Dijkshoorn，2007；Wagner，2008；

Walley and Whitehead，1994）。然而，另一种不同的观点质疑了传统成本观，强调企业环境管理的潜在价值，认为良好的环境责任可以改善利益相关者之间的关系（Jones，1995；Fisman et al.，2005；Porter and Kramer，2011），从而带来直接或潜在的利益：吸引更多环境友好型消费者（Buysse and Verbeke，2003；Sharma and Vredenburg，1998）和投资者（Al-Tuwaijri et al.，2004）；避免监管处罚（Godfrey et al.，2009）；参与政府高利润的环境项目（Miles and Covin，2000）或获得其他的政治优势；降低能源成本（Jayachandran，2013）和通过绿色产品创新创造新的市场机遇（Sarkis and Dijkshoorn，2007）；良好的环境责任声誉提高企业的商业价值（Brammer and Pavelin，2004）。由此，企业环境责任履行是竞争优势的来源，体现在财务和声誉两个方面（Petrick et al.，1999；Porter and Van der Linde，1995）。先前的研究检验上述两种对立的观点，但产生了不一致的实证结果。这一问题到目前还没有得到解决（Margolis and Walsh，2003；Kim and Statman，2012）。

根据传统的成本观点，行业产品市场竞争较强和较弱的企业市场势力可能会阻碍企业环境投入，因为这会减少企业利润；而在企业环境管理的战略观点中，企业环境投入不是成本，而是一种资源，使企业在日益激烈的竞争市场中独树一帜，是增强企业自身竞争力的一种工具。因此，企业环境责任是否作为一种有价值的竞争策略与竞争有关。然而，竞争条件如何影响企业环境责任及披露问题的解决进度。这也许导致了上述的理论争议。

主流 CSR 文献缺乏对竞争的关注，只有最近发表的几篇文献认为竞争限制了企业社会责任（Van de Ven and Jeurissen，2005；Quairel-Lanoizelée，2011）。基于供给和需求的框架，McWilliams 和 Siegel（2001）试图论证"理想"的企业社会责任投入水平，认为这取决于市场需求的特征。Fernandez-Kranz 和 Santalo（2010）以及 Fisman 等（2005）提出行业竞争与企业社会绩效之间正相关，即在更强的行业竞争条件下企业会有更好的社会排名。Quairel- Lanoizelée（2011）发现当对环境诉求不强时，企业通过社会责任策略来获得的竞争优势是有限的，即使利益相关者对环境的预期很强烈。Campbell（2007）认为企业竞争环境影响企业社会责任表现，并提出竞争和社会责任行为之间非线性假说。然而，这一假说到目前为止还没有得到实证检验。作为企业社会责任的一个维度，大量的文献研究了驱动企业承担环境责任及披露的决定因素，但很少揭示产品市场竞争的影响。因此需要探讨竞争对企业环境责任的非线性影响是否也像 Campbell（2007）提出的竞争对企业社会责任影响的命题一样，尤其是企业层面的产品市场竞争（市场势力）对企业环境责任披露的影响还没有得到实证考察。

5.2.1　成本-收益分析框架

虽然有各种制度因素影响企业环境行为，但必须承认，经济状况是影响企业实施环境管理的一个非常重要的因素（Campbell，2007）。基于利润最大化的视角，企业环境责任可以是一种形式的投资，根据 McWilliams 和 Siegel（2001）的供求框架，涉及企业环境责任的决策与所有其他的投资决策一样要考虑供求关系。

在需求方面，许多文献识别了对环境需求的主要利益相关者（如消费者、投资者、员工、当地社区、地方和国家政府）（Al-Tuwaijri et al.，2004；Buysse and Verbeke，2003；Kassinis and Vafeas，2006），这些利益相关者期望企业履行环境责任（如环保产品和服务、防止污染、废物回收）。管理层将会评估由于承担环境责任产生差异化产品并从中获得竞争优势的可行性。

在供给方面，当投入的资源满足环境责任的需求时，管理层将会评估用于环境改善的资源（如土地、专用设备和机械、额外实施环境管理的员工、购买有关材料和服务），这将导致成本的投入，包括更高的资本支出，较高的材料成本，以及更高的人员工资。

供应和需求的框架意味着企业环境管理水平取决于需求和环境活动产生的成本。因此，这表明企业环境责任水平可以通过成本-收益分析来确定。为了实现利润最大化，企业实施环境管理增加的利益（从利益相关者的需求来看）至少等于其边际成本。

然而，企业环境管理的成本与收益与产品市场竞争密切相关，竞争约束企业的环境活动，因为环境管理带来的收益可能随着产品市场竞争的改变而变化（Fisman et al.，2005）。

5.2.2　研究假设

1. 行业竞争强度对环境责任披露的影响

一般情况下，行业的平均利润率与行业产品市场竞争强度呈负相关（Cai and Liu，2009），换句话说，激烈的行业竞争导致较低的行业平均利润，从而降低了闲置资源投向环境保护的概率。因此，在激烈的竞争环境下，企业往往采用低成本战略（Van de Ven and Jeurissen，2005），且不愿或没有能力投资于环境保护。企业环境管理引起的成本会招致竞争劣势，因为消费者会立即转向产品售价更便宜的竞争对手，尤其是当消费者还没有意识到额外的环保特征时。激烈的竞争条件下，整个行业只有较低的利润空间，与竞争程度不强的行业相比，在结构上产生了较高的财务压力。商业发展史已表明，在激烈竞争的时期，一些企业会通过各种不负责任的行为（如污染环境、降低产品的安全和质量、欺骗消费者）求生存（Campbell，2007；Schneiberg，1999）。在中国，法律执行力还不够，有时环境污染防治成本会高于罚金总额，企业不愿意进行污染防治。因此，明确的成本支出和不易明确衡量的环境收益，导致环境成本直接地减少了利润和股东财富（Waddock and Graves，1997），在激烈的行业竞争中，进而导致可以转移到环境问题的资源量减少，影响整个行业对环境责任的承担及相应的披露水平的提高（Fernandez-Kranz and Santalo，2010）。

在适度的产品市场竞争中，竞争者有更多的财务空间来承担成本，一些企业将推行以环境责任为基础的差异化战略，尽管不是所有的企业都通过环境活动实施差异化策略。适度竞争的行业中，环境责任可能是一个差异化因素，因为产品差异化（如产品循环利用和有机物控制）可以创造新的需求，或在现有产品中获得额外的售价（Fisman et al.，2005）。此外，企业环境责任作为差异化策略的潜在利益不仅能吸引更便宜的资金来源，留住人才，避免代价高昂的监管处罚（Fernandez-Kranz and Santalo，2010），而且还有助于建立良好的社会责任声誉（Brammer and Pavelin，2004），产生绿色竞争优势。因此，在适度竞争的行业中，企业环境管理的收益可能会高于成本。如果企业使用环境管理作为产品差异化的策略，那么应该能看到企业环境责任的行业平均水平较高。

然而，在弱行业竞争中，企业环境战略的重要性会发生改变。根据 Poter（1985）的竞争优势理论，弱的行业竞争有这样的特点：潜在进入者的威胁比较低，因经济规模和成熟的品牌形象，充分差异化的产品不能被轻易取代，较高的转移成本和竞争对手之间的竞争较少，供应商和买家议价能力相对较低。这样的市场常常是寡头垄断市场或完全垄断市场。弱竞争市场中的企业缺乏竞争压力，消费者和供应商几乎没有任何替代品可以选择。这意味着企业可以要求更高的价格或降低产品的质量，而不会失去太多的业务。企业在一个弱竞争市场中有财务和管理空间来选择任何环境管理策略。垄断条件下可能会导致严重的价格欺诈以及对客户不负责任的行为（Campbell，2007）。这就是为什么许多经济学家（Friedman，1962）认为国家应监督寡头垄断或垄断市场下的企业，以缓解一些市场失灵和负外部性（如缺乏效率和低质量、污染环境）。在弱行业竞争中的企业采用某种形式的环境战略可能是顺应环境法规的一个原因，这样可以减少政府干预的风险（Van de Ven and Jeurissen，2005），而不是为了获取竞争优势。因此，在弱的行业竞争中，企业环境责任披露水平不太可能较高。综上所述：

H_1：太强或太弱的行业产品市场竞争，行业将有较低的环境披露水平，即行业的产品市场竞争和行业的平均环境披露水平是曲线相关。

2. 企业市场势力对环境责任披露的影响

企业层面的市场势力对企业环境责任的影响有类似的逻辑。在一个特定的行业中，企业主要是与同行竞争，行业中有许多异质性市场势力的企业。企业经济条件可以决定其环境活动，因此，企业环境责任水平也与其市场势力有关。

首先，若企业的市场势力很弱，实施环境管理可能给股东价值和企业的生存带来风险，困境中的企业有动机削减成本。例如，减少对环境的投入，并尽可能节省成本，为了利润和生存，更有可能导致企业对环境不负责任的行为（Campbell，2007）。

然而，有适度市场势力的企业，至少有适度的利润以保证企业的生存，此时企业更有可能从事环境管理，因为跟没有进行环境投资的同行相比，可能投资于环境管理的直接或潜在的收益大于成本。企业的环境收益可得益于有效使用能源、创新产品或工艺、提高声誉和减少利益相关者之间的冲突（Quairel- Lanoizelée，2011）。这样，管理者将更关注差异化的战略和持续成功的竞争优势。毕竟，如果企业的环境声誉受损，企业利润就会受到损害，甚至会使客户和供应商将其生意转向其他企业（Campbell，2007）。因此，对于有适度市场势力的企业应该有强的动机实施环境管理以获得竞争优势。

另一个极端类型是企业在行业中具有很强的市场地位。从理论上讲具有较强市场势力的企业，相对有更多闲置资源可以自由地投向环境管理。然而，企业实施环境管理可能缺乏利益动机，因为企业已经拥有了足够的产品市场力量，环境管理的投资不一定带来更多的回报。企业环境责任水平上升或下降不太可能影响到企业的销售、盈利水平或生存，只要企业环境活动不给公司声誉或合法性带来负面影响即可。因此，拥有强大的市场势力的企业不会表现出更好的环境责任披露。综上所述：

H_2：企业具有太强或太弱的市场势力，不会有较高的环境责任披露水平，即企业的市场势力和环境责任披露曲线相关。

5.3 研 究 设 计

1. 样本与数据

样本企业是我国沪、深证券交易所上市的所有"A"股制造业企业[①]。环境信息披露的数据是基于内容分析法从企业年度报告/社会责任报告、公告中获得。企业社会责任报告是从上海和深圳证券交易所网站上获得的[②]。企业财务数据和其他

---

① 基于中国证券监督管理委员会 2005 年 3 月 25 日发布的上市公司行业分类与代码。
② 上交所网址：http：//www.sse.com.cn 和深交所网址：http：//www.szse.org.cn。

特征信息从 CSMAR 数据库中搜集。行业市场竞争强度的测量涉及制造业行业中所有企业的数据，因此查找了中国国家统计局（NBS）实施的中国工业企业年度调查，其中包括企业层面的年度财务信息[①]。

对制造业上市公司根据以下两个标准进一步筛选：选择的制造业上市公司必须在 2004 年 12 月 31 日之前已经上市，以避免上市初期的粉饰效应；剔除 ST 和 PT 上市公司，为避免财务异常状况对企业环境活动的极端影响。经过筛选，最终研究样本有 792 家制造业企业，在 2006～2008 年共有 2361 个观察样本。

2. 变量与测度

企业环境披露水平由积极环境活动的内容和程度来度量（Al-Tuwaijri et al.，2004；Cho and Patten，2007；Zeng et al.，2010）。作为企业环境实践的反映，企业利益相关者越来越关注企业披露的环境活动（Clarkson et al.，2004；Richardson and Welker，2001）。良好的环境管理则有更多可量化的环保信息，而较差的环境管理则环保行为较少，企业披露的环境活动也较少（Al-Tuwaijri et al.，2004）。因此，环境活动（包括环境政策和战略制定、环保技术投资、污染控制和法规遵守、环境绩效提升等）一定程度上反映了企业环境责任实践的程度（Jacobs et al.，2010）。

环境信息披露水平的测量方法，包括 10 个内容分析指标：导入 ISO 环境体系认证；是否涉及并如何应对与环保相关的诉讼、赎罪、处罚；政府的环保政策对企业的影响；企业环保政策、策略和目标；企业环境保护技术的开发与投资；参与政府的环保项目及相应的收益（如税收减免）；与环境保护有关的贷款；废物的回收、综合利用；环境设施的建设和运行；其他与环境相关的活动，如环境教育、植树造林、生物多样性保护和其他环境项目以促进公共福利（Zeng et al.，2010）。对 2361 家企业的年度报告（包括独立的社会责任报告）详细分析得到每一个样本企业的披露水平值。

行业的环境披露水平等于每年各个制造业行业所有企业的披露水平的平均值。

行业市场竞争程度。根据产业组织理论的有关文献（Cai and Liu，2009；Tirole，1988），行业的产品市场竞争强度用产业集中度来代理。采用三种测量方法，其一是行业销售额的赫芬达尔指数（HHI），等于某年一个行业内所有企业市场份额的平方和。其二是行业集中比率，行业中最大的四家企业的市场份额[②]（CR4）。其三

---

① 国家统计局的数据包括我国所有规模以上企业的工业企业数据（年销售额在 500 万元以上）。数据库中 2006 年有 301 961 家企业，2007 年有 336 768 家企业，2008 年有 412 000 家企业。

② 本研究还计算了前六大行业企业的市场份额（CR6）以及前八大行业企业的市场份额（CR8），发现 CR4 与 CR6、CR8 是高度相关的，相关系数分别为 0.981 和 0.975。如果用 CR6 和 CR8 反映市场集中度不会改变实证结果。

是行业内规模以上企业数目的自然对数（LnN）。HHI 和 CR4 都与行业竞争强度呈负相关，而 LnN 与之呈正相关，因为行业中的企业越多导致竞争越强。三个竞争程度变量是根据 2006～2008 年历年各个制造业行业来计算的。 表 5-1 报告了 2006～2008 年行业竞争程度变量的平均值。三个行业竞争程度变量之间的相关性分析发现，HHI 与 CR4 高度正相关（$r = 0.793$，$P < 0.001$）。LnN 跟预期一样，分别和 HHI（$r = -0.627$，$p < 0.001$）和 CR4（$R = -0.680$，$P < 0.001$）呈负相关。尽管从不同侧面反映行业竞争程度，但 HHI、CR4 和 LnN 反映行业竞争程度具有一致性。

表 5-1　2006～2008 年中国 30 个制造业行业竞争变量的平均值

Two-digit industry	No. of Firms（N）	Logarithm of N（LnN）	Herfindahl index（HHI）	Market share by top four firms（CR4）
[13] 农副食品加工业	19 099	9.857	0.000 8	0.044
[14] 食品制造业	6936	8.844	0.0016	0.057
[15] 饮料制造业	4 582	8.430	0.0047	0.108
[16] 烟草制品业	162	5.086	0.0294	0.291
[17] 纺织业	28 797	10.268	0.0015	0.053
[18] 纺织服装、鞋、帽制造业	15 360	9.640	0.0007	0.042
[19] 皮革、毛皮、羽毛（绒）及其制品业	7 644	8.942	0.0008	0.035
[20] 木材加工及木、竹、藤、棕、草制品业	8 180	9.009	0.0012	0.054
[21] 家具制造业	4 366	8.382	0.0014	0.047
[22] 造纸及纸制品业	8 760	9.078	0.0023	0.071
[23] 印刷业和记录媒介的复制	5 531	8.618	0.0009	0.032
[24] 文教体育用品制造业	4 172	8.336	0.0013	0.049
[25] 石油加工、炼焦及核燃料加工业	2 240	7.714	0.0103	0.137
[26] 化学原料及化学制品制造业	23 973	10.085	0.0013	0.055
[27] 医药制造业	5 880	8.679	0.0018	0.063
[28] 化学纤维制造业	1 662	7.416	0.0084	0.142
[29] 橡胶制品业	3 899	8.268	0.0048	0.108
[30] 塑料制品业	16 121	9.688	0.0005	0.027
[31] 非金属矿物制品业	25 579	10.150	0.0002	0.015
[32] 黑色金属冶炼及压延加工业	7 391	8.908	0.0050	0.107
[33] 有色金属冶炼及压延加工业	6 921	8.842	0.0030	0.095
[34] 金属制品业	19 376	9.872	0.0005	0.028
[35] 通用设备制造业	28 860	10.270	0.0008	0.039
[36] 专用设备制造业	14 170	9.559	0.0013	0.051
[37] 交通运输设备制造业	15 089	9.622	0.0037	0.090
[39] 电气机械及器材制造业	20 651	9.936	0.0018	0.071

续表

Two-digit industry	No. of Firms（N）	Logarithm of N（LnN）	Herfindahl index（HHI）	Market share by top four firms（CR4）
[40] 计算机、通信设备及其他电子制造业	11 380	9.340	0.0050	0.117
[41] 仪器仪表及文化、办公用机械制造业	4 737	8.463	0.0037	0.084
[42] 工艺品及其他制造业	6 431	8.769	0.0013	0.051
[43] 废物资源和废旧材料回收加工业	756	6.628	0.0093	0.157

注：括号中数字为国家统计局设定的行业代码

市场势力。企业层面产品市场竞争的测量是基于 Nickell（1996）和 Beiner 等（2011）提出的垄断租金（rent），可以解释为市场势力的事后测量（Januszewski et al.，2002）。借鉴 Nickell（1996）和 Beiner 等（2011）的研究，把 Rent 变量操作化定义为息税和折旧前盈余（EBITDA）减去资本成本（CC）与资本总额[①]（CAPI）之乘积，并用企业的销售额标准化，如式（5-1）所示：

$$Rent = （EBITDA - CC \times CAPI）/Sales \qquad (5-1)$$

并且资本成本定义：

$$CC = R_f + \delta + \gamma \times \beta（R_m - R_f） \qquad (5-2)$$

其中，δ 为经济折旧率；γ 为企业权益比率，β 为估计的企业股票的市场 β 值；R_f 为无风险利率；R_m 为市场指数计算的回报率。无风险利率是按中国人民银行的加权平均的一年期存款利率计算的[②]。根据万东华（2009）对中国 1979～2006 年的估计，经济折旧率为 7.3%[③]。β 值采用 CSMAR 数据库的数据。风险溢价等于企业平均股市回报减去同一时期平均的无风险利率。

控制变量。与以前的研究相一致，控制了一些企业特征变量，如企业规模、所有制、财务风险和企业地理位置（Cho and Patten，2007；Gray et al.，2001）。企业规模采用年末总资产的自然对数。规模与企业环境信息披露正相关（Gray et al.，2001）。国有企业有更多的环保活动，展示自己的社会与政治责任（Zeng et al.，2010，2012）。设定一个虚拟变量（ownership），国有企业记为 1，否则为 0。资产负债率等于总负债与总资产的比率，用来衡量企业财务风险。ROE 作为企业经

---

① 企业资本总额的计算极其繁杂。基于中国会计准则，借鉴李青原等（2007）的资本总额核算方法，涉及的财务数据来自 CSMAR 数据库和企业年报。

② 无风险利率 2006～2008 年分别为 2.35%、3.21%和 3.92%。

③ 根据 Nickell（1996）的观点，经济折旧率被设定为 4%。Beiner 等（2011）借鉴 Nickell（1996）的假设，也同样使用 4%。本章还采用 4%与 7.3%分别计算垄断租金，发现相关系数极高（$r = 0.987$）。因此无论使用 4%还是 7.3%，统计结果是稳健的。

济绩效的代理变量。为了控制每家企业所在区域的影响（Liu and Anbumozhi，2009；Zeng et al.，2010，2012），采用该区域的市场化指数以反映企业地理位置的不同（樊刚等，2007）。行业虚拟变量以控制行业差异，年份虚拟变量以控制随年份变化而未观察到的因素（如外部监管压力）。

行业平均披露水平是基于行业层面的研究，控制行业污染强度，因为环境敏感行业[①]承受更多的利益相关者压力（Xu et al.，2012）。环境敏感的行业设置一个虚拟变量，是则记为 1，否则为 0。产品市场的竞争压力不仅来自于国内市场竞争，也来自于进口竞争，因而采用行业进口总额占国内市场销售额的比例表示（Januszewski et al.，2002）。

3. 计量模型

计量模型分成两个层面：行业层面和企业层面。

（1）为验证行业层面的研究假设 H_1（即行业竞争强度如何影响行业平均披露水平），计量模型中引入行业竞争强度变量的平方项，采用 OLS 并报告稳健标准误。

（2）为验证企业层面的研究假设 H_2（即企业市场势力如何影响企业的环境披露水平），由于有一部分企业的披露水平为 0，有一个截断，故仍采用 Tobit 回归。因为样本数据集有众多企业且横跨三年（2006～2008 年），所以在企业层面模型中，有必要考虑企业和年份的影响，因为同一年份不同企业的残差项可能存在相关性，以及同一企业在不同年份的残差项也可能存在相关性。为此，采用 Petersen（2009）的方法[②]，计算企业-年份两维群聚标准误的 Tobit 估计。

5.4　结　果　分　析

表 5-2 报告了描述性统计。表 5-3 和表 5-4 报告了回归结果。

行业竞争强度对行业平均披露水平有显著影响，表 5-3 中每个计量模型的 F 统计量值表明回归方程效果显著。平方项的估计系数（模型 1 中的 HHI^2，模型 2 中的 $CR4^2$，模型 3 中的 LnN^2）均显著负相关（$P<0.01$），一致地揭示了行业竞争强度对行业平均披露水平的影响呈倒 U 形，即与适度竞争的行业相比，无论是

---

① 根据环保部的法规，重点监控的重污染行业有食品饮料（13，14，15）、纺织服装（17，18，19）、造纸印刷业（22，23）、石油化工（25，26，28，29，30）、金属和非金属冶炼（31，32，33，34）、生物制药（27）。括号中的数字为国家统计局设定的两位制造业行业代码。

② 更多的细节见 Petersen（2009），STATA 程序可以在 Petersen 的个人主页上获得（www.kellogg.northwestern.edu/ faculty/petersen/htm/papers/se/se_programming.htm）。

表 5-2　描述性统计与相关系数矩阵

Iteam	Mean	S.D.	Min	Max	1	2	3	4	5	6	7	8	9	10	11	12
1 EID	1.126	1.858	0	10												
2 Firm size	21.340	1.171	12.31	26.02	0.201^a											
3 Ownership	0.593	0.491	0	1	0.145^a	0.197^a										
4 ROE	0.028	1.522	-53.96	28.98	-0.002	0.019	-0.042									
5 Leverage	0.564	0.455	0.009	9.737	-0.027	-0.004	-0.029	-0.038								
6 Average level of EID per industry	0.560	0.497	0	1	0.149^a	0.102^b	0.076^b	0.021	0.009							
7 Marketization	7.588	1.907	2.50	10.41	-0.059^b	0.052^c	-0.168^a	0.055^c	-0.019	-0.179^a						
8 Envir-sensitive sector	1.133	0.510	0	3	0.276^a	0.201^a	0.109^a	0.021	0.048^c	0.408^a	-0.099^a					
9 Import penetration	7.860	5.776	0	38.85	-0.024	-0.041	0.044^c	0.020	-0.013	-0.080	-0.006	-0.102				
10 Rent	-0.047	0.506	-8.682	8.633	0.036	0.122^a	0.023	0.057^b	-0.034	0.035	0.033	0.039	0.047^c			
11 HHI	0.002	0.003	0.0001	0.015	-0.043^c	0.043^c	0.036	0.009	-0.023	0.155^a	-0.041	-0.162^a	0.134^a	-0.014		
12 CR4	0.069	0.030	0.014	0.160	-0.019	0.106^c	0.051^c	0.001	-0.018	0.128^c	-0.043^c	-0.066^b	0.201^a	-0.008	0.793^a	
13 LnN	9.473	0.696	6.271	10.516	0.007	-0.082^b	-0.016	0.011	0.026	-0.096^a	0.013	0.027	0.281^a	0.031	-0.627^a	-0.680^a

a Significant at 0.001 level

b Significant at 0.01 level

c Significant at 0.05 level

较弱的竞争（HHI 和 CR4 较大，或 LnN 较小）还是更强的竞争（HHI 和 CR4 较小，或 LnN 较大），这些行业环境披露的整体水平明显较低。因此，支持假设 H_1。

表 5-4 给出 Rent 对于企业环境披露水平的影响，实证结果显示 Rent 二次项系数与预期相一致，是负向的并且统计显著的（−0.154，$P<0.01$，见表 5-4 中的模型 1）。这个结果意味着 Rent 和企业环境责任披露之间的非单调关系，从而支持假设 H_2，即在企业层面上市场势力与环境责任披露水平呈倒 U 形关系。

然而，表 5-4 结果表明行业的竞争程度并不直接影响单个企业的环境披露。进一步调查显示，Rent 和行业竞争指标（HHI，CR4，LnN）之间没有交互影响。另外，企业市场势力和行业竞争程度指标之间的相关性较弱（表 5-2），这意味着实证分析中竞争的测量应当分别考虑行业层面以及企业层面。企业层面模型中的控制变量，与以前的研究相一致，研究发现环境敏感行业、大企业、国有企业有较高水平的环境披露（Gray et al.，2001；Xu et al.，2012）。结果还表明，财务杠杆与企业经济绩效与企业环境责任披露也存在相关性[①]（Cormier and Magnan，1999）。企业地理位置对于环境披露的影响不存在，这与最近的研究一致。对于产品进口渗透，所有估计系数都为正，并且在行业层面模型中显著，但在企业层面模型中不显著，这表明来自国外的竞争压力对中国企业的环境责任来说不是一个决定因素，原因可能是从中央计划经济转向市场经济的转型期较短，经济开放的程度还较低而且中国企业仍处于环境披露的早期阶段。

表 5-3　行业竞争强度对行业平均披露水平的影响

Variables	因变量：行业平均披露水平		
	Model 1	Model 2	Model 3
Intercept	0.439***	0.255***	−4.279**
	(0.023)	(0.040)	(1.589)
HHI	34.108***		
	(8.737)		
HHI^2	−2 562.588***		
	(762.427)		
CR4		6.835***	
		(1.227)	
$(CR4)^2$		−35.835***	
		(8.324)	
LnN			1.101**
			(0.347)
$(LnN)^2$			−0.063**
			(0.019)

① 企业财务绩效与企业社会/环境责任的关系比较复杂，见 Hart and Ahuja（1996），Kim and Statman（2012），Margolis and Walsh（2003），Margolis et al.（2007），Waddock and Graves（1997）。

续表

Variables	因变量：行业平均披露水平		
	Model 1	Model 2	Model 3
Year$_{2007}$	0.385***	0.380***	0.396***
	(0.016)	(0.016)	(0.016)
Year$_{2008}$	0.751***	0.707***	0.746***
	(0.022)	(0.019)	(0.021)
Envir-sensitive sector	0.423***	0.437***	0.427***
	(0.015)	(0.016)	(0.015)
Import penetration	0.004*	0.0004	0.006**
	(0.002)	(0.002)	(0.002)
R^2	0.483	0.493	0.489
F-statistic	328.43***	326.25***	328.23***
No. of observations	2 335	2 335	2 335

$^*p < 0.05$；$^{**}p < 0.01$；$^{***}p < 0.001$. 括号中的数字为 Eicker-Huber-White 稳健标准误

表 5-4　企业层面竞争与 EID 的 Tobit 稳健回归结果

Variables	因变量：EID			
	Model（1）	Model（2）	Model（3）	Model（4）
Intercept	−17.592***	−17.269***	−17.357***	−8.448
	(2.327)	(2.256)	(2.301)	(12.717)
Firm size	0.772***	0.713***	0.711***	0.720***
	(0.109)	(0.106)	(0.106)	(0.107)
Ownership	0.959***	0.923***	0.923***	0.924***
	(0.250)	(0.250)	(0.250)	(0.250)
ROE	−0.020*	−0.037***	−0.037***	−0.038***
	(0.010)	(0.010)	(0.010)	(0.010)
Leverage	−0.945*	−0.950*	−0.942*	−1.020*
	(0.423)	(0.426)	(0.425)	(0.427)
Marketization	−0.069	−0.046	−0.046	−0.046
	(0.066)	(0.066)	(0.065)	(0.066)
Rent	−0.104	−0.016	−0.023	−0.018
	(0.409)	(0.323)	(0.329)	(0.330)
Rent^2	−0.154**	−0.119**	−0.121**	−0.122**
	(0.056)	(0.034)	(0.036)	(0.037)
HHI		−71.844		
		(122.146)		
HHI^2		2417.942		
		(7642.930)		
CR4			1.303	
			(16.015)	
（CR4）^{2}			−26.916	
			(103.776)	
LnN				−2.168
				(3.238)

Variables	因变量：EID			
	Model（1）	Model（2）	Model（3）	Model（4）
（LnN）^{2}				0.128
				(0.154)
Import penetration		0.011	0.010	0.003
		(0.021)	(0.022)	(0.022)
Envir-sensitive sector		1.148***	1.156***	1.117***
		(0.252)	(0.262)	(0.253)
Industry dummies	Yes	No	No	No
Year effects	Yes	Yes	Yes	Yes
Model indices：				
Lnsigma _cons	1.319***	1.326**	1.327**	1.327***
N	2300	2300	2300	2300

$*P < 0.05$；$**P < 0.01$；$***P < 0.001$. 参数估计是根据 Tobit 回归结果。模型 1–4 中，Number of clusters（firm）= 778，Number of clusters（year）= 3。显著性水平是基于 Petersen t 值。 括号中为企业-年份两维群聚标准误

5.5　讨论与结论

虽然现有的研究试图识别企业或行业特点对环境责任及其披露的影响，但是目前为止，极少有研究探查产品市场竞争是促进还是损害企业环境披露。本章研究从成本-收益的分析视角，基于中国的研究背景，发现了产品市场竞争与环境披露之间一个复杂的曲线关系。结果表明适度竞争的条件下，企业的市场势力或行业竞争程度对环境披露有促进作用，增加了企业实施环境友好的可能性，而弱市场势力或行业的市场竞争程度弱，以及强市场势力或行业的市场竞争激烈，往往会导致较低程度的环境责任披露。

基于成本-收益分析（McWilliams and Siegel，2001），研究结果表明企业环境责任至少部分是利益驱动的，这与企业环境投资是为了利润最大化的战略观点相一致（Fernandez-Kranz and Santalo，2010）。从一个子维度——环境责任出发，实证结果一定程度上支持 Campbell（2007）的关于竞争与企业社会责任之间的非线性关联命题。一些最近的实证研究（Fernandez-Kranz and Santalo，2010；Fisman et al.，2005）揭示，在发达国家中竞争强的行业有较好的社会责任绩效，中国作为最大的发展中国家，有众多异质市场势力的企业和竞争强度不一的行业，揭示了竞争对企业环境责任的非线性效应。

本章研究的理论启示主要表现在以下几个方面。

首先，关于竞争与社会/环境责任的传统经济理论与现代战略观点两者是可

以调和的。在先前的研究中，传统经济理论（Friedman，1970）和竞争优势理论（Hart，1995；Porter and Kramer，2006）对企业环境管理行为的预测是相反的（Jayachandran et al.，2013；Kim and Statman，2012）。然而，研究结果表明，若引入市场竞争时两种观点是可以调和的。当行业竞争非常激烈时或者企业的市场势力非常弱小时，传统经济理论可以更好地解释环境管理及披露行为，因为环境实践带来显著的成本，环境投入的短期利益是有限的，企业倾向于采取对环境不负责的方式（Campbell，2007）；而当行业竞争适度或企业势力适中时，竞争优势理论可以更好地解释环境管理行为，因为企业有动机实施环境活动，从产品差异化与绿色竞争优势中可能获得大于成本的收益。在行业弱竞争时，类似于先前的研究（Fernandez-Kranz and Santalo，2010；Fisman et al.，2005），也发现了一个相对较低的环境披露水平，此时行业中的企业没有足够的激励以实现高水平的披露；在企业层面，强市场势力也与低水平的披露相关联。因此，强市场势力和弱行业竞争与低水平的环境披露相关联的证据，难以支持企业社会责任的利他主义动机，以及良好管理信号理论（good management theory）（Waddock and Graves，1997），即经营好企业然后做对社会有益的事（Fisman et al.，2005）。

其次，产品市场竞争和环境披露水平之间的关系可能也揭示了为什么企业环境披露和企业的财务绩效之间的争议。这涉及两个问题：一是相关方向问题。有的研究者发现呈负相关（Konar and Cohen，2001；Wagner，2005），有的发现无关（King and Lenox，2002），而另外一些研究发现明确的正相关关系（Russo and Fouts，1997；Weber et al.，2008a）。在关于环境责任与财务绩效的文献中，似乎改善环境能获得好的财务绩效（正相关关系）被广泛接受，即使其因果关联仍不清楚（Weber et al.，2008a）。尽管 Waddock 和 Graves（1997）发现好的环境实践与高的财务绩效相关联，但他们仍然怀疑因果关系的方向，所以涉及第二个问题：因果关系，即环境管理影响企业财务绩效，还是相反，财务绩效影响环境管理。

从产品市场竞争的视角，研究关于环境管理与财务绩效的关系。企业在强竞争行业中或者处于一个行业的弱势地位，面临强大的财务压力和较少的冗余资源，影响了其在环境实践中进行投资的能力。因此，通过财务绩效预测企业的环境管理行为，环境投入越多，企业生存风险越大，财务绩效和环境管理水平之间的关系总体会呈负相关。在适度竞争行业中或者企业在一个行业中处于适度的竞争地位，企业有一定的财务冗余资源，有更大的自由度来投资于环境活动，通过绿色产品或工艺的差异化以获得竞争优势。反过来，环境活动带来更好的财务收益，进一步推动企业分配更多的财务资源用于环境活动。根据这一思路，两者之间可能互相影响，形成"良性循环"（Waddock and Graves, 1997）。也认为财务绩效既是企业环境管理的原因也是企业环境管理的结果，更好的财务绩效可能会导致企业改善环境管理，更好的环境管理可能导致财务绩效提升。然而，在弱行业竞争中，行业内的企业应该有高的平均行业利润，因为行业为寡头垄断或垄断竞争，或者企业在一个行业中具有强大的市场势力，此时如果企业致力于提高环境管理水平可能也很难获得更高的利润，如果减少环境管理水平，利润很难受到影响。因此，环境管理与财务绩效的关系可能是中性的或不确定的。企业是在不同竞争强度的行业中运营，同时在一个行业具有若干异质性市场势力，因此先前关于环境管理与财务绩效不一致的实证结果，有可能是在理论上没有考虑产品市场竞争。

　　第三，竞争环境对企业积极的环境战略实施也具有重要影响。差异化的行业竞争和异质性的企业市场势力，无疑决定了闲置资源的程度，而这些资源提供了绿色工艺和绿色产品的创新机会。较高的冗余资源有助于企业视环境问题为一个机会而不是威胁，当企业视环境问题为机会时，更可能采取积极的环境战略（Sharma, 2000）。然而，面对有限的资源或财务困境，企业将很难采取积极的环境战略，即使这有助于提高财务绩效水平（Clarkson et al., 2011）。这与 Darnall 和 Edwards（2006）的研究结果相一致，内部资源和能力可以预测环境管理系统的成本，以及解释为什么只有一部分企业采取积极的环境战略。因此，在考虑竞争条件下，企业可以更好地确定积极环境战略的选择，或者调节了积极环境战略和组织结果（如企业的竞争优势）之间的关系。

　　第四，利益相关者理论被广泛使用，积极的环境战略常归结于利益相关者的压力（Buysse and Verbeke, 2003; Darnall et al., 2010）。然而，不同的竞争环境，利益相关者（如地方和国家政府、消费者、投资者、社区和员工）即使对企业具有相同的环境利益诉求，但竞争环境可以使利益相关者压力差异化。也就是说，当企业面临强市场竞争和较差的经济状况时，企业倾向于规制驱动，目标是仅满足法规的要求；而面临适度行业竞争或适度的企业市场势力时，企业进行环境活动除了满足利益相关者的需求外，还期望获得大于成本的收益，最终可能导致采取积极的环境战略。因此，建议利益相关者理论框架中纳入竞争分析，尤其是基于新兴经济体或者具有广泛竞争异质性行业的国家。

　　研究结果具有潜在的实践启示。企业专注于最大限度地提高获利能力，特别是鉴于中国上市公司高管（如董事长）任期较短，95%不超过三年（CSMAR）。高管都不愿意在其较短的任期内牺牲利润以从事环境保护活动，因为环境投入的成本是显而易见的，而其好处却是不明显的，可能在未来发生。这意味着政府有责任推动企业提高环境责任意识。对于监管者，帮助企业降低环境管理的成本，增加环境投入的效益能增加企业实施环境保护的可能性和程度。在降低成本方面，政府可以支持成本较高的环保技术投入，还有环境教育、培训，污染控制（如集中污水处理）。在提高效益方面：①提高处罚力度和法律实施的有效性，换句话说，增加企业守法的收益；②强化市场激励（如排污权交易、绿色信贷和排放交易系统）和其他间接的好处（如政府绿色采购、税收减免和承担政府环境项目或协议）；③倡议行业自律，增强行业社会绩效或信誉，满足利益相关者需求，接受利益相关者的监管（如媒体曝光、社区投诉、环保组织的批评或表扬）。当企业将环境管理作为机遇而非威胁并感知到环境投入的利大于弊时，企业环境责任水平将会提高。

在管理实践方面，虽然企业可以提升或降低环境投入以使利润最大化，但是在考虑竞争环境特点的情况下，应该以一种社会可接受的方式。事实上，可根据竞争环境实施相应的环境策略（Van de Ven and Jeurissen，2005）。在面对激烈行业竞争与弱市场势力的企业，主导地位的竞争战略是低成本战略，遵守法律可以是企业环境管理的基本策略。在适度竞争的情况下，差异化战略占主导地位，除了符合法律要求外，企业有更大的环境策略空间（如利益相关者管理、品牌保护和环境报告）以实现差异化（Van de Ven and Jeurissen，2005）。而在弱竞争或强市场地位的情况下，企业缺乏竞争压力和财务压力，所有的环境策略都是可能的，当然可以采用遵守法律和发布环境报告的方法以减少政府干预的风险，以及避免因为消费者或公众的不满而产生政治问题。当然，更积极的环境策略是可取的，公众期望看到更多财务绩效好的企业更好地履行环境责任。

在现有文献中提到各国的环境规制有显著的不同（Darnall et al.，2010）。这样，以中国这个转型经济体为背景，虽然提供初步证据表明产品市场竞争对企业环境责任披露有非线性影响，但结果解释在发达国家的政治和经济条件下要谨慎。未来的研究可以验证在激烈竞争和垄断竞争情况下，研究结果的普遍性。可以预期非线性效应可能较弱或者消失，因为在发达经济体中存在日益严格的环保法规和相对健康的市场竞争。另一个限制是涉及环境披露的测量和数据源。关于这些项目是否能够测量环境披露水平，本章做了许多的工作以阐明这些项目在测量环境活动方面的合理性及其实践背景。由于缺乏可靠的数据库（如美国 KLD 评级或 TRI 数据库），在中国则必须依靠企业的年度报告和公告，这些信息易于访问，然而却并不能保证这些渠道已经完全覆盖企业的环境议题，因此这可能会影响到结果。

未来可以进一步研究竞争如何调节企业环境责任与外部利益相关者压力和内部因素（如高管环境意识、承诺，高管补偿方案）的关系。另外，产品市场竞争可能是一个重要的干扰变量，影响环境责任和财务绩效之间的关系，甚至决定了两者之间的因果关系。本章研究暗示环境责任与财务绩效关系的理论分歧是可以调和的，因此有必要响应这一长期的争论，进一步设计一个稳健的实证研究检验企业社会责任（包括环境责任）与财务绩效、竞争的关系。本章中提及成本-收益分析框架还有进一步的改进和发展的空间。

第6章　企业环境信息披露：外部利益相关者
的压力作用

6.1　引　言

根据 Freeman（1984，2007）的利益相关者理论，企业涉及管理者和众多利益相关者的相互作用，利益相关者提供关键的资源，因而管理者有责任满足利益相关者的需要，并平衡有冲突的利益相关者的诉求。国外先前的环境披露的研究已揭示不同的利益团体能够影响企业的环境信息披露（Bewley and Li，2000；Brammer and Pavelin，2006；Cormier and Magnan，2003；Huang and Kung，2010）。但是迄今为止，大多数的文献仅讨论某些特定的利益相关者与企业环境信息披露的关联，比如 Cormier 等（2004）以及 Liu 和 Anbumozhi（2009）从规制视角分析与政府的关系，Brammer 和 Pavelin（2006）从经济因素角度关注外部市场，Halme 和 Huse（1997）从公司治理视角聚焦于内部的股东所有权。在环境信息披露的研究领域，利益相关者得到研究者们的重视。但是，从更广泛的视野检视各种利益相关者（尤其是外部，如政府、债权人、顾客、供应商、竞争者、股东、环保团体、公众及媒体、会计公司等）对企业环境信息披露的角色，以及具体"利益"诉求，对企业环境信息披露的影响力程度，如何识别影响大的利益相关者，企业应如何回应，并平衡利益相关者的利益等问题的研究仍然欠缺，需要进一步的推进。

2008 年我国颁布《企业环境信息公开办法（试行）》，同年上海证券交易所也发布《上市公司环境信息披露指引》，要求企业披露环境方针、环保执行、环境业绩以及与环境有关的信息，如投资、融资、诉讼、罚款等。2011 年 4 月 22 日，环保部发布了《2011 年全国污染防治工作要点》，要求推进上市公司环境信息披露，加大对严重环境违法行为的处罚。尽管法规的压力逐渐增强，但是企业的环境信息披露仍然不容乐观。2011 年 6 月 4 日发生的 H 石油公司渤海漏油事件，迅速进入公众视野，这一事件中渔民遭受损失、消费者食用受到污染的海产品影响了健康、国家付出大量的人力和财力用于环境修复，企业的环境信息披露与社会责任再次遭到质疑。由于其关注度和媒体的披露度较高且造成严重的环境污染和经济损失，成为重大环境污染事件的典型代表。

　　本章从利益相关者的视角，以 H 石油公司漏油事件为例，根据公共危机事件孕育、震荡、调整和适应、结束四个阶段，探讨利益相关者对企业环境信息披露的驱动力及其显著性，研究污染企业有哪些利益相关者、他们关心什么以及有哪些利益诉求、企业如何回应利益相关者、政府起到怎样的监管作用等一系列问题。本章加深了读者对我国企业环境信息披露现状的理解，探讨利益相关者理论在中国环境披露实践中的解释力与适应性，同时针对中国的企业环境信息披露制度提出建议，对强化企业的环境责任有重要的启示。

6.2　环境信息披露利益相关者的理论背景

　　Freeman 于 1984 年提出利益相关者理论，认为企业可被理解为关联的利益相关者的集合，而企业的管理者需要管理与协调各个利益相关者。利益相关者可以影响企业的利益与合法性权力。因此，企业环境责任要求企业必须满足利益相关者的需求。这一理论从企业组织的视角分析企业环境信息披露的行为动机。Ullmann（1985）和 Roberts（1992）也认为企业生存需要利益相关者的支持，利益相关者越有影响力，企业就越要适应它。

　　如果仅将各个利益相关者作为一个整体进行研究，几乎很难得到令人信服的结论。由于利益相关者对于企业的作用并不是同质的，不同的利益相关者对企业环境责任决策的影响存在较大的差异，由此需要按一定的标准对众多的利益相关者进行分类。Freeman（1984）从所有权、经济依赖性和社会利益三个角度把利益相关者分成：①拥有所有权的利益相关者（经理人员、董事和所有其他持有企业股票者）；②经济上有依赖关系的利益相关者（经理人员、员工、消费者、供应商、债权人、竞争者、地方社区、管理机构等）；③社会利益上有关系的利益相关者（政府管理者、特殊群体和媒体等）。Charkham（1992）从是否与企业存在合同关系角度进行分类，将利益相关者分为契约型利益相关者（股东、员工、顾客、分销商、供应商、贷款人）和公众型的利益相关者（全体消费者、监管者、政府部门、压力集团、媒体、当地社区）。Darnall 等（2010）研究企业环境战略时，将企业利益相关者分为：①直接利益相关者（日常消费者、商业采购者、供应商、管理者、一般员工）；②间接利益相关者（环保团体、社区、工会组织、政府环境部门等）。Huang 和 Kung（2010）在研究环境披露中利益相关者的期望时，将利益相关者分类为：①外部利益者群体（政府、债权人、供应商、消费者、竞争者）；②内部利益者群体（股东、员工）；③中间利益者群体（环境保护组织、会计公司）。

根据先前的研究，尽管众多学者从不同的视角对企业利益相关者进行了区分，但利益相关者的具体对象还是有普遍的共识，如图 6-1 所示。

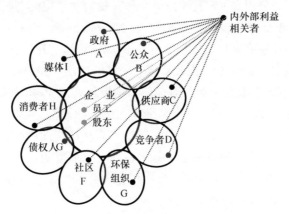

图 6-1　企业环境利益相关者示意图

　　根据利益相关者理论，企业环境信息披露可视为企业回应利益相关者利益需求的一种方式。企业在拟定企业环境战略时，需要考虑利益相关者的利益需求，否则将失去利益相关者的支持，如消费者的抵制，供应商、商业客户取消订单或销售协议（Darnall et al.，2010），内部员工表达不满或公开企业的负面作为（Henriques and Sadorsky，1996），债权人不再提供资金支持，股东出售股票，社会团体（公众、社区、环保组织）带来社会舆论的压力，媒体通过曝光、政府通过强制性行政手段与法律诉讼，使企业付出代价，甚至失去合法性的基础（如停产或破产）。由于众多利益相关者关注企业的环境策略、奉献精神和立场，因此在不破坏环境的前提下取得经济利润的企业，其品牌形象更好（Huang and Kung，2010）。众多的利益相关者对环境的关注，会对企业形成影响和压力，而企业对此压力的积极反应是将环境纳入企业的战略视野，对企业的目标、战略以及评估标准作出应变，从而承担起企业的环境责任。

6.3　研究方法

　　本章采用案例研究方法。企业利益相关者涉及立法者、社会公众与团体、企业价值链上的商业伙伴、内部员工等众多有关联的对象，而企业发生环境事件时，其环境信息披露在外部利益相关者的压力下，具有动态的过程。因此，Yin（2003）和 Woodside（2010）认为现象的复杂性致使案例研究方法适用于此类研究对象和情境难以分离的问题。

6.3.1　涉及的具体利益相关者

通过对 H 石油公司和 KF 石油公司合作开发的蓬莱 19-3 油田漏油事件的全过程考察，发现本事件中涉及的利益相关者有国家政府部门（国家海洋局、国土资源局、农业部、国务院等）和地方政府（山东、河北、辽宁省级及县级污染所在地地方政府）、媒体（新华社、人民日报、中国新闻网、齐鲁晚报、新华网、京华时报、中国广播网、新浪财经等具有公信力的媒体）、当地社区（渔民）、公众（社会及消费者）、社会人士（知名学者、业内人士、律师等）、环保组织（达尔问自然求知社、自然之友、中国政法大学污染受害者法律帮助中心、南京绿石、绿色汉江、陕西省红凤工程志愿者协会、绿色流域、上海健康消费采购团、天津绿色之友、安徽绿满江淮环境发展中心、公众环境研究中心等）、司法（青海海事法院、天津海事法院、海南高级法院等）七类利益相关者。

6.3.2　资料来源

本次研究的资料来源是全面搜集自 2011 年 6 月 4 日（事件发生）至 2012 年 4 月 28 日（裁决最终赔偿），所有的 461 篇关于 H 公司和 KF 公司漏油事件的新闻报道，按照关键词 "H 公司+漏油"、"KF 公司+漏油"、"H 公司+溢油"、"KF 公司+溢油"，分别用 "百度" 和 "谷歌" 搜索引擎进行搜索，在有专题报道的门户网站上进行收集（取自新浪新闻、搜狐新闻、腾讯新闻，包括新华社、人民日报、中国新闻网、齐鲁晚报、新华网、京华时报、中国广播网、新浪财经等具有公信力的媒体的报导）。由于本次事件影响大，关注度高，整个事件比较清晰，研究资料力求全面、不遗漏每一细节，并且来源均是公开的信息。因该事件的涉事企业明确，事件内容也很清楚（即漏油事故），采用人工方式逐一阅读识别。对收集到的资料按照时间顺序排列，从每一篇报道中分析涉及的利益相关者的利益诉求或行动及企业的响应。针对不同媒体从不同角度的事件报道，在相同时间的报道上，剔除关于利益相关者诉求与企业响应的重复内容，保留互相补充的内容。最后对搜集的 461 篇报道从利益相关者的角度采用内容分析法，解读包括利益相关者为获得其利益所作出的行为、对企业环境信息披露的要求，以及企业的回应、相应的措施，按照：①时间标示、②利益相关者、③压力作用对象、④利益相关者作为、⑤企业的响应，整理形成研究资料，其中明确有关方未回应的则记录 "未回应"。

6.3.3　研究事件的阶段划分

针对具体案例——H 公司漏油事件，采取 Fink（1986）经典的公共危机事件四个阶段的划分理论。第一阶段：危机的孕育时期。一些零星的消息开始传播，并很快引起相关人群的心理恐慌。第二阶段：危机的爆发与震荡时期。先前弥漫在公众中的信息在一定程度上得到媒体或官方的确认。来自政府部门并由新闻媒体发布的消息在公众之间产生剧烈震荡。第三阶段：危机的持续、调整和适应时期。危机的影响持续，政府和组织通过媒体传递危机应急的各种举措，努力消除危机，公众对危机的强度、范围、可控程度等有了一定的了解，情绪得到某种程度的释放。第四阶段：危机的痊愈和结束期。结合公共危机管理的四阶段理论，根据 H 公司漏油事件的实际情况，具体分为四个阶段展开研究：事故发生公众不知阶段、事态爆发紧急处理阶段、行政调解和清理阶段、赔偿分配阶段。

6.4　案例描述：利益相关者作用与企业响应

6.4.1　事件背景

H 石油公司是中国海上油气最大的生产商和运营商，通过与海外石油公司合作开发海上油气田来进行运作，而蓬莱 193 是由 H 公司和美国 KF 石油公司合作来开发的，同时也是迄今为止中国建成的最大的海上油气田，面积覆盖约 3200 平方千米，其中 H 公司拥有油气田 51% 的权益，而 KF 公司担任作业者，拥有其余 49% 的权益。蓬莱 193 油田实际上位于山东半岛北部的渤海之中，距山东省龙口市仅 48 海里，属于特大型整装油田。

2011 年 6 月 4 日起，蓬莱 19-3 油田发生重大漏油事件，严重污染了渤海海域，使沿海渔民遭受重大损失。该事件于一个月之后才对外披露，H 公司被质疑瞒报，KF 公司被指态度消极，国家被指行政力度不够，渔民索赔艰难，公众呼吁信息公开。整个事件按时间与事件发展划分为四阶段。第一阶段：事故发生公众不知阶段，2011 年 6 月 4 日到 2011 年 6 月 31 日。第二阶段：事态爆发紧急处理阶段，2011 年 7 月 1 日（该日向媒体承认漏油事件，公众得知）到 2011 年 8 月 31 日（该日为国家要求 KF 公司实现彻底排查溢油风险点、彻底封堵溢油源"两个彻底"期限的最后一天）。第三阶段：行政调解和清理阶段，2011 年 9 月 1 日到 2012 年 1 月 25 日（该日农业部发布公告：KF 公司将赔偿 10 亿元）。第四阶段：赔偿分配阶段，2012 年 1 月 26 日到 2012 年 4 月 28 日（生态索赔案成功）。

6.4.2　四个阶段的利益相关者作用与企业的响应

1. 第一阶段：事故发生公众不知阶段

第一阶段共有四类利益相关者（国家政府、媒体、公众、社会人士）对 H 公司和 KF 公司的漏油有反应，但是只有 KF 公司回应，并且对政府披露的信息回应并不完全（表 6-1）。其他利益相关者的举措均未得到回应或者媒体尚未报导。渔民、地方政府、环保组织由于信息封闭不知情况无法采取举措。在此阶段，因信息相对封闭，KF 公司和 H 公司受到的社会压力较小，均未对外披露具体的环境信息。

表 6-1　第一阶段利益相关者的作用及引起的回应

利益相关者	作用对象	利益相关者的作为	企业的回应
国家政府	H 公司	发现 C 平台及附近海域发现大量溢油	回应延迟至第二阶段
		约见公司领导，要求措施切断 B、C 平台溢油源，尽快查找溢油原因，全力控制海洋溢油	回应延迟至第二阶段
	KF 公司	发现 C 平台及附近海域发现大量溢油	称尚不掌握具体情况。报告 C 平台漏油，停止所有平台作业
		约见 KF 公司总裁要求其采取措施切断 B、C 平台溢油源，尽快查找溢油原因，全力控制海洋溢油。国家海洋局介入调查	
媒体	H 公司	报道漏油事件、质疑漏油事件瞒报	未回应
	KF 公司	报道漏油事件、质疑漏油事件瞒报	未回应
公众	H 公司	极大关注	
	KF 公司	极大关注	
社会人士	H 公司	发帖：渤海漏油	

注：空格处为未有作用或回应，或者有作用与回应，但未对外披露（下同）

2. 第二阶段：事态爆发紧急处理阶段

第二阶段利益相关者的数量增加为 7 个，地方政府、环保组织、渔民也产生了相应的作用（表 6-2），而且随着事态的发展，利益相关者对企业的压力也逐渐增强。国家政府在第二阶段对 KF 公司产生强有力的影响，但 KF 公司的回应却被国家政府认定为消极应对。国家政府的举措虽有法律强制力的保障，但作用效果却未达预期。而占 51% 股权的 H 公司却并未被国家政府追究责任，引起公众、社会人士和环保组织的质疑，其中环保组织发表公开信函要求 H 公司也要承担责任，但对此 H 公司未有回应或者媒体未披露其回应。当地政府虽进行海域油污污染及扇贝苗死亡情况检测，但因缺少必要的设备和检测能力，未能有效帮助渔民减少损失和提出制约 H 或 KF 公司的举措，称未接到上级通知，但担忧污染带来的影响。媒体对漏油事件的追踪报道，向 H 公司、KF 公司和政府针对敏感问题进行采访，虽或有回复或被拒采访，但是在一定程度上促使了信息的公开，对 H 公司、KF 公司、国家政府处理事故造成舆论压力，缓解了公众的焦虑。渔民承受本次事件的直接经济损失，为最弱势的利益方，汇报污染情况、诉讼 H 公司和 KF 公司均未得到积极回应。渔民向当地政府汇报污染情况，当地法院未能提供有效法律援助，而是由社会热心人士提供免费的法律服务。社会人士、环保组织积极为受损渔民要求赔偿，但是均未得到回应，或回应未披露。在此阶段，H 和 KF 公司的环境信息披露均集中在漏油事件的处理进展。

表 6-2　第二阶段利益相关者的作用及引起的回应

利益相关者	作用对象	利益相关者的作为	企业的回应
国家政府	H 公司		协助 KF 公司开展岸线排查和清污； 协助并督促 KF 公司做好蓬莱 19-3 溢油处置相关工作，对事故进行反思，对溢油事件深表歉意； 积极督促、全力协助 KF 公司做好堵漏清污工作
	KF 公司	安排溢油应急响应工作	
		召开新闻发布会，KF 公司为事故责任方	对外通报渤海溢油事故处理情况
		严肃提出 KF 公司溢油原因的排查进展缓慢，要求 KF 公司及时公布溢油相关情况	称 C 平台泄漏已被制止；首度披露事故数据，溢油量达 1500 桶
		开始监测溢油情况	开始进行海底淤泥清理
		责令 KF 公司立即停止蓬莱 19-3 油田 B、C 平台的油气生产作业活动	表示一定遵循国家海洋局作出的所有指示，停止了 B、C 平台生产
		下发通知，责成 KF 公司限期彻底排查溢油风险点、彻底封堵溢油源、加快溢油污染处置	仍在清理油污，未按期完成； 提交环境评估报告
		要求 KF 公司拿出排查方案和时间进程表，公布事故处置措施，接受社会和监管部门监督	行动迟缓
		对 KF 公司未按期完成蓬莱 19-3 油田油污清理作业提出批评，要求 KF 公司于 8 月 7 日前完成海底油污清理工作，8 月 10 日提交清理回收效果的评估报告	召开新闻发布会，表示对渤海溢油事件；承担相应的责任，强调 B 平台海底溢油；点已被彻底封堵，C 平台无新溢油点

续表

利益相关者	作用对象	利益相关者的作为	企业的回应
国家政府	KF 公司	指出 KF 公司采取的临时性措施，未兑现"确保海上溢油不登陆、确保不影响环境敏感区"承诺，要给社会公众和政府一个合理的解释。要求溢油风险排查的结论、溢油源封堵方案和封堵效果要有第三方专业机构的评估报告或鉴定意见	又发现 2 个溢油点，并承认之前未尽力排查风险点，未道歉；否认 9 处新渗漏点；承认在 C 平台北侧共发现 10 处渗漏点
		责成 KF 公司"彻底查清海底油污渗漏原因，彻底切断海底渗漏源"	承诺做好渤海湾安全、环保和清理工作，向公众道歉
地方政府	H 公司	担忧污染带来的影响	
	KF 公司	担忧污染带来的影响	
媒体	H 公司	采访 H 公司	承认发生过事故，但渗漏点已得到控制，事故并不严重，称事件及时上报监管当局；作为非作业者，积极采取措施，配合 KF 公司处理该事件
		呼吁信息公开	
		H 公司所开发的油田曾发生漏油事件	否认隐瞒多起漏油事件
		向 H 公司讯问平台现状如何	未做回答
	KF 公司	采访 KF 公司，询问事故原因、污染情况以及赔偿情况	通报了事故处理情况，正在对事故损失进行评估，但具体赔偿事项未正面回复
		采访有关赔偿问题	正在做数据分析，未回答
		采访新漏油点和瞒报问题	对新漏油点不予回答，否认瞒报
公众	HKF 公司	担心所食海产品受污染。质疑 KF 公司推卸责任	
渔民	H 公司和 KF 公司	将情况反映给了乡政府	
		怀疑鱼类死亡与漏油事件有关	
		状告 H 和 KF 公司	KF 公司称未收到赔偿要求
环保组织	H 公司和 KF 公司	向 H 和 KF 公司发公开信，要求其尽快向公众公布事故详情以及油污清理情况，并就环境污染和瞒报事故的行为向公众道歉	
		致函 H 和 KF 公司，要求组织公益考察，亲眼证实清污的真实情况	未回复
		再次发出公开信，呼吁信息公开和生态索赔	
社会人士	H 公司和 KF 公司	呼吁信息公开化，瞒报会造成严重后果	否认瞒报
		要承担责任	
		溢油将长期影响渤海湾，要求 H 公司和 KF 公司设立 100 亿元的赔偿基金，进行生态赔偿和恢复	

与第一阶段相比较，该阶段的压力群体多了地方政府、渔民与环保组织，政府关注的利益诉求一直都是污染处理工作，环保组织、社会人士、媒体逐渐将利益诉求从质疑瞒报转移到污染处理、责任承担方面，渔民关注的利益诉求为海产品状况。地方政府的利益诉求是担忧污染对当地经济带来的影响。

3. 第三阶段：行政调解和清理阶段

与前一阶段相比，第三阶段地方政府退出了压力群体。国家政府的利益诉求逐渐转移到生态索赔方面，对 KF 公司的赔偿通过行政调解机制进行，并且勒令KF 公司全面停产，KF 公司在此阶段对政府回应较快，立即设立基金，及时发布油田应急处理的最新信息、承认油污未清理完全，可见停产和索赔的行政措施很有成效。在此阶段，公众、渔民、社会人士已经逐渐将关注的重点转移到责任承担和损失索赔，KF 公司和 H 公司对赔偿问题或回避或未被媒体披露。利益冲突点集中于公益维权诉讼困难，以致专家和律师考虑赴美诉讼的可行性。取证困难，巨额的污染与损失评估费用，历时数年的诉讼期，对于弱势并且需要接受社会人士免费法律服务的渔民，更是举步维艰。因此渔民较难通过司法途径对 KF 和 H公司施加压力。环保组织和社会人士的质疑得到 KF 公司的部分回应，未得到 H公司的回应或未披露。H 公司随后设立基金的举措一定程度上缓解了公众的舆论压力。地方政府在此阶段未见报道有相关举措。第三阶段环境信息的披露程度较低，H 公司只对外披露了清污工作情况，KF 公司只对外披露了没有证据证实漏油对环境产生影响。具体表现如表 6-3 所示。

表 6-3　第三阶段利益相关者的作用及引起的回应

利益相关者	作用对象	利益相关者的作为	企业的回应
国家政府	H 公司	要求继续督促和协助 KF 公司落实各项措施	协助 KF 公司启动环境监测计划 官方网站开辟专栏披露相关信息 对 KF 公司的泄压方案和封堵方案进行了批复，方案将逐步实施
	KF 公司	组建"中国律师团"起诉 KF 公司，将对生态造成的影响与损害追索赔偿	设立渤海湾基金，将"为蓬莱油田事件造成的任何损害，提供公平合理的赔偿"
		责令蓬莱 19-3 油田停止回注、钻井、油气作业；责令 KF 公司采取有力措施，继续排查溢油风险点、封堵溢油源，及时清除溢油事故油污	发消息称将坚决执行国家海洋局的决定，停止蓬莱 19-3 油田生产作业
		要求 KF 公司重新修编海洋环境影响报告书和油田总体开发方案	承认油污未清理完

续表

利益相关者	作用对象	利益相关者的作为	企业的回应
国家政府	KF 公司	要求落实溢油处置工作，在冬季来临之前尽快实现溢油源彻底封堵，并且及时发布信息	在其官方网站发布了蓬莱19-3 油田应急处理的最新进展
		公布调查结论，KF 公司违反总体开发方案，属于重大海洋溢油污染责任事故	表示尊重联合调查组的工作及职责
		行政调解结果KF 公司赔偿 10 亿元人民币	
媒体	H 公司	采访 H 公司为何不予回应	以 KF 公司是作业方为由，认为自己为一个督促履行者的身份
		报道渤海仍有油污，仍有油花溢出	清污工作已近尾声
		指出 H 公司共享利益却未担责任	指 KF 公司是作业方；将设海洋环保公益基金
		事故处理现场采访对漏油是否已经彻底封堵及清污工作进展	基本达到国家要求海底未再发现新的油污渗漏点
	KF 公司	报道渤海仍有油污，仍有油花溢出	称海况原因未进行海底清污工作
		KF 公司与海洋局事故监测通报相矛盾，并且对于民众普遍关心的赔偿问题，一直不予表态	召开媒体见面会，再次承诺赔偿，第一次公布两项基金信息，具体金额未披露
		事故处理现场采访漏油是否已经彻底封堵及清污工作进展	表示正在加紧溢油源彻底封堵，否则冬季渤海的天气会给封堵带来很大难度
		生态赔偿未见启动	避而不谈
		询问 KF 公司参与溢油事故环境评估的机构名单（包括 ALS、CSA、美国应用科学咨询公司和纽飞尔公司等）为何没有国内机构	邀请了中国专家参与环评工作，但签订了保密协议
公众	H 公司	关注索赔	将设海洋环保公益基金
	KF 公司	关注索赔	
		质疑 KF 公司是否赔偿，环评体制有缺陷，赔偿无诚意	
		质疑 KF 公司只道歉没有实际行动	
渔民	H 公司	29 名渔民起诉 H 和 KF 公司索赔超过 2.3 亿元	收到天津海事法院通知，表示依法应诉
	KF 公司	烟台受到损失的养殖户起诉 KF 公司，要求赔偿 2000 万元；河北乐亭的 107 户渔民起诉，要求赔偿经济损失 4.9 亿元	称基本没有证据显示溢油事故对环境造成影响，之后否认
		29 名渔民起诉 H 和 KF 公司索赔超过 2.3 亿元	已收到天津海事法院通知，表示建立渤海湾赔偿基金作为诉讼替代方案
环保组织	H 公司	作为监管主体以及作业参与者，应该承担责任	对外称公司并不是作业者
	KF 公司	要公开有关海洋环保基金和赔偿基金的信息	回函环保组织表示近期将公布有关基金的详细信息
		质疑国外机构能否对渤海漏油事故作出客观定论	

4. 第四阶段：赔偿分配阶段

第四阶段国家生态索赔案最终成功，H 公司和 KF 公司赔付了相应的罚款，国家政府与 H 公司和 KF 公司的利益冲突基本解决。但渔民与 KF 公司、H 公司、政府部门在赔付阶段的利益冲突激化，赔偿款或未有，或不够弥补损失。对此 KF 公司以"尊重农业部的决定"或"咨询农业部"为回应，H 公司和政府部门均未公开回应，或采取安抚措施，只有环保组织和社会人士发表言论为渔民争取利益。渔民作为社会弱势群体，其利益需求和矛盾冲突只有通过司法和媒体方式，且两种方式都遇到困难和阻碍，实现途径相对单一，社会人士提供言论支持或法律服务，对企业形成不了足够的压力。H 公司设置基金和高管放弃酬金行为，缓解了媒体和社会舆论的压力。企业环境披露制度和企业社会责任因此次事件得到关注和重视。在此阶段，H 公司和 KF 公司除涉及赔偿问题外，未有其他环境信息披露。

与第三阶段相比，第四阶段利益相关者群体未有变动，然而利益诉求再次不同。渔民、媒体、环保组织、社会人士的关注点，由损失赔偿迁移到赔偿分配的公开度和赔偿是否足够的问题，具体表现如表 6-4 所示。

表 6-4 第四阶段利益相关者的作用及引起的回应

利益相关者	作用对象	利益相关者的作为	企业的回应
国家政府	H 公司	国家生态索赔	H 公司出资 4.8 亿元承担保护渤海环境的社会责任
	KF 公司	对蓬莱 19-3 油田溢油事故责任人 KF 石油中国有限公司依法作出 20 万元的行政处罚，表示为法律规定的最高限额	
		国家生态索赔	KF 公司出资 10.9 亿元人民币，赔偿本次溢油事故对海洋生态造成的损失，出资 1.13 亿元人民币承担保护渤海环境的社会责任
媒体	H 公司	关注	"H 公司海洋环境与生态保护公益基金会"已注册申请，并捐助 5 亿元人民币作为首期资金；与 KF 公司共同提供 3 亿元用于秦皇岛市渔民补偿和海洋生态环境修复；所有执行董事自愿放弃其 2011 年的薪金、津贴、福利及绩效奖金。另有三名非执行独立董事也放弃董事酬金
	KF 公司	发出采访函	对采访函中提到的"10 亿元是否针对所有受损失的渔民"、"渔民的损失如何核算"、"是否还有后续追加资金"等问题避而不谈，只是回复咨询农业部

续表

利益相关者	作用对象	利益相关者的作为	企业的回应
公众	KF公司	关注	和H公司提供3亿元用于秦皇岛市渔民补偿和海洋生态环境修复
渔民	H公司	山东204户养殖户举行了向KF公司索赔新闻发布会，索赔金额共6.06亿元人民币	
	KF公司	认为10亿元太少	渔民有权继续通过法律途径索赔
环保组织	H公司	作为上市公司，H公司有信息披露义务	已向有关部门报告过，不存在故意隐瞒，而且公司不是作业者，H公司只是配合作业者来处理
	KF公司	渔民应该得到赔偿但10亿元不够	尊重由农业部提出的这一赔偿方案，渔民有权继续通过法律途径索赔
社会人士	H公司	央企应形成高管薪酬与安全责任挂钩的制度规范	
	KF公司	可能会一切交由农业部处理，索赔难度大幅增加	
		应保持赔偿金的公开透明	

6.5　案　例　讨　论

通过H公司漏油事件的案例研究，分析四个阶段利益相关者的作用过程，可以建立驱动机制与企业的压力响应。下面基于利益相关者理论，讨论中国情境下的核心利益相关者，利益相关者的利益诉求与作用方式，并根据事件的四个阶段和演化过程探讨环境信息披露中利益相关者作用的一般规律。

6.5.1　中国情境下的核心利益相关者

在先前的理论研究中，国外的文献表明企业的利益相关者数量众多（Freeman，1984，2007；Charkham，1992；Darnall et al.，2010；Huang and Kung，2010），但中国情境下的起作用的核心利益相关者为数不多。与 Freeman（1984）提出三类利益相关者（所有权、经济依赖性和社会利益）对比，在本次事件中，所有权的利益相关者（经理人员、董事和其他持有企业股份的投资者）和在经济上有依赖关系的利益相关者（经理、员工、消费者、供应商、债权人、竞争者、地方社区、管理机构）对企业环境信息披露影响微弱，当然，地方社区（主要是渔民）受到经济上损失要求企业赔偿不包括在内，而社会利益上有关系的利益相关者，如政府管理者、环保团体和媒体影响显著。

社会人士（知名学者、业内人士、律师）的社会舆论也起到重要的作用。根据 Charwham（1992）的研究，本案例中契约型利益相关者（股东、员工、顾客、分销商、供应商、贷款人）几乎没有作用力，主要是公众型的利益相关者（监管者、政府部门、压力集团、媒体、当地社区）起作用。对比 Darnall 等（2010）的环境战略中的利益相关者，其直接利益相关者（日常消费者、商业采购者、供应商、管理者、一般员工）对企业环境信息披露作用很小，而间接利益相关者（环保团体、社区、政府环境部门等）作用很大。本事件中涉及的利益相关者按 Huang 和 Kung（2010）的分类主要来自外部。因此，总结这次典型的环境事件，并与国外先前的理论研究相比较，发现在当前中国的情境下，核心的利益相关者主要是外部的、间接的、社会的利益相关者，具体有政府部门、媒体、环保组织、当地社区、公众。

6.5.2　利益相关者的利益诉求与作用方式

透视本案例，研究发现在上述概括的核心利益相关者中，政府具有最重要且突出的作用，可以通过强制的行政与法律手段，迫使环境违法企业停产、关闭和罚款。在此次事件中政府责令 KF 公司漏油平台停产，责成其彻底封堵溢油源，并向社会公布事故处理信息，以及行政处罚和国家生态索赔，同时要求 H 公司督促 KF 公司落实封堵方案，承担保护渤海环境的社会责任。这直接推动了企业的事故处置。对于政府这一核心利益相关者，其利益要求是企业安全生产、遵守法规，保持社会稳定。因此政府关注企业：①漏油环境事故的应急措施；②事故处理的目标和成效；③溢油的数量、范围、去向和影响；④事故处置的投入、技术、环保设施的运行；⑤生态赔偿、环保基金或与企业环境责任协议的签订。

媒体作用具有特殊性，通过报纸、期刊、网络、电视等媒介传播的方式，对漏油事件造成的原因、破坏、处理措施，政府的政策，渔民的控诉与维权索赔的艰难，环保组织的公开要求，社会人士的访谈与评论，以及公众的质疑与担忧，全面持续报道并展现了各个利益相关者的诉求与博弈，对政府与 H 公司和 KF 公司都形成强大的舆论压力，并使政府对涉事企业的环保压力进一步增强。但媒体追求新闻效应，往往关注重大的事件，随着国家生态索赔的成功，其环境事件的社会效应降低，报导数量迅速下降，事态趋于平复，并淡出公众视野，企业的公众压力随之减弱。

环保组织的利益诉求是保护自然环境，倡议企业绿色、可持续发展。其实现途径有：①依靠政府行政部门；②积极与企业沟通；③依靠法律维权；④联合媒体。国外学者的研究表明环保组织是除政府以外的环境监察的重要社会组织（Cho and Patten，2007；Deegan and Gordon，1996），环保组织在此次漏油事件中，要求公益考察、提起公益诉讼、主张生态赔偿、要求信息公开，以其特有的专业性发挥了积极的作用。

公众的环境利益诉求是企业生产环境友好型产品、污染排放不能影响公众的健康，生态环境得到保护，人与自然和谐共处。公众主要涉及的群体有社会知名人士、业内专家、律师、大量的网民，他们对于环境事件，主要通过：①传统媒体或互联网；②向政府反映，形成公共舆论。当漏油事故出现，公众就表现出极大的关注，在随后事件中，不断地质疑 KF 公司瞒报与处置不力，要求 H 公司也应承担责任，对国家海洋保护法规、信息披露制度和环评体制进行讨论与批评，指责企业社会责任淡薄，强烈关注和声援渔民索赔。这些公众舆论在中国建设和谐社会的背景下，具有重要影响力。

当地社区作为一个利益相关者，虽然其中涉及的利益个体众多（在此次事件中主要是当地渔民），但是处于弱势地位。其环境利益诉求是避免污染影响健康、经济遭受损失、公共生态（如土地、水、空气）受到影响。其关注集中于污染物的种类、数量、浓度和去向，以及处置情况。实现途径为通过媒体扩大消息面、法律维权、集体上访或形成群体性事件。此次事件中渔民损失惨重，先向地方政府反映，向媒体抱怨，表达不满，希望有个负责任的交代，在投诉未果的情况下，个别渔民决定起诉 H 和 KF 公司，在社会人士与公益团体的帮助下，后期多次出现上百户的渔民集体起诉，但由于取证困难，一度陷入僵局，最后由农业部处理，将赔偿资金发放到愿意调解的渔民手中。

6.5.3　四个阶段中利益相关者作用的迁移与企业响应

第一阶段：事故发生公众不知阶段。利益相关者的作用表现为政府知悉、媒体质疑模式。在环境危机的孕育阶段，政府环境部门作为日常环境监察者，率先得知环境事件的消息，并作出事件处理的初步决定，如要求 H 和 KF 公司切断溢油源、尽快查找溢油原因。媒体报道并质疑企业瞒报。在这一阶段，事件尚未进入公众视野。企业面临的公共压力较小，所以企业采用了向公众沉默或封闭消息的方式，试图使事件平复在孕育阶段。

第二阶段：事态爆发紧急处理阶段。利益相关者的作用表现为政府强力、其他合力驱动模式。在环境危机的震荡时期，利益相关者的数量得到了增加，地方政府、环保组织、渔民。政府对企业的压力进一步增强，确定责任方、启动应急响应、责令企业采取一系列的措施。媒体通过采访，质疑，以及公众的舆论，形成了强大的社会压力。环保组织通过专业知识向企业要求信息公开，并有深度地剖析事件，与媒体、公众一起形成综合驱动力，促使政府对企业采用强力措施，也促使企业积极处理事故。这一阶段，企业表示正在处理事故，通过掩盖、承认、致歉、承诺等过程，对外部利益相关者作出响应。这一阶段企业环境信息披露基本是被动的响应。

第三阶段：行政调解和清理阶段。利益相关者的作用表现为持续压力、明确利益诉求模式。在环境危机的调整与适应时期，利益相关者的利益诉求发生迁移，关注的重点迁移到责任承担和损失赔偿。政府要求企业进一步排查风险点，清除溢油油污，公开调查结论，生态索赔。媒体质疑海域仍有油污、如何赔偿。公众关心是否赔偿及其金额。渔民起诉索赔。环境组织质疑环评机构缺陷，以及赔偿问题。这一阶段企业的响应为执行政府部门的决定、设立基金、成立环评机构，但是对利益相关者关注的赔偿问题响应不是很具体明确，受到公众、媒体和环保组织的质疑。

第四阶段：赔偿分配阶段。利益相关者的表现为政府主导、经济利益相关者索赔模式。在环境危机的结束期，渔民与环保组织关注赔偿是否足够以及能否落实，媒体与公众关注赔偿执行是否公开透明。在外部的压力下，由政府主导，企业作出罚款、成立公益基金、生态赔偿，承担相应海域环境的社会责任、高管自愿放弃年薪等相应措施，使危机得以解决。

综观四个阶段核心利益相关者的作用形式，可以形成利益相关者的驱动机制与企业的响应，具体利益流向与压力反馈见图 6-2。

6.6　讨论与结论

本章以中国 H 石油公司渤海漏油事件作为案例，研究企业环境信息披露中企业利益相关者如何作用于企业，以及企业的响应。研究丰富了利益相关者理论在中国环境披露实践中的应用，具体学术贡献表现在：第一，通过梳理先前学者对利益相关者的概括与分类，探讨了在中国管理情境下的企业环境责任的核心利益相关者；第二，通过 H 公司漏油事件，研究表明利益相关者具有不同的利益诉求，作用力强弱具有明显的差异与次序；第三，整个事件的演进具有典型的公共危机事件的四个阶段特征，而利益相关者的利益诉求与作用力会随着环境事件四个阶

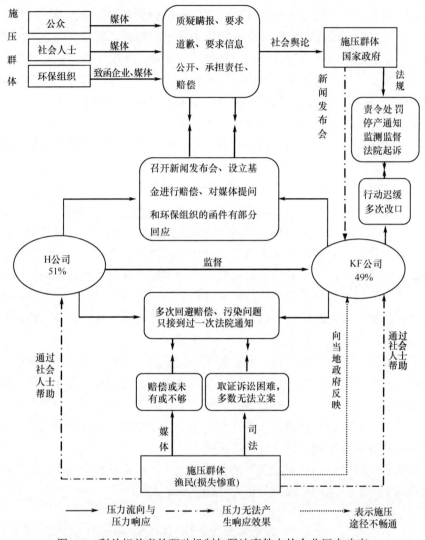

图 6-2　利益相关者的驱动机制与漏油事件中的企业压力响应

注："51%"表示 H 公司拥有油气田 51%的权益；"49%"表示 KF 公司拥有油气田 49%的权益

段的演变而发生迁移；第四，众多利益相关者驱动企业披露环境信息，有直接的作用力（如行政手段与法规）和间接的作用力（如社会舆论），相互交织成复杂但具有典型性的驱动力。对企业环境信息披露中的利益相关者研究表明，在中国的管理情境下，众多的利益相关者不是许多实证研究，如 Neu 等（1998）、Liu 和 Anbumozhi（2009）以及 Huang 和 Kung（2010）等中所表现的单一、同质的作用过程，也不是随机的、异质的作用组合，而是具有特定利益相关者相互作用的动态的过程。

本章通过探讨利益相关者的利益需求、实现途径和企业的披露响应，发现了企业的环境响应和中国环境信息披露制度中存在的诸多典型的问题，对于管理实践与政策制定具有重要的启示价值。

对于企业而言，研究发现企业之所以在环境事件中不主动披露信息，其原因可以概括为几个方面。

第一，担忧公布敏感信息，易遭受社会批评，是阻碍企业进行环境信息披露的重要原因。H 公司在事件发生一个月后向媒体承认发生过事故，称渗漏点已得到控制，事故并不严重，已基本清理完毕，泄漏范围只涉及 200 平方米左右，但媒体报道漏油事件已致 840 平方千米海域水质被污染。随后，环保组织要求其公开事故详情并向公众道歉，公众人士要求其承担责任。关于溢油的详情及存在的隐患，随着事件的敏感信息逐渐被公众所了解，行政压力和社会舆论压力越来越强，KF 公司才承认当时只采取临时性措施，向公众道歉，并承诺海湾清污和生态赔偿。

第二，环境信息提供者与环境信息使用者之间确实存在着认知落差。H 公司认为在对外公布前已向有关部门报告过，因此不存在故意隐瞒，而且公司并不是作业者，事件的大小和严重程度是由作业者来判断的，H 公司只是配合作业者来处理。而公众与环保组织认为作为监管主体以及作业参与者，H 公司应该承担责任，而且作为上市公司，H 公司本身有信息披露义务，即使对于非上市公司，也应当落实企业的环境信息公开义务。

第三，长期低程度披露重要信息或隐匿负面信息的思维惯性。漏油事故实际发生在 2011 年 6 月 4 日，但负责油田开采的公司在事故发生的近一个月内都没有向外界及时发布消息。渔业部门称这不是首次发生溢油事故，油污引起大量渔民投诉。

第四，利益相关者因其利益实现途径无有力保障而无法对企业施予应有的压力强度，造成企业对环境披露的怠慢、回避或隐瞒。按国家规定，事故发生后要第一时间向相关部门通报，对于公众的知情权，国内还没有相应的规定和要求，因此对企业的压力强度较小。企业对于环保组织的公开信、媒体的采访、渔民的索赔并没有表现出积极的应对姿态。公益组织与社会团体提请的公益诉讼，常被各种理由驳回。这些利益相关者的综合压力，是随着漏油事态的进一步严重，主要以舆论的形式通过政府将压力传导到企业。

第五，立法上对披露需求的强制性与惩罚程度偏低，导致不披露的成本低于收益。2008 年 5 月 1 日实行的《环境信息公开办法（试行）》第二十八条规定："不公布或者未按规定要求公布污染物排放情况的，由县级以上地方人民政府环保部门依据《中华人民共和国清洁生产促进法》的规定，处十万元以下罚款，并代为公布。"2008 年 5 月 14 日上海证券交易所公布的《上市公司环境信息披露指引》上，第八条"对不能按规定要求，及时、准确、完整地披露相关环境信息的，本所将视其情节轻重，对公司及相关责任人员采取必要的惩戒措施"。可见不披露的成本非常低。在此漏油事件中，没有看到企业与相关人员因迟报、瞒报受到处罚的报道。

第六，一些企业还未能真正认识到履行社会责任的重要性。企业有时回避媒体的采访、清污行动的迟缓以及在漏油控制和赔偿问题的信息披露上避重就轻，一定程度上反映了企业对公众利益的漠视。

然而随着我国法规的完善、公众环境意识的增强、环保组织的日趋成熟，企业面临着更大的现实性或潜在的合法性的威胁。因此企业通过披露环境信息，以支持社会的形象出现可以保护企业自身利益、维持并合法化其与社会的关系（Guthrie and Parker，1990；Williams，1999），避免可能的监管处罚（Zeng et al.，2010），并能显示其良好的公众形象和潜在绩效（Clarkson et al.，2008）。外部利益相关者施加的压力只是客观因素起促进作用，而主观因素为企业自身提高危机公关意识，及时公开信息，主动接受外界的监督，积极披露环境信息缓和利益冲突。

本章研究对于完善我国的企业环境披露制度与保障利益相关者权益亦有重要启示。

其一，强制性环境信息披露。据《中华人民共和国海洋环境保护法》，海上溢油事故破坏环境的最高行政罚款为 20 万元，违法的成本偏低，导致企业消极回应国家政府的行政处罚。上市公司环境信息披露指引已要求上市公司发生突发环境事件的，应于 1 天内发布临时环境报告，并报告时间、地点、主要污染物质和数量、影响和人员伤害、应急处理措施等内容，但是未有相关处罚力度的规定，主要依靠企业的自觉执行。国家应尽快对企业环境披露的内容、时间和形式作强制性的法律规定，加大对压制舆论、保持沉默、消极应对行为的法律处罚力度。

其二，培育并扶持环保组织。鉴于环保组织的积极作用，但其利益需求实现途径单一且得不到法律保障，国家应在环保监测设备和技术上提供帮助，并赋予一定的权力，培育并保障其职能的发挥。

其三，立法保障公众知情权。该事件中公众、社会人士、环保组织、媒体都有对信息公开的呼吁。H 公司、KF 公司面对媒体的采访——公民实现知情权的重要途径，并非每次都给予回应。召开媒体见面会或接受媒体采访或回答哪一部分问题，均由公司或行政机关自行决定，公民知情权实际上依赖于其对外披露信息的自觉性。公民知情权的实现最重要的是要保障其实现途径有法可依，司法严明、公开、公正，法律对有悖于该权利义务行为应有明确的惩处细文。

其四，保护受损弱势群体。《中华人民共和国民事诉讼法修正案（草案）》中首次增加规定："对污染环境、侵害众多消费者合法权益等损害社会公共利益的行为，有关机关和社会团体可以向人民法院提起公益诉讼。"在本次事件中受害渔民或因不符合原告身份，或因核查身份，而迟迟未立案，即使成功立案，也陷入取证艰难而面临司法维权的困境。因此国家可考虑推进环境公益诉讼制度（刘家沂，2011；李义松，2011），放低公益诉讼的门槛，使司法途径成为受损群体维权的有效便捷途径，这样才能迫使污染性企业将社会责任意识落实到前期预防，并且一旦出现环境事故立即采取紧急措施减少环境污染和损失。

采用 H 公司渤海湾漏油这一环境事件，研究利益相关者的作用机制。由于单案例研究是适于探索研究、典型的定性研究方法，对于单案例研究常见的问题是其普适性或外部有效性存在一定的局限性（Tan et al.，2009；Walsham，2006）。然而研究仍然具有一定的普遍性，本次案例研究的情境与结果绝非限于本案例所示，而且研究的分析过程涉及理论视角、历史文献、案例资料、阶段模式。因此，采用了先前学者 Yin（2003）、Woodside（2010）提出的"分析的概化"（analytic generalization）原则，尽管如此，对于该研究的统计性实证或运用若干其他案例的支持仍是未来研究的一个方向，以便形成环境信息管理视域中在中国管理情境下的利益相关者驱动力的一般理论。

下　篇
企业环境违法事件的市场效应

第7章　下　篇　导　论

2009 年 8 月，湖南武冈县文坪镇、司马冲镇因工厂污染，导致上千儿童血铅超标；2011 年，中国工程院与中国环保部联合发布中国环境宏观战略研究报告指出，全国近一半的城镇饮用水水源地水质不符合标准，1.9 亿人的饮用水中有害物质含量超标；国家环保部在 2013 年 2 月发表官方文件承认中国存在"癌症村"，据非官方数据资料的统计，中国大陆的癌症村约有 459 个，且有逐渐向中西部扩散的趋势；由亚洲开发银行发布的《中国环境分析》报告称世界上污染最严重的 10 个城市有 7 个在中国，全国 500 个城市中，空气质量达到世卫组织推荐标准的不足 5 个。环境问题给社会生活和经济发展造成了极大的危害，已经成为制约社会经济发展的瓶颈。企业污染排放是环境恶化最主要的原因，尤其是近年来企业环境违法事件频繁发生（如表 7-1 所示），给自然生态环境造成了巨大损害，对人民群众生命财产安全产生了直接的威胁。

表 7-1　近年来企业重大环境事件

肇事方	时间	事件描述	处罚措施
四川化工股份有限公司	2004.2	第二化肥厂将大量高浓度氨氮废水排入沱江支流的毗河，导致沱江江水严重污染，氨氮超标达 50 倍。污染发生后，50 万千克网箱鱼死亡，直接经济损失 3 亿元左右	受到 100 万元经济处罚，被征收超标排污费 405 万元，并对受害人进行 1179.8 万元赔偿
重庆华强化肥有限公司	2005.1	因取水点被上游重庆华强化肥有限公司排放的废水所污染，导致水厂停止供水，重庆綦江古南街道桥河片区近 3 万居民断水两天	
中石油吉林石化公司	2005.11	双苯厂苯胺车间发生爆炸事故，造成 5 人死亡、1 人失踪，近 70 人受伤。爆炸发生后，约 100 吨苯、苯胺和硝基苯等有机污染物流入松花江，导致江水严重污染，沿岸数百万居民的生活受到影响，吉林省松原市、黑龙江省哈尔滨市先后停水多日	国家环保总局对该公司处以 100 万元的罚款，并对相关责任人员给予党纪、行政处分
四川泸州川南电厂工程施工单位	2006.11	在污水设施尚未建成的情况下，开始燃油系统安装调试，造成柴油泄漏混入冷却水管道并排入长江。进入长江的柴油达 16.945 吨。这起事故导致泸州市城区停水，并进入重庆境内形成跨界污染。国家环保总局认定这是一起重大环境污染事件	被处 20 万元罚款，公司相关责任人被分别处以扣减奖金、撤销职务等处罚

续表

肇事方	时间	事件描述	处罚措施
盐城市标新化工厂	2009.2	该厂为减少治污成本，趁大雨天偷排了 30 吨化工废水，最终污染了水源地。江苏盐城市大面积断水近 67 小时，20 万市民生活受到影响，占该市市区人口的五分之二	该厂两名负责人因"投放危险物质罪"分别被判处 10 年和 6 年有期徒刑
山东沂南县亿鑫化工有限公司	2009.4	在未获批相关手续的情况下，非法生产阿散酸，并将生产过程中产生的大量含砷有毒废水存放在一处蓄意隐藏的污水池中。趁当地降雨，该公司用水泵将含砷量超标 2.7254 万倍的废水排放到涑河中，造成水体严重污染	三名涉案负责人被分别判刑，并被判赔偿 3714 万元的经济损失
海久电池股份有限公司、三威电池有限公司等	2009、2010	多地曝出的血铅超标事件	公司停产整顿
中石油	2010.7	大连油港的一条输油管道发生了爆炸漏油事故，泄漏的 1500 吨油入海，造成 430 余平方千米海面污染的重大损失，引起了广泛的关注	
福建省紫金矿业集团有限公司	2010.7	铜矿湿法厂发生铜酸水渗漏事故，9100 立方米的污水流入汀江，导致汀江部分河段污染及超过 378 万斤鱼死亡，直接经济损失达 3187.71 万元人民币，但紫金矿业却将这起污染事故隐瞒 9 天才公告，并因应急处置不力，导致 7 月 16 日再次发生污水渗透	福建省环保局对紫金矿业作出 956.313 万元的处罚决定
中海油与康菲石油合作的蓬莱油田	2011.6	中海油与康菲石油合作的蓬莱 19-3 油田发生漏油事故，造成渤海 6200 平方千米海水受污染，大约相当于渤海面积的 7%，所波及地区的生态环境遭严重破坏，河北、辽宁两地大批渔民和养殖户损失惨重。事故发生后，中海油和康菲公司信息披露不全，推诿卸责处置不力	国家海洋局宣布，康菲公司和中海油将支付总计 16.83 亿元的赔偿款
哈药总厂	2011.6	中央电视台曝光哈药集团制药总厂长期违规排污：工厂周边废气排放严重超标；部分污水处理设施因检修没有完全启动，污水直排入河流，导致河水变色；大量废渣不分地点简单焚烧，或者直接倾倒在河沟边上	黑龙江省环保厅对哈药集团处以 123 万元罚款
广西金河矿业股份有限公司、河池市金城江区鸿泉立德粉材料厂	2012.1	因违法排放工业污水，广西龙江河突发严重镉污染，水中的镉含量约 20 吨，污染河段长约三百千米，引发举国关注的"柳州保卫战"。这起污染事件对龙江河沿岸众多渔民和柳州三百多万市民的生活造成严重影响。龙江河宜州拉浪至三岔段共有 133 万尾鱼苗、4 万千克成鱼死亡，柳州市出现市民抢购矿泉水情况	肇事企业的 10 名责任人因涉嫌污染环境罪被逮捕
韩国籍"格洛里亚"号货轮	2012.2	江苏镇江市自来水出现异味，镇江自来水公司最初的解释是"加大了自来水中氯气的投放量"，但其后两天，镇江发生了抢购饮用水风波。2 月 7 日，镇江市政府承认水源受到苯酚污染是造成异味的主要原因。相关部门调查发现，曾停靠镇江的韩国籍"格洛里亚"号货轮有排放污染源的重大嫌疑	

续表

肇事方	时间	事件描述	处罚措施
中石油	2013.6	中石油长庆油田号5-15-27AH苏气井污水直接排入额日克淖尔湖，导致当地数百牲畜暴死	中石油川庆钻探工程有限公司被处以5万元罚款，并扶助湖周边的15户牧民，扶助款共58万元
江苏如皋市一家化工厂	2014.4	江苏如皋市一家化工厂发生爆炸事故。爆炸致5人死亡、9人受伤，仍有3人下落不明	

注：此表根据相关媒体报道整理，"处罚措施"栏中部分空缺是因为在媒体报道中没有检索到相关内容

企业环境违法事件一方面反映了企业环境管理能力羸弱，环境治理技术落后，更重要的是暴露了企业环境保护意识淡薄，甚至无视政府环境规制，无视社会环保呼声，对于潜在环境违法成本的认识欠缺。国际上主流的研究表明，追求良好环境绩效能促进资源有效利用，为企业赢得良好的声誉和竞争优势，节省融资成本，有助于与利益相关者建立良好关系，从而有助于企业长期经济绩效的提升（Nakao et al.，2007；Russo and Fouts，1997）。采取抵触、消极被动的环境策略，减少环境投资，虽然在短期内为企业运营节省有限的流动资金、降低生产成本、增加利润，然而这种消极的环境战略将伴随着环境风险的上升，使得企业合法性受到威胁，未来由于环境问题遭受罚款，甚至关停的风险增大，不仅如此，还面临着融资成本增加、企业声誉受损等一系列后果。

由此可见，短期效益的追求与环境违法成本之间的权衡是企业环境战略决策的出发点。另外，随着环境问题的突出，如何改善环境质量，摒弃传统的高碳、高污染经济发展模式向可持续发展模式转型，探索出一条绿色发展道路，是摆在政府面前一项迫在眉睫的任务。创新经济学认为，企业环境技术创新和管理创新是改善环境质量和保持经济增长、转变发展方式的核心驱动力（Porter and Van der Linde，1995；杨发明和许庆瑞，1998）。可见，通过有效的政策措施推动企业的环境投入，是实现可持续发展的主要途径。因此，厘清企业环境违法行为给企业带来的影响与损失，及其产生机制与主要影响要素，对于消极环境战略所蕴含风险的系统认识具有重要意义，即为企业环境战略决策和政府相关政策的制定提供理论基础。

根据组织合法性理论，企业的环境违法成本包括三个方面的损失：直接、间接和声誉损失。企业由于环境违法行为遭受了规制性惩罚、上市受阻、须支付污染清理费用、设备改造等直接损失；其他利益相关者对环境不端行为的负面反馈构成了间接违法成本，包括股票市场的负面反应引起的公司市值降低、融资成本的提高、"绿色"客户对公司的抵制造成经济绩效下滑等；另外，公司环境不端行

为违反了社会大众的道德认知以及对公司行为的期待，造成公司美誉度的降低，口碑变差。声誉作为企业的一种重要无形资产（Deephouse and Carter，2005），将因为环境不端行为遭到损害。虽然与发达国家相比，我国环境法律规制对环境违法行为处罚较轻，但是声誉损失、市场利益相关者的负面反应构成了法律法规之外的惩罚机制，这同样能对企业环境行为起到规范约束作用。只不过，声誉的损失和利益相关者负面反应是一个长期、间接的过程，容易被企业管理者和决策者所忽视。把握企业环境违法构成和社会市场的惩罚机制对于政策制定者来说可以通过法律法规、行政、经济等手段来调动市场利益相关者的力量对企业施加压力。与单纯的罚款、整顿、关停的直接措施相比，运用社会和市场的力量推动企业环境管理水平的提高能有效保护和提升企业竞争力。对于企业经营者，全面正确认识违法成本和环境风险，有利于作出正确决策。

相对来说，由于法律规制的强制性执行特征，规制性惩罚等直接违法成本在企业之间的差异较小，容易预见，所以能够引起企业经营者的注意。而市场利益相关者的负面反馈所造成的间接违法成本较复杂。对于不同类型的企业，其利益相关者存在较大区别，而且由于企业性质和特征的差异，即使在同一个行业中，企业潜在的环境风险也彼此相差甚远。因此，对于不同的企业，即使执行同样环境行为，利益相关者的感知与判断也具有很大差异。这种差异来源于不同的政治经济环境，不同的公司治理特征，以及公司所拥有的不同资源，这些差异将体现为不同的环境违法成本，从而最终导致不同的企业环境战略决策。所以，即使同一地区、同一行业的企业，环境战略选择和环境绩效也有较大区别。从我国目前企业环境行为来看，部分企业采取积极的环境战略，如获得环境友好型企业荣誉，积极推进企业环境创新，持续改善污染排放，实现可持续发展；而一些企业无视国家对企业环境治理的法律法规要求，无视社会群众对改善环境质量的呼声，造成不同程度的环境违法违规行为。准确把握企业环境违法的声誉损失、市场利益相关者的负面反馈所带来的间接违法成本的产生机制和差异性，是理解企业环境战略决策选择机制的关键，也是相关政策制定的基础。

此外，我国的企业管理情境与西方发达国家有较大区别，如国有控股和政治资源在国民经济中有较大影响力、地区经济发展不均衡、外资企业在华经济绩效和声誉普遍优于本土企业、与西方发达国家相比我国对企业环境不端行为处罚较轻等。直接搬用国外研究成果在我国特有的企业经营环境中必然水土不服，在政府决策和企业环境战略选择过程中，经常被以下问题困扰：国家控股企业的环境违法成本与其他企业是否存在差异？如何看待外资企业的环境违法行为？中国目前资本市场对企业环境违法行为如何评价？政府的环境违法信息披露，是否影响违法企业的同行业竞争者？

准确把握企业环境违法成本的构成，尤其是声誉损失、市场利益相关者负面反应所带来的间接违法成本，对于企业管理和政府制定相关政策具有重要指导意义，另外，当前的环境管理实践是中国特殊管理情境的集中体现，对环境违法成本的研究，将丰富面向中国管理情境的管理理论。

本篇旨在基于我国政府和媒体近年来所披露的环境违法事件样本，探索环境违法事件对于企业的影响，包括声誉损失以及利益相关者的反应。首先通过分析企业环境违法事件对于违法企业的环境风险、经营风险、道德风险的揭示作用，结合社会心理学、声誉理论等，研究企业环境违法的声誉效应及其影响因素；然后，借助企业融资理论、风险管理等工具实证分析我国特殊管理情境下，不同企业特征对市场利益相关者反应的影响；最后，探索违法行为对行业内竞争者的影响。

组织合法性理论认为企业应该遵守法律规制、规范标准、社会认知期望（Ruef and Scott，1998）。相应的，企业合法性被划分为三个维度：法律的遵守（规制）、规范的支持（规范）、文化的一致（认知）（Deephouse and Carter，2005）。企业环境违法首先是对环境法律法规的冒犯，也是对行业和社会规范的违反，同时也违背了社会大众对于企业提升环境管理、改善环境绩效的期待，从而损坏了企业声誉。因此在合法性的三个维度上均造成违反，这相应的给企业带来了规制性的惩罚、利益相关者的负面反应、企业社会声誉下降的后果。这三个维度上的合法性对于企业的惩罚机制完全不同（图 7-1）：规制性惩罚根据相关法律法规易于识别，而对于来自利益相关者和社会大众的惩罚机制需要借助不同的管理理论甚至社会心理学来进行梳理和研究。另外，由于企业在披露自身环境信息方面扬长避短、含糊其辞，对关键性环境数据的披露主要依赖于企业的自主性，这造成企业环境风险的不透明，进而造成了企业内外部的信息不对称。作为权威性信号，国家政府部门环境违法信息披露具有揭示企业内部风险的信号效应，这将引起利益相关者对于企业经营风险和道德风险的重新衡量，并反映在企业的融资、市值等方面。

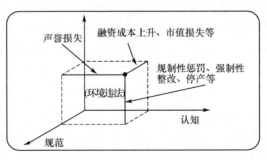

图 7-1 组织合法性维度与环境违法成本构成

　　因此，本篇聚焦于环境违法事件对企业声誉的影响，以及利益相关者的负面反应。然而，企业利益相关者众多，各利益相关者采用不同的方式给违法企业施加压力，如消费者对产品的抵制、供应商减少供货、下游客户转移采购渠道、竞争者趁机占领市场、非政府环境组织施压等。这导致很难通过对所有利益相关者面面俱到的分析来定量研究这些负面反应所带来的间接违法成本。但利益相关者对于企业环境行为的负面反应均在不同程度上影响企业的盈利能力和投资价值，因而来自利益相关者的环境压力将转化为一定的投资风险，所以，资本市场投资者对于企业环境违法行为的态度不仅反映了投资者自身的环境保护意识，更重要的是综合反映了企业由于环境违法行为所遭受的利益相关者的压力。基于此，本篇通过探索企业环境违法事件发生后资本市场的反应来研究企业由于环境不端行为所遭受的来自利益相关者的压力。

　　综上所述，本篇聚焦于核心问题：企业环境违法事件的声誉效应；资本市场对于企业环境违法事件的反应。选择资本市场投资者作为典型来探讨利益相关者对于企业环境违法事件的反应，基于两点原因：第一，企业行为以及相关风险受到投资者的密切关注，在一定程度上投资者对于企业环境行为的反应综合反映了其他利益相关者的态度。第二，投资者的反应直接反映在股价或者融资额度上，因而易于定量研究。资本市场包括信贷市场和证券市场，由于在我国债券市场相对于股票市场发展速度较慢，规模较小不足股票市场的 1/4（李巢暎，2013），因此与前人针对资本市场的研究一致（张强和赵建晔，2010），探讨了信贷市场和股票市场对于环境违法事件的反应。

　　国内外学者的一系列研究探讨了股票市场对于不同类型环境事件的反应，如 Dasgupta 等（2006）、Xu 等（2012）、万寿义和刘正阳（2013）以及肖华和张国清（2008）等的工作。但是对于信贷市场对企业环境违法事件反应的研究却很少见。而且，虽然大量的文献揭示了对于不同的企业和事件，股票市场反应存在很大的差异，但对于此，却没有得到理论层面的解释。此外，基于信号理论的视角，环境违法事件揭示了企业生产过程中的风险，这对于同行业竞争者意味着什么的问题也没有获得很好的回答。

　　基于前人的工作基础和以上分析，围绕以上两个核心问题，进行以下四个方面的深入探索：①首先考察企业环境违法前后声誉的变化，据此分析企业环境违法以及相关影响要素对于企业声誉的影响；②分析环境违法事件前后企业借款融资的变化，研究信贷市场对于环境违法事件的反应；③基于声誉的视角，探索股票市场对企业环境违法事件的反应，对于其中的异质性问题给予解释；④研究环境违法事件的行业效应（对同行竞争者市场价值的影响）。

　　基于以上各研究主题，以相应的理论为基础，针对难点和关键点进行突破，形成本篇的研究框架，如图 7-2 所示。

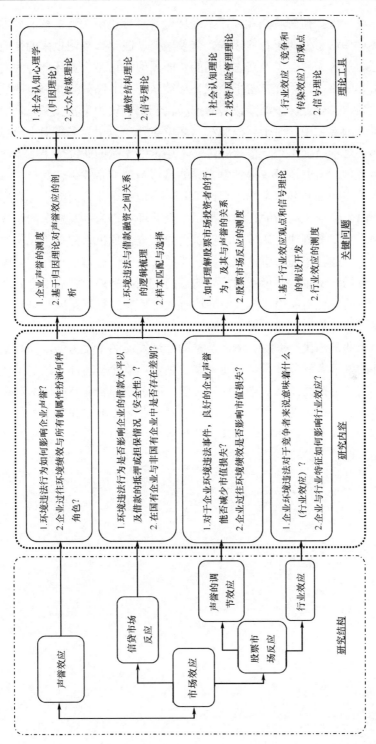

图 7-2　下篇研究框架

企业环境绩效如何影响企业绩效，是环境管理理论所关注的核心问题之一。通过考察环境违法事件对于企业声誉、借款融资、股票市场回报率的影响，证实企业环境行为的声誉效应以及资本市场的负面反应，这是企业环境行为对于企业绩效的一条影响路径，因此丰富了企业环境绩效与企业绩效之间关系的认识。虽然西方发达国家对企业环境绩效改善的推动机制研究较为丰富和深入，然而在国内外目前可查的文献中，对于环境违法和环境事件的讨论大多集中于事后的处理上，环境事件对于企业声誉、借款融资、市场价值影响的研究仍不多见，尤其是针对转型经济体的研究还没有得到学术界的足够重视。企业声誉是一种重要的无形资产，本篇借助社会心理学归因理论工具，为理解企业行为的声誉效应和股票市场投资者的反应提供了新的视角，揭示了企业环境行为"间接"的声誉效应，拓展了对于声誉演变规律的认识，证实了企业声誉在危机事件中所起的作用；将资本市场对于企业环境违法事件的反应从股票市场向信贷市场进行了拓展，实证检验了信贷市场对于企业环境不端行为的惩罚机制；另外，将对于企业环境事件股票市场反应的研究对象由违法企业向同行业竞争者进行了拓展，丰富了关于企业环境信息"信号价值"的认识。

此外，企业是国民经济的主体，是推动经济发展的主要力量，同时也是频发的环境事件的肇事者和环境污染主要来源。企业环境管理与创新是中国转变经济增长方式、实现可持续发展战略目标的关键。准确把握企业环境违法对企业的影响及资本市场利益相关者的反应机制，不仅对企业环境战略和决策的制定具有指导意义，而且为政府制定相关政策来调动社会和市场的力量促进企业对环境问题的重视提供了理论支撑。

第8章　环境违法效应的研究进展

企业环境违法行为引发了各利益相关者的负面回应，包括政府采取的规制性惩罚措施、受害者（社区）的投诉、媒体的负面报道、投资者的负面反应等等。企业将因为利益相关者的负面回应而遭受损失，不仅如此，企业声誉也将因此受损，这些构成了企业环境违法的成本。表 8-1 中为国内外文献中关于环境行为对企业的影响的代表性研究，这些工作集中在四个方面：企业环境违法对声誉的影响、股权投资者的反应、对公司借款融资的影响以及对行业的影响。以下从企业声誉及利益相关者的视角，回顾国内外文献中有关企业环境管理的主要研究结论和最新进展。

表 8-1　国内外关于环境违法事件对公司影响的代表性研究

研究者、年份	主题	国家或地区
（1）声誉		
Philippe and Durand（2011）	企业对于规范的遵守与声誉之间的关系（以环境行为为例）	美国
Karpoff et al.（2005）	企业环境违法对声誉的影响	美国
Jones and Rubin（2001）	企业环境不端行为对声誉的影响	美国
Melo and Garrido - Morgado（2012）	企业履行社会责任（包括环境管理）对于声誉的影响	美国
Haddock - Fraser and Tourelle（2010）	企业通过环境可持续发展提升声誉，进而影响消费者行为	英国
Alexander（1999）	探讨了对于企业违法行为的惩罚包括罚款、客户抵制以及其他基于市场的惩罚	美国
（2）股权投资者的反应		
Xu et al.（2012）	股票市场对于企业环境违法的反应	中国
Hamilton（1995）	媒体和股票市场对于企业有毒物质排放的反应	美国
Konar and Cohen（2001）	股票市场对于企业环境绩效的反应	美国
Capelle-Blancard and Laguna（2010）	股票市场对于化学灾难的反应	跨国
Nakao et al.（2007）	企业环境绩效与公司市场绩效、财务绩效之间的关系	日本
Takeda and Tomozawa（2006）	股票价格对于企业环境管理排名的反应	日本
Dasgupta et al.（2001）	企业污染与货币市场的影响	印度、墨西哥
Dasgupta et al.（2006）	企业环境违法对股票市场的影响	韩国
万寿义和刘正阳（2013）	上市公司社会责任缺陷披露的市场反应（基于紫金矿业突发渗漏环保事故的案例研究）	中国
（3）借款融资		
Sharfman and Fernando（2008）	企业环境风险管理对融资成本的影响	美国

续表

研究者、年份	主题	国家或地区
Blanco et al.（2009）	环境管理对现金流的影响	美国
Le et al.（2006）	企业合法性对于从银行获取贷款的影响	越南
Weber et al.（2008b）	银行在做借款决定时如何评估企业的环境风险	欧洲
（4）行业影响		
肖华和张国清（2008）	"松花江"事件对于化工行业环境信息披露的影响	中国
Patten（1992）	阿拉斯加漏油事件对于整个行业环境信息披露的影响	美国

8.1　环境违法与企业声誉

企业声誉是大众和利益相关者对企业的感受、评价，是一种能创造持续竞争优势的无形资产（Castro et al.，2006；Chun，2005；Pfarrer et al.，2010；Schnietz and Epstein，2005）。声誉具备资源的四个重要特性：价值、不可复制、稀缺的、不可替代性，是企业一种重要的战略资源（Deephouse，2000；Hall，1992）。大量的实证研究证实企业声誉能带动企业经济绩效的提升和商业上的成功（Bergh et al.，2010；Boyd et al.，2010；Herremans et al.，1993；Roberts and Dowling，2002；Stickel，2012）。

声誉的提升是企业进行环境投资、承担社会责任的动力之一（Collins et al.，2010；Haddock‑Fraser and Tourelle，2010），这是社会大众对于企业改善环境表现所施加压力的一种途径。另外，声誉反映了社会对于企业的集体认知（Fombrun and Shanley，1990），源于对企业行为的理解和感知（Kelley，1967）。认知心理学发现，观察者对于某行为的理解受到对行为人所持有的认知和信念的影响。因此，企业声誉能够调节利益相关者对于企业行为（尤其是负面行为）的感知和认识，进而影响对企业行为的反应（Pfarrer et al.，2010）。因此，企业声誉、企业行为、利益相关者之间的关系总结为图 8-1。

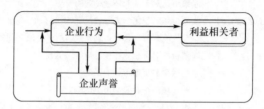

图 8-1　企业声誉与企业行为、利益相关者之间的关系

在早期的研究中，也有学者试图分析环境违法行为的声誉效应，但没有得到

经验证据的支撑（Jones and Rubin，2001；Karpoff et al.，2005）。这是因为这些研究将声誉损害看成是市值损失的一部分。实际上，声誉是一种致力于长期价值创造的无形资产，并且认为有别于财务绩效（Deephouse，2000；Roberts and Dowling，2002）。Brown 和 Perry（1994）开发了一种方法从声誉测度中去除财务绩效的光环。Roberts 和 Dowling（2002）认为声誉的某些维度对财务绩效和市场价值没有直接或立即的影响。Philippe 和 Durand（2011）利用财富杂志对于企业声誉的测度指标，研究发现环境违法对于企业声誉有显著的负面影响。Melo 和 Garrido‐Morgado（2012）利用 320 家美国公司的面板数据，实证分析发现，企业社会责任，包括环境方面，是构成企业声誉的一个重要组成部分。Cho 等（2012）也发现，在环境信息披露与企业的道琼斯可持续发展指数（DJSI）之间存在显著的正向关系。

随着环境保护和可持续发展理念得到重视，企业环境绩效和相关社会责任履行成为评价企业声誉的一部分（Castro et al.，2006；Philippe and Durand，2011）。企业环境违法，不仅是差的环境绩效的表现，更重要的是违背了社会准则和利益相关者期望，引起公众对企业的负面评价，导致企业声誉的损失。作为一种重要的无形资产，声誉的损失是环境违法成本的一部分。

然而，经常可以观察到一些企业并没有因为不道德的错误行为受到社会严厉谴责，这表现为声誉效应的多变性（Reuber and Fischer，2010）。为了解释这种多变性，以前的一些研究聚焦于企业行为属性上的差异，如 Philippe 和 Durand（2011）、Reuber 和 Fischer（2010）等的工作。但是，声誉效应的变化并非完全来源于行为的差异，也有可能源自企业（作为行为主体）特征的差异，目前文献中还未发现对于企业环境违法行为的声誉效应，利用企业特征来解释其异质性的研究工作。另外，环境违法事件，由于暴露了企业合法性方面的风险，将给企业带来一系列的影响，如市场价值的降低。声誉作为外界对于企业的集体性认知，环境事件对企业的影响是否会因企业声誉的差异而表现为影响程度上的不同？虽然在现有的文献中有大量的工作解释了企业行为对于声誉的影响，然而关于企业声誉如何左右投资者行为的研究还不多见。

作为一种无形资产，对于企业声誉有不同的测度方法。研究者经常使用媒体排名来衡量企业声誉。比如财富杂志的 AMAC（America's Most Admired Companies）排名是基于声誉的 8 个维度[①]，通过对 CEO 和分析师的调查打分来对财富 1000 的企业进行排名，分值范围为 0～10。金融时报的 WMRC（World's Most

---

① 包括：财务的稳健性；长期投资价值；公司资产使用；创新性；公司管理质量；产品和服务质量；吸引、开发和保留有才华的员工；社会责任认知。

Respected Companies）排名同样基于同行 CEO 在相同的 8 个维度上的评价。另外也有一些媒体评价，如 Management Today 的 BMAC（Britain's Most Admired Companies）排名，以及 Asian Business 的 AMAC（Asia's Most Admired Companies）排名。然而，这些基于声誉的媒体评价都受到类似的批评，虽然采访对象和评价项目稍有区别，这些批评可以总结为：与财务绩效高度相关；受访对象局限于某一类利益相关者（Brown and Perry，1994；Deephouse，2000）。为了克服这些缺陷，Deephouse（2000）在集成资源依赖理论与大众传媒理论的基础上构建了媒体声誉的概念，并且通过实证分析发现媒体声誉具有资源的四个必要属性：价值、无法模仿、不能替代、稀缺性。基于这个概念，研究者们发现媒体声誉的差异不仅反映于认知战略类别（cognitive strategic group）（Wry et al.，2006），也与公众感知（Carroll，2009）及企业市场价值（Pfarrer et al.，2010）密切相关。基于此，采用媒体声誉的概念来探讨企业环境违法事件的声誉效应能够更客观的反应环境事件对企业声誉造成的影响。

8.2　环境违法与利益相关者

根据 Huang 和 Kung（2010）对环境利益相关者的划分，以下回顾文献中关于企业环境行为与股权投资者、员工、政府、媒体、债权人、社区、非政府组织等环境利益相关者之间关系的代表性研究，并分析和总结了这些工作对本篇工作的启示。

8.2.1　内部利益相关者

1）股权投资者

在我国，随着证券市场的发展繁荣，股权融资是公司越来越看重的融资方式之一。根据米奇尔的利益相关者分析理论，股权投资者同时具备合法性、权利性以及紧迫性三个重要特性，因此隶属于确定型利益相关者。股权投资者对企业的评价和相应的市场表现对企业有极其重要的意义。从外部看，市场价值关系到公司的声誉、盈利能力、战略发展状况、研发创新、社会责任履行等，而且这同时关系着公司的市场竞争力，吸引战略伙伴和投资、发行债券等（Connolly et al.，2005）。虽然公司不能在二级市场直接获利，但可以通过分股、配股、抵押贷款、再融资等多方面获得资金优势（Gruca and Rego，2005）。从内部看，市值关系到企业的高层结构、公司治理、人力资源获得等（Chen et al.，2005；Williamson，2012）。

　　具有环保意识和有"绿色"偏好的股权投资者可以通过提名成为具有环境意识的管理者和起草相关决议，来推动企业的绿色创新和环境绩效的提高（Rapp，2006；Sharfman and Fernando，2008）。并且，企业绿色创新和环境绩效的提升，将得到更多股权投资者的青睐，使得公司市值得到提升，股权投资者得到更多的财富回报（Dasgupta et al.，1998；Jacobs et al.，2010；Konar and Cohen，2001；Wahba，2008；Yamaguchi，2008）。对此，也有不一致的声音，如 Hillman 和 Keim（2001）、万寿义和刘正阳（2013），他们通过研究发现，股东利益和公司社会责任投入呈现负相关关系，认为公司社会责任的投资属于事务性投资，不能给公司带来竞争优势。朱雅琴和姚海鑫（2010）利用沪深两市上市公司数据研究发现企业对政府和职工的社会责任与市场价值正相关，而企业对投资者的社会责任与企业价值负相关。

　　然而，股权投资者是对企业环境违法作出显著回应的利益相关者之一。虽然世界各国的文化、制度存在很大差异，环境诉求和环境保护的迫切程度不同，环境规制也存在差别，但是现有文献中的实证研究揭示了一个一致的结论：企业负面环境行为或事件（如环境违法行为、环境灾难事件和环境方面的投诉）将使企业遭受经济罚款、政治处罚、承担额外的污染清理成本，将招致股权投资者的负面反应，最终导致公司市值降低。这些研究有的来自北美（Hamilton，1995；Konar and Cohen，2001）、欧洲（Capelle-Blancard and Laguna，2010）、日本（Nakao et al.，2007；Takeda and Tomozawa，2006）、韩国（Dasgupta et al.，2006），也有的来自智利、墨西哥和印度等发展中国家（Dasgupta et al.，1998；Gupta and Goldar，2005）。

　　股权投资者对于企业环境行为所蕴含环境风险的感知和判断受事件的严重性、披露来源、企业特征决定（Karpoff et al.，2005；Xu et al.，2012），而且也受到媒体报道的影响（Aerts et al.，2008；Xu et al.，2014），也因行业的环境敏感性的不同而存在区别（Aerts and Cormier，2009）。对于中国的环境违法事件，Xu 等（2012）研究发现，与其他国家的研究结论相比较，公司市值遭受环境违法的影响偏小，并且和公司的所有制性质、违法类型等因素相关，其中水污染违法事件对公司市值影响比较显著。这可能和我国当前环境规制中对违法惩罚力度偏弱有关。此外，Xu 等（2014）研究发现，对于企业环境违法事件的媒体报道能够进一步引起投资者的注意，从而加剧股票市场的反应。

　　综上所述，股权投资者对企业环境违法行为的负面反应是环境违法成本的一部分。这一现象已经得到来自不同文化背景、不同政治经济环境的实证研究的证实。然而目前的研究主要集中于采用事件研究方法测度在时间窗口中股票市场超常回报率的变化情况，以验证股票市场表现是否受到环境不端事件的影响。而对于股权投资者如何感知和评价企业的环境不端行为，即对于股票市场反应中的异质性问题的深入探讨比较少见。

2）员工

一方面，员工的环境意识、环保动机将影响公司的环境绩效表现（Hanna et al.，2000；Ramus and Steger，2000；Sarkis et al.，2010），这意味着管理层支持、员工培训和团队合作等人力资源因素的重要性（Daily and Huang，2001），也意味着组织文化气候对于社会责任表现的影响（Collier and Esteban，2007）。

另一方面，企业环境绩效影响员工的组织承诺从而影响企业的绩效表现（Ali et al.，2010）。员工对于组织社会责任表现的感知，会影响员工的情绪、态度和行为，并且在这种影响中，员工工具性、关系性和道义性动机/需求具有中介作用（Rupp et al.，2006），另外企业承担社会责任的积极性影响员工对企业的认同感，从而影响员工的组织承诺（Kim et al.，2010）。由此可见，员工所施加的环境压力影响着企业的环境行为，并且企业的环境不端行为将导致员工的组织认同感和承诺水平的降低，对企业竞争力的提升造成不良的影响。

8.2.2　外部利益相关者

1）政府

在中国，政府不仅通过资源调配、政策措施等影响企业经营，而且通过直接投资参与经济运转。所以，政府是企业非常重要的核心利益相关者（陈宏辉和贾生华，2004）。中国企业的政治背景与政治关联直接关系到企业的融资成本（张敏等，2010）、企业并购（潘红波等，2008）、员工配置效率（刘慧龙等，2010）与经营业绩（邓新明，2011；雷光勇等，2009）。

政府规制是驱动企业进行环境投资和减少污染排放的主要因素（Kagan et al.，2003）。通过税收、征收排污费、罚款等经济措施对企业环境行为进行约束，是转变企业的环境管理态度，引发投资者对环境问题关注的主要途径。环境经济学中对于企业环境外部性成本的研究为政府给企业环境行为"定价"提供了理论基础（De Gorter and Just，2010；杨光梅等，2007）。

我国作为世界上最大的发展中国家、转型经济体，处于环境保护主义的初级阶段，迫于沉重的经济发展压力，与发达国家相比，环境规制较弱（Child and Tsai，2005），这表现为企业环境违法罚款额度较低而且环境规制执行力度不够（Xu et al.，2012；Zeng et al.，2010b）。List 等（2003）通过实证研究发现环境规制对于制造业企业诞生的影响。"污染港湾"效应认为重污染行业企业倾向于向环境规制和执行较弱的国家或地区转移（Dean et al.，2009；Xing and Kolstad，2002）。随着环境质量的恶化，社会大众对环境保护的呼声高涨，近年来环境规制与政府的执行力度有加强的趋势（Van Rooij，2006；Wang，2013）。2014 年 4 月 24 日十二届全国人大常委会第八次会议通过了环保法修订案，此举有望为深受环境问题困扰的中国提供强有力的环保法律后盾，有助于扭转当前生态环境恶化的趋势。

规制罚款和相关处理措施是企业环境违法所造成的最直接违法成本，这不仅对当前和未来的现金流带来影响，而且对企业合法性的威胁所带来的不确定性激发了投资者和其他利益相关者对企业重新进行风险评价。Karpoff 等（2005）通过对美国环境违法样本进行实证分析，发现环境违法事件对市值所造成的影响与所遭受的罚款额度相关，这强调了政府对于环境违法事件的处理力度直接影响其他利益相关者对于该事件的感知与评价。另外，由于我国环境规制较弱，这不仅造成我国股票市场对于企业环境违法事件的反应较小（Xu et al.，2012），而且企业获得环境荣誉的正面行为没有带来市场价值的提升（Lyon et al.，2013）。

我国环境规制较为薄弱已是不争的事实，这不仅影响企业环境投入的积极性，而且影响了各利益相关者对于企业环境行为的态度，这已得到相关研究的证实（Lyon et al.，2013；Xu et al.，2012）。然而，由于我国政府参与经济的方式与西方发达国家有较大差别，政府对于企业环境行为的干预并不只是通过制定环境规制和相关政策，由于政府是国有企业的实际所有人，政府通过投资参与经济的运行，这是我国的基本国情，也是我国管理情境的一个显著特征（Wang et al.，2008；潘红波等，2008），因此，对企业声誉和资本市场反应的研究中需要考虑企业国有背景带来的对治理机制和风险评价的影响。

2）信贷机构

债权人作为确定性利益相关者，同时具备合法性、权利性以及紧迫性三个重要特性。在我国证券市场规模相对较小的情形下，借款仍然是企业最主要的融资方式（姚立杰等，2010），银行借款融资大约占上市公司总资产的 22%（Tian and Estrin，2007），银行贷款对企业的发展有极其重要的意义，甚至是中小企业和民营企业存活的关键（林毅夫和李永军，2001；余明桂和潘红波，2009）。融资结构理论认为，与股权融资相比，借款融资具有以下优点：企业无需对债权人发放红利；借款具有盾税功能（Chen，2004；Harris and Raviv，1991；Li et al.，2009）。

企业的借款能力和银行对企业的贷款决定，如是否发放贷款、贷款期限、利率水平、抵押保证条件等由企业的经营风险评估水平决定（Cebenoyan and Strahan，2004；Harris and Raviv，1991）。企业风险管理水平和企业借款能力、融资结构有较大关联（Cebenoyan and Strahan，2004）。来自西方发达国家的实证研究发现，企业的环境风险状况影响着银行的贷款决定（Coulson and Monks，1999；Thompson，1998；Thompson and Cowton，2004；Weber et al.，2008b）。银行对于企业环境风险评估主要包括三个方面：直接风险、间接风险和声誉风险（Thompson，1998）。直接风险是指作为债权人，银行在企业发生环境事件后由需要承担的法律责任所导致的利益损失；间接风险是指企业因为环境问题造成还款能力的降低，而带来的违约风险；声誉风险是指因为企业环境不端行为对资金债权人造成的名誉伤害。有经验研究证实，企业的环境风险管理水平的提高能有效降低融资成本（Sharfman and Fernando，2008）。

　　然而，由于我国特殊的国情和政治体制，银行业的发展历程与西方发达国家相比具有较大的差异，自 20 世纪 90 年代陆续开始尝试建立了"统一授信、审贷分离、分级审批、责任明确"的授信管理体制，后又逐步引入客户信用评级体系和贷款风险分类制度，对贷款风险管理逐渐加强。然而，我国的特殊国情和银行业的特殊体制，可能使得银行的风险管理实施大打折扣。我国国家所有制在国民经济中占较大比重，大部分上市公司的终极控制人为国家，银行也是国有为主，从而出现了同属国有性质的债务人企业和债权人银行占主体的特殊情形，借贷双方存在"姻亲"关系。国有银行承担了国企经营不善和国企改制的成本，政治意义对信贷决策的影响超越了财务指标（廖秀梅，2007）。银行争相贷款给一些大型国有企业，上浮利率政策没有得到很好的贯彻执行（徐联初，2000）。在金融发展水平越落后、法治水平越低和政府侵害产权越严重的地区，政治关系对贷款的影响越显著（余明桂和潘红波，2009）。

　　相对民营上市公司，国有上市公司能获得更多的长期债务融资；在政府干预程度比较低的地区以及金融发展水平比较高的地区，国有银行对不同性质公司的差别贷款行为有所减弱（江伟和李斌，2006）。总之，银行业贷款管理存在的问题影响信贷决策时对风险因素的识别、评估和重视，造成贷前调查不尽职，贷款审查流于形式，贷款资金监控不到位等问题（姚立杰等，2010）。企业环境管理水平决定了环境风险，这些不同层次的环境风险会不会影响公司的融资能力？环境违法事件所带来的信号效应，会不会影响企业的借贷水平甚至抵押担保情况？企业的国有性质、政治背景会不会左右银行的风险评估？这些问题，在现有的文献中还没有得到重视。

　　3）大众媒体

　　媒体隶属于利益相关者的第二个层次，虽然没有直接利益关联，却可以给企业造成致命的打击（Clarkson，1995；De Bussy et al.，2003；Donaldson and Preston，1995；Freeman，1984），媒体舆论可以反映利益相关者对企业的判断和评价，同时影响和改变利益相关者的评价和行为（recording and agenda-setting effects）。媒体能够集中反应在一个复杂社会系统下，对于生态环境，社会大众和不同利益集团的观点和利益诉求，同时，媒体也影响着社会大众和组织的环境行为（Burgess，1990；Hansen，1991；Parlour and Schatzow，1978）。媒体是企业环境绩效的一个重要影响者，不仅左右着企业环境技术创新、环境治理策略选择，而且是企业环境信息披露的显著影响因素之一（Aerts and Cormier，2009；Aerts et al.，2008；Brown and Deegan，1998；De Bussy et al.，2003）。更重要的是，经验研究表明，在企业环境绩效和经济绩效的关系中，媒体具有显著的中介效应（Aerts and Cormier，2009；Aerts et al.，2008；Hamilton，1995）。媒体对于企业环境行为、环境绩效和经济绩效有着显著的影响，但媒体对于企业环境事件和绩效的反应存在差别。相关研究已试图解释这种差别：Hamilton（1995）发现美国企业 TRI（Toxic Release Inventory）报告中污染指数越高，媒体关于企业环境的报道就越多，媒体记者撰写关于企业环境风险的文章可能性就越高。Laguna（2009）研究表明，对于企业环境灾难事件，时间窗口内新闻压力、企业的新闻价值和环境灾难后果的严重性，直接影响媒体对企业环境事件的反应，并且发现，媒体在股票市场对环境事件的反应中有显著的中介效应。Aerts 等（2008）发现，媒体对于企业环境方面的负面报道，与企业行为中环境风险的大小显著相关，而且媒体对于企业环境的报道，直接影响市场分析师对企业未来价值的判断，进而影响企业环境策略的选择。

近年来，基于 Web 2.0 的社会媒体（social media）与企业之间的关系成为研究热点，并且有数位学者发现企业的社会媒体表现与可持续发展战略密切相关（De Bakker and Hellsten，2013；Lee et al.，2013a；Lee et al.，2013b）。社会媒体不仅能够对企业的行为施加压力，而且相关研究表明企业开始主动利用社会媒体与外部利益相关者建立更好的关系，改善声誉形象，进而提升业绩。

在以上文献中，均采用报道篇数作为媒体报道的测度，这一测度方法存在若干缺点。例如，一定量的关于环境的负面报道，对于媒体可见度小的公司其影响力要比媒体可见度大的公司大，因为媒体可见度大的公司的舆论评价相对稳定。此外，媒体的负面报道对于声誉优秀的公司与声誉差的公司也存在差别。因此，仅采用媒体报道的数量统计，很难反映媒体报道对于公司的真实影响力。此外，在我国，近年来环境事件和环境违法行为频繁发生，但鲜见学术界对于环境违法事件的关注，更少见将媒体作为一个重要的利益相关者加以研究。

4）社区

在西方发达国家，来自社区（community）的环境投诉，使得企业遭受了上千万美元的罚款（Karpoff et al.，2005；Kassinis and Vafeas，2002），相比较而言，我国企业因为来自社区的环境投诉遭受巨额罚款的案例较少。社区是企业因不当污染排放造成外部不经济的主要受害者，近年来，由于社区居民的反对，取消重污染投资项目的比比皆是。因此，社区作为企业环境绩效提高的直接受益者，是推动企业环境创新和管理水平提高的不可忽视的一股力量（Qi et al.，2013b；Sharma and Henriques，2005）。社区能够影响社会大众对企业品牌的情感，左右社会对企业的评价，影响企业声誉（Benn et al.，2009）。社区对企业环境绩效评价的宣传，将会影响市场消费者对企业产品的喜好和忠诚度（Sarkis et al.，2010）。企业对社区利益相关者诉求的回应将决定他们与企业的关系（Delmas and Toffel，2004），如果不能处理好社区利益相关者带来的压力，将招徕社会的抵制（Hoffman，2000；Sarkis et al.，2010）。然而，社区对企业环境管理方面的诉求与其特征属性有关。例如，位于发达地区的社区居民对非物质的条件，如生态环境更加关注，而位于贫穷落后地区居民对于企业环境管理的影响力较小（Kassinis and Vafeas，2006；Perkins and Neumayer，2010；Pfeffer and Salancik，2003）。

5）客户

另一个重要利益相关者是"绿色"客户。随着环境的恶化，环境保护和可持续发展的伦理思想在全社会普及，我国业已发起发展绿色产品、环境友好型企业的努力，绿色消费的理念在消费者群中得到不同程度的认可（司林胜，2002；于伟，2009）。近年来关于绿色消费者的研究成为热点，相关研究指出消费者的绿色选择偏好，是企业提高环境管理和创新水平的驱动力之一（Ilinitch et al.，1999；Peattie，2001；Qi et al.，2013b）。然而，消费者中，环境偏好和绿色购买行为存在很大的差异，已有大量的研究试图解释这一现象。Bohlen 等（1993）用人口统计变量研究了消费者对工业服务环境影响的感知。Coddington（1993）从家庭生命周期的角度研究了厂商对于消费者绿色偏好的应对策略。消费者个性特征也影响绿色消费行为（Luchs and Mooradian，2012）。

6）竞争者

竞争者作为一个特殊的利益相关者，处于竞争关系中的企业，迫于竞争压力，只有不断通过创新、提高生产效率才能保持竞争优势，而且竞争者无法从同行优秀的表现中直接获利，且可能遭遇负面的影响（Zhang et al.，2010）。行业竞争是影响企业社会责任表现的重要因素，一方面行业竞争决定企业承担社会责任所需资源的可获得性，另一方面决定企业能否从社会投资中获利（Fernández‐Kranz and Santaló，2010；McWilliams et al.，2006；Neville et al.，2005）。虽然企业通过积极承担社会责任能够赢得声誉、提升竞争优势（Zhu et al.，2013），但是企业的环境违法行为暴露了企业生产运营中的环境风险，同行业竞争者由于类似的生产条件将受到负面影响（Patten，1992；肖华和张国清，2008）。虽然相关文献从环境信息披露的角度探讨了企业环境违法行为对同行业竞争者的影响（Patten，1992；肖华和张国清，2008），但是环境事件是否影响投资者对于行业整体风险还未得到学者们的关注。对此进行深入探讨，不仅能够揭示环境违法信息信号价值的内涵，而且将进一步丰富关于股票市场对企业环境行为反应的认识。

8.2.3　中间利益相关者

非政府组织（NGO）近年来受到越来越多的关注。社会抗议运动是非政府组织的先驱，它不仅能够对环境规制、社会舆论甚至行业环境标准施加影响（Boström and Hallström，2010；Doh and Guay，2004；Yang，2005），还能够对企业施加环境压力从而影响企业社会责任行为（De Bakker and Hellsten，2013；Hendry，2006；Winston，2002）。NGO 通过参与公共政策的辩论，对政府和企业行为施加影响。对非政府组织不同影响的认识，能够帮助理解欧美政府环境政策的差异（Doh and Guay，2006），因为政府政策制定依赖于一定的制度环境，而 NGO 的努力和行为构成了制度环境的一部分。另一个重要的中间利益相关者是审计组织，已有研究表明审计组织的名声影响审计信息的可信性（Huang and Kung，2010）。1990 年以来，环境审计在西方国家得到了较快的发展（李明辉等，2011），随着环保呼声的高涨和可持续发展战略的实施，我国环境审计也逐步开展起来，但由于没有设置专门从事环境审计的机构和建立环境审计制度，影响了环境审计的快速发展（李雪和詹原瑞，2010）。

8.2.4　综合反映：资本市场

企业利益相关者众多，利益关系十分复杂。相关的研究已经证实利益相关者的压力对于塑造企业环境行为所起的作用，但是不可否认的存在一个事实：利益相关者之间能够互相影响，各自对企业环境所施加的压力存在交互效应。如上文所述，Tang 和 Tang（2013）发现大众媒体的舆论压力能够影响政府的态度，进而影响对企业环境行为所施加的规制压力；Karpoff 等（2005）发现股权投资者对于企业环境违法的反应取决于政府对于违法行为的处罚力度。在我国由于政府的环境规制羸弱，导致股票市场对于企业环境不端行为的反应比西方发达国家弱（Xu et al.，2012）。通过对紫金矿业环境事件的案例分析，万寿义和刘正阳（2012）发现政府对此事件的处理公告没有引发股票市场投资者强烈的反应。另外，Xu 等（2014）发现投资者对于环境违法行为的反应受到媒体报道的影响；股票投资者对企业环境战略的态度取决于客户的"绿色"需求，也就是企业环境投入能否带来更好的市场绩效取决于客户对于绿色产品的态度（Luo and Bhattacharya，2006）。Zhang 等（2010）发现股票市场投资者对于企业社会责任行为的反应受到行业竞争的影响。另外，银行借款决定与企业合法性水平密切相关（Le et al.，2006）。

　　综上所述，资本市场投资者对于企业社会责任表现的态度受到多方利益相关者的影响。当企业负面环境行为遭遇利益相关者的负面回应时（如客户对产品的抵触、政府的处罚决定、媒体负面报道、竞争者的挤压等），将影响企业未来的盈利表现，从而构成新的投资风险，因此投资者对于企业环境行为的态度受到政府规制、媒体报道、客户偏好、社区压力等多方利益相关者的影响，如图 8-2 所示。投资者对于企业环境违法行为的反应能够综合体现环境规制、各利益相关者的环境诉求以及社会环境保护意识。所以，选择资本市场投资者为研究对象来探讨利益相关者对于企业环境违法事件的反应具有典型意义。虽然文献中已经揭示了对于环境违法事件股票市场在整体上持负面的态度，然而，对以下问题的认识还十分欠缺：①在信贷市场上是否存在对于环境违法行为的惩罚机制；②为什么投资者对不同企业的环境违法行为的反应有很大差异（即异质性的问题）；③投资者如何评价出现环境违法事件的行业（即行业效应的问题）。

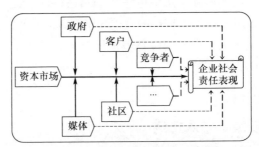

图 8-2　资本市场对企业社会责任表现的反应

8.3　现有研究述评及启示

　　纵观国内外研究，大量的工作分析研究了企业环境违法对公司的影响，如融资成本、市值、声誉等方面，相关实证研究表明多方利益相关者对于企业的环境不端行为作出负面回应，这些构成了针对环境违法行为的惩罚机制，补充了环境法律法规的惩罚。既往的研究业已指出企业环境行为的声誉效应以及对利益相关者的影响左右着企业对环境战略的选择。这在一定程度上为解释为什么在我国环境规制较弱的情形下，部分企业积极部署"绿色"发展战略，而部分企业贸然触犯环境保护法律规制提供了线索。另外，虽然利益相关者群体众多，但是资本市场的反应在一定程度上综合反映了企业利益相关者对于环境违法行为的态度。

虽然文献中已经证实了企业环境违法行为导致声誉损失，并引起股权投资者的负面回应，但是对于声誉效应和利益相关者反应的研究大多集中在"是非"问题上，即聚焦于"违法行为是否对声誉造成了影响"，以及"在某利益相关者中是否存在反应"。对于环境不端行为如何引起声誉损失、股权投资者如何评价这种负面行为，即声誉效应和股票市场反应的异质性问题还没有得到足够的关注。而且，还没有文献系统分析环境违法披露信息的信号内涵以及对于行业竞争者的影响。此外，目前的研究工作大多集中在发达国家（欧美和日本），这些国家的环境规制约束力比较强，利益相关者如股权投资市场、信贷市场市场化程度较高，对企业风险感知比较敏感，针对发展中国家和转型经济体的研究十分欠缺。在我国的环境规制和管理情境下，来自利益相关者的负面回应机制是否同样发挥作用？股票市场、信贷市场、社会大众、媒体如何评价企业环境违法行为？对于这些问题的回答是理解我国企业环境战略决策选择的关键，是调动全社会力量推动企业环境技术创新、管理创新和提高环境绩效的理论依据，为我国实现低碳经济、可持续发展提供理论支撑。

本章叙述了目前国内外文献中有关企业环境行为对公司影响的代表性研究成果，包括环境行为与企业声誉之间的关系，以及企业环境行为与股权投资者、员工、政府、债权人、社区、非政府组织等众多利益主体之间的关系。此外，探讨了现有文献对于全面分析我国背景下环境违法行为的声誉效应及资本市场反应的启示，以及所欠缺的内容。

第9章　企业环境违法事件的声誉效应

9.1　引　言

　　企业声誉可以视为一个社会群体对于企业的整体印象，并且是一种能够创造可持续竞争力的无形资产（Caruana，1997；Castro et al.，2006；Fombrun，2006；Lange et al.，2011；Pfarrer et al.，2010；Schnietz and Epstein，2005）。良好的企业声誉，能够同时带来内外部的好处：一方面能够改善员工关系，激发员工的积极性、士气、承诺度和忠诚度（Branco and Rodrigues，2006；Stern et al.，2013）；另一方面改进与外部利益相关者的关系（Stern et al.，2013）。遵守社会规范、承担社会责任是提升企业声誉的一个重要途径，违反规制和社会规范会激起公众负面评价，从而导致企业声誉的损害（Philippe and Durand，2011）。然而，经常可以观察到一些企业并没有因为不道德的错误行为而受到社会严厉谴责，这表现为声誉效应的多变性（Reuber and Fischer，2010）。为了解释这种多变性，以前的一些研究聚焦于企业行为属性上的差异，如 Philippe 和 Durand（2011）、Reuber 和 Fischer（2010）等的工作。声誉效应的变化并非完全来源于行为的差异，也有可能源自企业（作为行为主体）特征的差异。

　　声誉反映了"观察者眼中的行为者"（Chun，2005），心理学家认为声誉是通过对所观察到行为的认知理解而形成的，观察者关注这些行为背后的原因以及所反映行为者的动机、特质，这些决定了观察者如何评价行为者（Kelley and Michela，1980；Sjovall and Talk，2004）。然而，这种从所观察的行为到对行为背后动机，以及行为人特质的认知过程，并非是一个简单的因果关系，而是一个受到观察者对行为人先验知识（包括机理知识、共变知识）影响的复杂过程（Jones and Davis，1966；Kelley and Michela，1980）。因此，对于不同的观察者，同样的行为可能导致不同的认知和理解，从而产生不同的声誉效应。

　　最近二十年，全球对于环境保护的关注越来越强烈，企业环境绩效已经成为衡量企业声誉的一个重要维度（Haddock‐Fraser and Tourelle，2010；Melo and Garrido‐Morgado，2012）。在中国，自从 1978 年实行改革开放以后，快速的经济增长带来了严重的环境破坏。近年来越来越多的环境违法事件被曝光。作为最大的转型经济体，环境事件频发、环境质量持续恶化，公众对于企业环境行为变得越来越警惕（Meng et al.，2013）。企业可以通过履行社会责任，提高环境绩效来创建声誉优势（Anderson and Bieniaszewska，2005）。另外，声誉是企业环境绩效与经济绩效相联系的一个重要路径，也是企业参与环境治理的一个重要推动因素（Collins et al.，2010；Haddock‐Fraser and Tourelle，2010）。因此，企业环境违法将损害企业声誉（Philippe and Durand，2011）。然而，环境违法对公众感知存在异质性的影响。一些事件能够迅速引起公众关注，引发社会舆论，而另一些事件并没有引起足够的关注（Reuber and Fischer，2010）。从归因理论出发，一件环境违法事件，可以被解释为企业故意侵犯环境规制，并从中获利；或者视为企业环境治理能力羸弱；也可认为是偶发性或突发性，不可避免、非主观的事故；也可能被理解成受到技术局限性等外部客观因素的制约。对一件事件如何归因，将产生不同的声誉效应（Flanagan and O'Shaughnessy，2005；Kelley and Michela，1980）。然而，由于声誉测度上的困难，现有文献中很少有针对环境违法声誉效应的研究。

　　归因理论已经被广泛应用于声誉和企业公共形象的研究中。基于该理论，本章探讨环境违法事件如何影响企业声誉。企业的相关历史行为能够提供对于目前行为的解释性信息，企业的所有制表明谁有意从环境违法行为中获利，通过对这些信息的梳理和分析，建立了环境违法事件对声誉影响的若干假设。下文的实证分析采用了 352 起政府环境保护部门和媒体披露的环境违法事件来验证这些假设和模型。本章的工作旨在揭示企业环境违法行为如何影响企业声誉，最主要的贡献是开辟了一条路径来深入分析企业声誉如何形成和受到影响，并且证实了公共观察者对于企业过去行为的了解，以及对于企业的情感可能影响对企业行为的声誉感知。

9.2　理论与假设

9.2.1　环境违法与声誉损失

　　总体上，承担社会责任能够提升企业声誉（Heikkurinen and Ketola，2012；Melo and Garrido‐Morgado，2012），这将企业的社会表现和竞争力（Marín et al.，2012）、顾客忠诚度（Matute-Vallejo et al.，2011）、经济绩效（Callan and Thomas，2009；Lankoski，2008）联系在一起。在早期的研究中，也有学者试图分析环境违法的声誉效应，但没有得到经验证据的支撑（Jones and Rubin，2001；Karpoff et al.，2005）。这是因为这些研究将声誉损害看成是企业市场价值损失的一部分。实际上，声誉是一种致力于长期价值创造的无形资产，并且有别于财务绩效（Deephouse，2000；Roberts and Dowling，2002）。Brown 和 Perry（1994）开发了一种方法从声誉测度中去除财务绩效的光环。Roberts 和 Dowling（2002）认为声誉的某些维度对财务绩效和市场价值没有直接或立即的影响。Philippe 和 Durand（2011）利用财富杂志对于企业声誉的测度指标，研究发现环境违法对于企业声誉有显著的负面影响。Melo 和 Garrido‐Morgado（2012）利用 320 家美国公司的面板数据，实证分析发现，企业社会责任，包括环境方面，是构成企业声誉的重要组成部分。Cho 等（2012）也发现，在环境信息披露与企业的道琼斯可持续发展指数（DJSI）之间存在显著的正相关关系。

虽然企业声誉难以测度，但媒体报道常被用作代理变量来研究公众认知的中介效应。媒体是一个重要的、有影响力的利益相关者，具有记录和议程设定（agenda-setting effect）的作用。媒体能够影响公众对于企业的了解和认知，因此媒体的反应能够促进企业环境管理水平提升（Donaldson and Preston，1995）。一些学者研究了媒体对于企业环境绩效的报道，以及金融市场对于这些报道的反应。Hamilton（1995）发现企业在 TRI（美国有毒物排放数据库）报告中排放指标越高，获得媒体报道的概率就越大。Aerts 等（2008）发现公司负面环境新闻被媒体报道的可能性由公众所感知到的环境风险决定，另外，这些媒体报道能够影响金融分析师对企业的未来预期。然而，用媒体对于某一个事件的报道篇数来衡量媒体的反应，这在研究事件的声誉效应方面存在一些问题：首先，对于某个事件的一定量媒体报道，不管正面或者负面，对于媒体可见度（visibility）较小的企业的影响比对著名、高调企业的影响要大，因为媒体可见度高的企业声誉较稳定（Carroll and McCombs，2003；Flanagan and O'Shaughnessy，2005）。第二，一个负面事件对于声誉的影响将受到既往行为的影响（Frost et al.，2007）。企业的先前相关行为将影响公众对于某个事件的解释和感知（Coombs and Holladay，2001）。另外，以上这两点可以通过用来测度媒体声誉的 Janis-Fadner 公式直接给予证明（Deephouse，2000）。为了克服利用媒体测度声誉的缺点，Deephouse（2000）构建了媒体声誉的概念。

9.2.2　声誉与归因理论

企业声誉可以理解为外部观察者对于企业整体特质的集体评价（Deephouse，2000；Flanagan and O'Shaughnessy，2005）。对于企业特质的了解来源于对所观察到行为的认知理解（Ilgen and Knowlton，1980；Kelley and Michela，1980）。作为社会心理学的一个分支，归因理论关注的是人们如何解释所观察到的事件，及其与观察者思想、行为的关联。Sjovall 和 Talk（2004）分析了影响归因的认知过程，并且讨论了将归因理论应用于对企业声誉形成过程的分析。文献中已有一些将归因理论应用于后危机管理和声誉效应的研究（Coombs，2007；Flanagan and O'Shaughnessy，2005；Laufer and Coombs，2006）。

归因理论由 Heider（1958）首先提出。归因的字面意思是寻找行为发生的根本原因，据此进行责任划分。大体上可以把行为归因于行为内部或外部情境因素。一个行为归于何种原因，将影响人们对于行为人的喜好、信任以及他的说服力（Coombs，2007；Kelley and Michela，1980）。例如，一个人的帮助行为如果归因于他乐于助人的特质而不是迫于外部环境压力，将在观察者心中产生温暖的感觉；而一个有害的行为如果归因于外部环境，将更能够让人接受，从而减少报复行为（Jones and Nisbett，1971）。根据 Weiner（1992）的观点，归因可以划分为三个维度：控制地点、稳定性和可控性。控制地点为因素的内外部属性；稳定性指的是不同时间点的变化；可控性是指该因素受不受行为人控制。比如努力，属于可控因素，而能力、运气属于不可控因素。根据归因理论，如果环境违法被归于内部因素（而不是外部因素），或者管理技能（而不是运气），或者认为是故意的（而不是偶发性），这将很可能激发观察者负面的情绪和造成不良的印象，从而导致更多的声誉损害。

在为所观察到的行为寻找本质的引发因素的认知过程中，行为人过往的相关行为是一种重要信息，能够左右这种判断。归因理论认为，观察者对于行为人特质的先验认知，能够对后续判断产生重要的调节作用（Kelley，1967）。另外，观察者主观动机也将对归因结果产生重要影响。其中一个不可忽视因素是观察者对于行为人的情感因素（Jones and Davis，1966）。对于喜欢的对象所表现出的正面行为，以及对于不喜欢的对象所表现出的负面行为，将倾向于被归结为行为人本身的因素（Kelley and Michela，1980）。违法企业的所有制属性，表明谁试图从违法行为中获利，揭示了这些行为的真正行为主体。对于这些主体的不同情感将左右观察者的归因认知过程。因此，本章聚焦于违法企业过去的环境行为和所有制类别来探讨环境违法的声誉效应。

9.2.3　过往环境绩效

对于环境不端行为，企业的过往环境表现是很好的解释信号。归因理论认为观察者的先验知识将影响后续的判断。从归因理论中共变（covariation-based）观点出发，如果行为人在不同场合下表现出不同的行为，可能归因于这些场合的差异，而不是行为主体的特质（Perales et al.，2010）。一系列的研究表明，一个人在接受一系列有先后顺序的信息时，倾向于忽略那些与先前信息矛盾的后续信息，而愿意接受与他们已有信念一致的信息。这种现象被称为"领先效应"（primary effect）。因此企业过往的环境行为将影响对于后续环境违法行为的归因和推断。企业若在以往表现出被认可的和赞扬的环境行为，这将有助于构建积极承担环境责任的良好形象。否则，企业被认为无视环境保护和社会责任，或者被认为漠视环境规制。观察者对于企业特质的先验认识会对于后续环境违法行为的归因产生"领先效应"。

总的来说，如果企业先前有良好的环境行为，并因此建立了正面形象，那么观察者有可能忽视企业的当前不良行为。另外一方面，如果在以往企业已经因为环境不端行为被外界获知，那么当前的违法行为倾向于归因为内部因素，比如管理人员的能力缺陷或道德认知不足。行为者的特质因为持续性的行为而被观察者了解（Kelley and Michela，1980）。"魔鬼毡效应"（velcro effect）指的是公司过去出现的危机，会引导观察者认为公司应该对当前危机承担更大的责任，因而造成更显著的声誉损失（Coombs and Holladay，2001）。因此，若公司在过去有不良的环境行为的记录，将使公司在当前的环境事件中遭受更大的声誉损失。

由以上的分析，产生了以下假设：

假设 1：公司过往正面的环境行为，将有助于减轻当前环境违法事件所造成的声誉损失。

假设 2：公司过往负面的环境行为，将使得公司在当前的环境违法事件中遭受更大的声誉损失。

9.2.4　企业所有制

在中国，公司的所有制属性是一个重要的、显著特征。所有制属性信息相较于其他特征，如规模、盈利能力等，更容易引起外界注意。因此，有理由相信公司的所有制属性信息更容易左右公众对于公司不端行为的判断。

国家所有制是中国政府进行社会治理的重要途径，目标在于提高就业率、资助关键行业和企业，维护社会稳定的诉求高于赚取利润的目标（Li et al.，2009；Tian and Estrin，2007）。因此，国有企业相较于其他所有制企业有更强烈的动机来履行社会责任，包括环境保护。有理由相信，国有企业，是公众福利导向的，因而不太可能出现从环境违法行为中获利的动机。所以，国有企业的环境违法行为更倾向于归因为外部场合性、偶发性因素，而不是主观故意，此时，企业承担较少的责任和遭受较少的声誉损失。

相反地，对于跨国企业来说，正如"污染港湾假设"所说，重污染行业的外国直接投资企业（FDI），有向环境规制较弱的地区和国家转移的倾向，因为环境投资是生产成本的一个重要方面，这方面成本的下降将有助于构建竞争优势（He，2006；Levinson and Taylor，2008）。对于外资企业来说，他们有强烈的动机从低水平的环境投入中获利。如果环境破坏可以看成是社会财富创造的一部分成本，那么海外投资者污染了环境却获取了财富。这与"经济国家主义"相一致，经济国家主义认为跨国企业的投资只是增加了投资者自己和他们本土国家的财富（D'Costa，2009；Jakobsen and Jakobsen，2011），而国内的企业虽然也有环境污染的问题，但是他们为国家和社会创造了财富，因而他们的环境问题更容易获得原谅。归因理论认为，对于属于不同组别的个体，对组内的成员更有好感，倾向于将组内成员的错失归因于外部环境，这是一种归因的错觉（Islam and Hewstone，1993）。因此，对于跨国企业的环境不端行为更倾向于被本土公众归因为故意行为，因而导致更大的声誉损失。

此外，在中国，外国直接投资企业被公认有较高的生产效率和盈利能力（Hale and Long，2011）。因此，外资企业应该更有能力和资源来提升环境绩效，而对于盈利能力较差的企业，生存压力高于改善环境的愿望，这将有助于他们被理解和原谅。根据归因理论，当导致一个行为的原因较少时，这给认清行为者特质提供了更大的信息量（Jones and Davis，1966；Kelley，1967）。因此对于外资企业的环境不端行为，更容易归结于内部和主观因素，造成更大的声誉损失。基于这一点，公众观察者对于外资企业的环境不端，反应更加强烈。

假设 3：环境违法行为对国有企业的声誉影响较小。

假设 4：环境违法行为对于外资企业的声誉影响较大。

总而言之，环境违法行为造成的声誉损失，取决于公众如何对这些行为进行归因分析。归因的认知过程受到企业过往环境行为的影响，这些行为对于公众理解当前的事件提供了解释性信息，同时也受到企业的所有制形式的影响，这与公众的情感以及参与归因分析的积极性相关。本章的概念模型如图 9-1 所示。

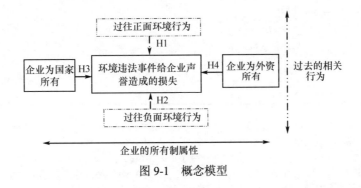

图 9-1　概念模型

9.3 方法与设计

9.3.1 样本与数据

环境违法的样本是从国家环保部和 31 个省份的环保厅网站[①]、大众媒体（报纸）[②]搜集到的 2006～2010 年所披露的环境违法事件。去除重复，只保留最早的样本。公司的信息从国家统计局的工业企业数据库中获得，包括所有制、所在地区、收入、总资产等信息。这个数据源包括最广泛的国内和外资企业数据，由于本数据库囊括了年度销售收入超过 500 万元人民币[③]的企业，因此，样本中的企业均为超过这一指定额度的企业。国家环保部网站披露了 205 起环保事件，地方环保厅披露了 137 起环境事件，另外 10 起是报纸数据库中搜集得到的。总的来说，样本包括 352 起环境违法事件，这些事件由 330 家不同的企业造成。在事件披露日期前后一年中，有 238 起企业违法事件得到媒体报道。根据违法类型，样本划分为三种类型：潜在环保风险（61 起）；废气排放超标（101 起）；废水排放超标（179 起，包括废水排放、河道污染）。其中 8 起事件包括了两种或两种以上的违法类型，19 起事件无法判断属于何种违法类型。67 起事件企业被罚款。考虑到所有制属性，违法企业中样本量最大的是私有企业（135 起）；其次是国有企业（112 起）；然后是集体所有制（96 起），外资企业（9 起）。表 9-1 描述了样本分布情况。

表 9-1　样本分布

维度	样本量/起	比例/%
披露信息源：		
国家环保部	205	59
省级环保厅	137	39
媒体	10	2.8
违法类型：		
废水排放	179	51
废气排放	101	29
环境风险	61	17
N/P	19	5.4

① 从这些网站上，分别采用"污染""违法""超标排放"等关键词搜索信息专栏，在结果列表中，抽取包含明确企业名称的违法信息。

② 搜索了中国重要报纸杂志全文数据库，同样采取上述的关键词。

③ 根据国家统计局 2011 年的中国小型、中型、大型企业划分标准，公司 500 万元年销售收入属于小型企业。因此我们的样本包括所有大型、中型及部分小型环境违法企业。

续表

维度	样本量/起	比例/%
所有制类别：		
国企	112	32
外企	9	2.6
集体所有	96	27
私有	135	38
罚款信息	67	19
环境奖励和荣誉	18	5.1
过往的环境违法	24	6.8
上市企业	51	14
环境敏感性行业	302	86

9.3.2　变量测度

1）因变量

研究者经常使用媒体排名来衡量企业声誉。比如财富杂志的 AMAC 排名（America's Most Admired Companies）是通过对 CEO 和分析师的调查打分来对财富 1000 的企业进行排名。受访者在分值范围 0～10，对竞争者的声誉在 8 个维度上进行打分。金融时报的 WMRC（World's Most Respected Companies）排名同样基于同行 CEO 在相同的 8 个维度上的评价。还有若干与此类似的媒体评价，如 Management Today 报的 BMAC（Britain's Most Admired Companies）排名，以及 Asian Business 的 AMAC（Asia's Most Admired Companies）排名。然而，这些基于声誉的媒体评价都受到类似的批评，虽然采访对象和评价项目稍有区别，这些批评可以总结为：与财务绩效高度相关；受访对象局限于某一类利益相关者（Brown and Perry，1994；Deephouse，2000）。

为了克服这些缺陷，Deephouse（2000）在集成资源依赖理论与大众传媒理论的基础上构建了媒体声誉的概念，并且通过实证分析发现媒体声誉具有资源的 4 个必要属性：价值、无法模仿、不能替代、稀缺性。基于这个概念，研究者们发现媒体声誉的差异不仅反映在认知战略类别（cognitive strategic group）（Wry et al.，2006），也与公众感知（Carroll，2009）及企业市场价值（Pfarrer et al.，2010）密切相关。所以，采用媒体声誉的概念作为代理变量来探讨企业环境违法事件的影响。

与 Deephouse（2000）描述的方法一致，媒体声誉采用时间窗口内媒体报道来估测。如果企业在报道中被提及一次，则获得一个报道单位。一个报道单位根据所报道的内容被评价为正面、负面、中性。正面的报道指企业在报道中被表扬，负面指被批评。正负面的评价基于 AMAC 的声誉调查 8 个指标：产品和服务质量；社区与环境责任；吸引、开发和保留优秀员工的能力；财务稳健性；创新性；长期投资价值；管理质量；公司资产使用。中性的评价是对日常行为的描述，如招聘信息、借款、收购、市场拓展等。如果在一个报道单位中既有正面信息也有负面信息，也被评价为中性。媒体声誉的计算根据以下 Janis-Fadner 公式[①]：

$$
\begin{cases}
\dfrac{f^2 - fu}{t^2} & \text{if} \quad f > u \\[2mm]
0 & \text{if} \quad f = u \\[2mm]
\dfrac{f^2 - u^2}{t^2} & \text{if} \quad f < u
\end{cases}
\tag{9-1}
$$

在这个公式中，f 代表正面的报道单位数，u 代表负面的报道单位数，t 为总的报道单位数。对于环境违法事件的报道属于负面信息。因此，根据以上公式，对环境违法事件报道越多，声誉损失就越大。这和以往的研究中认为环境不端行为伤害企业声誉的研究结果相一致（Lange et al.，2011；Philippe and Durand，2011）。

互联网的信息可获得性在企业和公众之间架起了一座桥梁，这减少了企业充当信息守门员的功能，剥夺了企业与利益相关者信息交流的控制权（Esrock and Leichty，1999；Snider et al.，2003）。互联网本身已经成为企业重要的利益相关者（Wanderley et al.，2008）。根据 Ofcom 网站[②]的 2012 传媒市场报告，在中国 74% 的受访者通过互联网获得信息，超过了美国 38%，英国 48% 的水平。媒体声誉的测度采用中国市场占有率最高的两家网站的新闻报道[③]，他们在国内市场中拥有超过 60% 的市场占有率。并且利用市场占有率最高的搜索引擎结合网络爬虫技术来获得新闻报道的信息。研究中用到的内容包括：有关这些环境违法事件的新闻报道、评论和专栏。

媒体声誉的损失用环境违法事件前后的媒体声誉变化来衡量。变化分值法被认为比直接回归法更适合（Allison，1990）。从事件披露日期前 210 天到 31 天作为事件前窗口期，而事件前 30 天到事件后 150 天作为事件后窗口期。因此事件前后接近一年的时间作为研究时间窗口。事件前 30 天作为事件前后窗口期的分界线

---

① 该公式起初用来在控制了总的报道数量的情况下测度战时报道中的正负报道的对比度（Janis and Fadner，1943）。

② 网址为 http：// www.ofcom.org.uk。

③ 包括新浪网（http：//www.sina.com）和腾讯网（http：//www.qq.com）。

是考虑到有关环境违法的信息有可能在官方披露之前存在信息泄漏。企业的媒体声誉在前后两个窗口期中分别进行计算。如果在窗口期中企业有少于 100 篇的媒体报道，则所有的报道都纳入计算，否则随机选择 100 篇加上剩余的 25%纳入计算。将这些报道分解成报道单位，并进行正面、负面、中性的打分。在 352 起环境违法事件中，分别有 46（13%）和 53（15%）的样本在前后窗口期中有超过 100 篇的报道。一共搜集到 9002 篇的报道，产生 14 401 个报道单位。4175 篇报道属于事件前窗口期，4827 篇报道属于事件后窗口期。作者给 5893 篇报道共 9560 个报道单位打分，另一名同事采用同样的办法给 3109 篇报道共 4841 个报道单位打分。为了测算不同打分者之间的交互可靠性，这位同事给作者的工作中的 796 个报道单位进行打分，有 682 个（85.6%）单位是一致的，这是可以接受的可靠度（Lombard et al.，2002）。对于每个样本，两个事件窗口中的媒体声誉值的变化作为因变量，即事件后窗口期的媒体声誉减去事件前窗口期的值。

2）自变量

①过往环境行为

考虑到历史上不同的环境绩效对于理解当前的环境行为提供不同的信息，构建两个自变量来分别衡量样本企业过往的环境行为，分别为正面行为和负面行为。企业自报道的信息与客观绩效之间存有偏差，并且在可靠性上有局限性（Ullmann，1985），采取从可靠性信息中来测度环境行为的方法，这些信息是由政府披露的权威信息，包括环境奖项和荣誉（中国环境友好型企业、两型试点企业、绿色企业等称号），以及环境违法、不端行为。赢得环境奖项和荣誉是好的环境绩效的重要标志，同时伴随着良好的企业声誉（Johnstone and Labonne，2009；Lyon et al.，2013），而环境不端行为的披露是差的环境绩效的体现（Karpoff et al.，2005）。在回归模型中，用两个哑变量来测度过往环境行为的影响。如果企业在违法事件前获得环境荣誉，变量 Favorable 赋值为 1，否则为 0。如果企业在先前有环境不端行为被披露，变量 Unfavorable 赋值为 1，否则为 0。

②所有制

根据企业控制人的身份，采取二元变量来指示企业的所有制属性。变量 FOE 赋值为 1，如果企业由外国个人或单位所有，若为国内个人或单位所有，则赋值为 0；类似的，SOE 表示国有企业；与以前的研究一致（Wang and Jin，2007；Xu et al.，2012；Zeng et al.，2012），把国有企业以外其他内资企业划分为集体所有（COE）和私有企业（POE），同样用二元哑变量来指示这些属性。私有企业用作基类（base group）。

3）控制变量

①事件的严重程度

事件的严重程度是责任归因的一个关键要素（Kelley and Michela，1980）。然而从环境违法的报告中抽取严重程度的信息十分困难，因为这些报告在披露项目上没有统一的格式，而且地方政府不太愿意披露这些详细信息。但是可以从违法企业是否遭受罚款来间接推断事件的严重程度。在当前的环境法律规制中，经济上的罚款只针对一些严重的环境事故，而对情节较轻的违法者通常采用挂牌督办的方式来强制整改。不幸的是，关于罚款的具体信息，也不是所有的违法事件都有详细披露。在 67 家被披露遭受罚款的违法企业中，只有 15 家（都来自安徽省）披露了罚款数额，其余的只是报告了"对违法企业进行了处罚"，而没有披露具体的数额。在所披露的罚款数额中，罚款额度从 30 000 元到 150 000 元不等。为了克服这一局限性，采用哑变量来指示违法企业是否遭受罚款（对于遭受罚款的样本赋值为 1，其他为 0）。

②披露信息源

在有关披露的一些因素中，信息源（最初谁披露了这些信息）是一个影响公众感知的主要因素。因为信息源的可靠性直接决定公众后续的判断（Pornpitakpan，2004）。已有研究表明信息披露源能够影响证券市场对于环境违法事件的反应（Xu et al.，2012）。环境违法信息的披露主要来自于两个主体：政府和媒体。用变量 Media 来区分这两个信息源，如果违法信息来源于媒体披露，则赋值为 1，对于政府披露的事件，赋值为 0。进一步的，因为从国家级的环保部和省级环保厅两个级别的环保部门搜集数据，所以用另一个变量 NMEP 来指示环保部门的级别，对于国家环保部披露的样本赋值 1，对由其他披露信息源披露的样本赋值 0。

③公司规模

规模大的公司发生环境违法的可能性更高（McKendall et al.，1999），而且这些公司的社会影响大、吸引了更多大众注意力（Darnall et al.，2010）。另外一方面，小企业更加容易受到负面事件的影响（Carroll and McCombs，2003；Flanagan and O'Shaughnessy，2005）。公司规模的测度采用公司总资产的自然对数值。

④盈利能力

基于资源基础理论，Russo 和 Fouts（1997）发现企业绿色行为总体上是付出的（pay to be green）。企业盈利能力是公司环境投资所需资源的可获得性的重要指标（Nakao et al.，2007）。盈利能力高的企业应该在环境投资和环境绩效上有更好的表现（Aragón-Correa and Sharma，2003）。相反，对于盈利能力差的企业，在观察者眼中生存压力高于改善环境的压力。因此，盈利能力影响观察者对于环境违法的责任归因。盈利能力用 ROA（return on asset，资产回报率）来测度，这个测度方法在研究中被广泛使用（Aerts et al.，2008；Russo and Fouts，1997）。

⑤行业的环境敏感性

行业的环境敏感性影响大众对于企业环境信息可靠性的感知（Aerts and Cormier，2009；Aerts et al.，2008）。遵守环境规制的成本也因行业的环境敏感性的差异而不同（Berrone，2009），这意味着在环境敏感性高的行业中企业避免出现环境违法事件的难度更大，这些因素将影响观察者对于负面环境行为的认知和归因（Aerts and Cormier，2009；Sjovall and Talk，2004）。和前人的研究一致，行业划分为环境敏感性与非敏感性两类[①]。用二元变量 Sensitivity 来区分它们，对于敏感性行业该变量赋值 1，否则为 0。

⑥违法类型

不同的违法类型对应于不同的环境规制、处罚措施和改造成本。公众对于不同的违法类型反应也不同。Karpoff 等（2005）发现在不同的违法类型中，空气污染引起企业市场价值的波动更大，这是因为在美国空气污染对应的罚款额度最高。Xu 等（2012）发现在中国，证券市场对于水污染的反应最为显著，而对于空气污染和潜在环境风险累计市场回报都不显著。与此一致，将环境违法划分为三种类型：气体污染（gas）、水污染（water）、潜在环境风险（potential environmental risk，PER）。变量 Gas 与 Water 分别指废气和废水排放超标。PER 是指一些流程没有按照相关法律法规进行，造成较大的环境风险。由于 PER 类型没有造成实质的环境伤害，将该类型与没有观察到违法类型的事件合并为一类，作为控制组。其他两个类型 Gas、Water 作为二元变量，加入回归模型。

⑦非正常报道

Hamilton（1995）发现，在环境违法事件前夕经历过非正常的媒体曝光的企业，将因为环境违法事件获得更高的公众和媒体关注。也就是说，如果在环境违法事件曝光之前，企业已经成为媒体的焦点，那么将有更多的媒体来报道该企业的环境事件，进而遭到更多的谴责。将环境违法事件曝光前 2 个月的媒体报道数除以前 6 个月的报道数作为非正常媒体报道的测度，用变量 Abnormal 来表示。

⑧上市公司

根据归因理论，如果某一行为涉及观察者的利益，那么观察者更有可能将该行为归因于行为人的内在特质，并且认为是主观故意的（Jones and Davis，1966；

---

① 与 Aerts 等(2008)、Patten (2002)的观点一致，将能源、化工、采掘资源业、造纸业、公共事业等行业划分为环境敏感性行业；其他的划分为非敏感性行业。

Kelley and Michela，1980）。相关研究指出，环境违法事件对于证券投资者的财富有负面的影响（Bansal and Clelland，2004；Hamilton，1995；Karpoff et al.，2005）。因此，有理由相信，公众倾向于将上市公司的环境违法事件归因为内在因素，从而导致公司更大的声誉损失。然而，上市公司由于较高的媒体曝光度，声誉更加稳健，这将缓解声誉上的影响（Philippe and Durand，2011）。采用虚拟二元变量（Listed）来控制违法企业是否为上市公司（对上市公司赋值为 1，否则为 0）。

⑨地区发展程度

随着经济的快速增长，社会个体对于环境的关注度越来越高（Krause，1993）。因此，环境违法事件在发达地区吸引更多的社会关注。地区的发展程度用人均GDP 的自然对数值来测度（变量 GDPPC）。

与环境行为相关的变量，包括正面的、负面的，都是根据环境违法事件披露日期来搜集。而其他企业相关数据为 2008 年度的期末数据（2006～2010 年的中期）。

9.4　结果与分析

表 9-2 总结了各个变量的描述性统计，虽然在自变量之间没有显著的线性相关关系，采用多变量共线性检验发现所有自变量方差膨胀因子（VIF）均不大于3.27，这说明模型结果没有受到共线性问题的影响（O'brien，2007）。研究样本的352 起违法事件中，有 238 家企业在所研究的时间窗口被媒体报道。媒体声誉的计算只能是针对被报道的违法企业，因此出现了选择性偏误（selection bias）（Heckman，1979）。为了解决这个问题，采用 Heckman 两步回归模型。在该模型中，首先采用选择性检验方程进行 Probit 分析（因变量为企业是否获得媒体报道的二元变量），以构造选择性偏误控制因子（Mills 比例的倒数，记作 λ）。在第二步中，将该参数加入回归模型中以矫正选择性偏误。由于 Breusch-Pagan 检验发现回归模型中存在异质性问题（heteroscedasticity），将 Heckman 模型做相应调整，以产生稳健的标准差。表 9-3 报告了 Heckman 模型的回归结果，包括显著性和稳健标准差。模型 1 中只有控制变量，模型 2 加入了与假设对应的解释性变量。首先考虑过去的环境行为。假设 1 认为过去好的环境行为对环境违法的声誉效应有一个缓冲调节作用。回归结果中这个变量的系数是正的，并且在 10%的水平上显著，一定程度上支持了该假设（β=0.153，$P<0.10$）。假设 2 认为过去负面的环境行为将加重当前环境违法的声誉损失。变量 Unfavorable 的系数是负的，而且显著（β=−0.187，$P<0.05$），支持了该假设。假设 3 认为国有企业环境违法的声誉损失

表 9-2　描述性统计与泊松相关系数

变量	观察项	均值	标准差	最小值	最大值	HARM	Favorable	Unfavorable	FOE	SOE	COE
HARM	238	-0.121	0.374	-1.232	1	1					
Favorable	352	0.051	0.220	0	1	0.161**	1				
Unfavorable	352	0.068	0.251	0	1	-0.137**	-0.062	1			
FOE	352	0.025	0.157	0	1	-0.197***	-0.037	-0.043	1		
SOE	352	0.315	0.465	0	1	0.069	0.285***	-0.014	-0.109**	1	
COE	352	0.270	0.445	0	1	0.116*	-0.112**	0.013	-0.098**	-0.413***	1
Penalty	352	0.192	0.395	0	1	-0.134**	-0.113**	-0.017	-0.033	-0.085	0.012
Media	352	0.028	0.166	0	1	-0.499***	-0.039	0.022	-0.028	-0.079	0.050
NMEP	352	0.586	0.493	0	1	0.019	0.090*	-0.161***	0.063	0.177***	-0.145***
Size	352	12.560	2.063	7.267	18.961	0.180***	0.250***	0.148***	0.004	0.466***	-0.070
ROA	352	0.040	0.099	-0.237	0.695	-0.072	0.024	0.007	-0.027	-0.073	0.064
Sensitivity	352	0.859	0.348	0	1	0.086	-0.054	0.077	0.065	-0.039	-0.009
Gas	352	0.285	0.452	0	1	0.089	0.110**	-0.021	0.018	0.243***	-0.075
Water	352	0.504	0.501	0	1	-0.322***	-0.105**	0.088*	0.052	-0.127**	-0.056
Abnormal	352	0.172	0.293	0	1	0.127**	0.197***	0.091*	-0.005	0.193***	0.001
Listed	352	0.144	0.351	0	1	0.155**	0.491***	-0.014	-0.066	0.379***	-0.141***
GDPPC	352	8.080	0.347	7.382	9.241	0.028	0.201***	0.010	0.060	0.015	-0.015

变量	Penalty	Media	NMEP	Size	ROA	Sensitivity	Gas	Water	Abnormal	Listed	GDPPC
Penalty	1										
Media	0.240***	1									
NMEP	-0.349***	-0.203***	1								
Size	-0.143***	-0.053	-0.101*	1							
ROA	-0.020	0.020	0.057	-0.143***	1						
Sensitivity	0.092*	-0.127**	-0.094**	0.098*	-0.047	1					

续表

变量	Penalty	Media	NMEP	Size	ROA	Sensitivity	Gas	Water	Abnormal	Listed	GDPPC
Gas	−0.038	−0.032	0.315***	0.239***	−0.129**	0.148***	1				
Water	0.055	0.101*	−0.102*	−0.343***	0.059	−0.207***	−0.599***	1			
Abnormal	−0.149***	−0.052	0.020	0.270*	0.096*	0.023	−0.042	−0.059	1		
Listed	−0.200***	−0.070	0.214***	0.383***	0.092*	−0.088*	0.187***	−0.252***	0.293***	1	
GDPPC	−0.173***	0.066	0.210***	0.195***	0.026	0.051	0.059	−0.176***	0.140***	0.254***	1

*** $P < 0.01$；** $P < 0.05$；* $P < 0.10$

HARM 在事件前后窗 I 期中媒体声誉变化值；Favorable 哑变量，赋值 1 如果企业在过去获得了环境奖励和荣誉，否则为 0；Unfavorable 哑变量，赋值为 1，如果企业在过去有环境违法行为，否则为 0；Media 哑变量，赋值为 1，该违法事件由本由媒体披露，否则为 0；NMEP 哑变量，赋值为 1，如果该违法事件本由国家环保部披露，否则为 0；Penalty 指示违法企业是否遭遇罚款；SOE 国企：COE 集体所有制企业；Size 总资产对数值；ROA 资产收益率；外企：FOE 外企；SOE 国企：COE 集体所有制企业；Abnormal 非正常媒体报道；Listed 是否为上市公司；GDPPC 地区人均 GDP 率；Sensitivity 行业的环境敏感性；Water 废水排放污染；Gas 废气排放污染较小，而假设 4 认为外企的声誉损失更大。从回归结果中来看，SOE 的系数是正的，和预期的符号方向一致，但没有通过显著性检验（$\beta=0.035$，$P>0.10$），没能给假设 3 提供支撑。变量 FOE 的系数是负的，而且显著（$\beta=-0.308$，$P<0.05$），支持假设 4。在控制变量中，变量 Media、NMEP 为信息披露源，都有负的系数，而且均显著，尤其是 Media。另外，Water（水污染的违法类型）在两个模型中均为负的、显著的。

表 9-3　回归结果

自变量	模型 1	模型 2
Favorable		0.153*
		(0.091)
Unfavorable		−0.187**
		(0.079)
FOE		−0.308**
		(0.133)
SOE		0.035
		(0.069)
COE	0.057	0.067
	(0.068)	(0.066)
Penalty	0.003	0.006
	(0.071)	(0.069)
Media	−0.946***	−0.944***
	(0.072)	(0.067)
NMEP	−0.098*	−0.099**
	(0.050)	(0.048)
Size	0.0158	0.014
	(0.012)	(0.012)
ROA	−0.048	−0.026
	(0.188)	(0.182)
Sensitivity	−0.051	−0.024
	(0.036)	(0.034)
Gas	−0.052	−0.059
	(0.062)	(0.064)
Water	−0.209***	−0.194***
	(0.058)	(0.057)
Abnormal	0.061	0.065
	(0.071)	(0.070)
Listed	0.064	−0.003
	(0.039)	(0.044)
GDPPC	0.068	0.077*
	(0.045)	(0.045)
λ	0.248**	0.231**
	(0.103)	(0.107)
Intercept	−0.745*	−0.822**
	(0.402)	(0.396)
R^2	0.3738	0.4233
F-test	56.33***	85.31***

注：括号中为标准差　$N=238$

***$P<0.01$；** $P<0.05$；*$P<0.10$

　　进一步的实证分析来验证模型和结果的稳健性。由于在事件的前后窗口期中分别有 13% 和 15% 的违法样本有超过 100 篇的媒体报道,针对这些样本采用的是随机选择的报道。在另一个独立的回归模型中,将这些样本去除,回归结果基本没有变。这表明,一定比例的样本采用随机报道没有给回归分析结果造成偏差。为了进一步检验结果的稳健性,用 ROE（return on equity）来测度盈利能力,用员工人数来测度企业规模,回归结果也没有大的变化。这表明研究结果具有稳健性。

9.5　讨论与结论

　　观察者根据对企业行为的理解和认知为企业分配声誉。归因理论认为企业声誉是从所观察到的行为出发的一系列归因认知过程的结果（Flanagan and O'Shaughnessy,2005；McElroy and Downey,1982；Sjovall and Talk,2004）。以环境违法行为为例,通过分析观察者对于企业行为的归因过程,旨在揭示企业违反规制和社会规范的负面行为如何影响企业声誉。虽然影响认知过程的因素有很多种,本章聚焦于企业的过往相关行为和所有制类型。

　　结果发现,过往的环境违法行为将对当前的环境事件造成更大的声誉损失。也就是说,重复的环境违法将招致更多的批评与谴责。这与"魔鬼毡效应"相一致,它认为,过去的危机历史将引导大众将更多的责任归咎于当前出现危机的企业,这造成更大的声誉损失（Coombs and Holladay,2001）。另外,企业历史上良好的环境行为,比如赢得环境奖励和荣誉,将在一定程度上缓和当前环境违法事件的声誉损失。这个发现与心理学认知研究中的"领先效应"相符合,它认为观察者在处理一个有时间顺序的信息时,倾向于接受与过去所吸收的知识相一致的信息,而忽视相反的信息（Jones et al.,1968）。总的来说,研究结果证实了对于行为者特质的先验判断将对后续的归因分析产生调节效应。另外,虽然没有发现内资企业所有制的差别对声誉效应的影响,但结果证实外资企业因为环境违法将比内资企业招致更大的声誉损失。再有,环境违法信息披露的来源和违法类型（水污染）对声誉效应存在显著影响。

　　实证结果证实了归因分析的认知过程可能受到公众观察者对行为者（企业）的先验知识和情感的影响。这揭示了企业行为的间接声誉效应,也就是说企业行为能够左右观察者对后续事件的认知,进而对声誉产生影响,这拓展了关于声誉效应的认识。另外,通过探讨环境违法行为的声誉效应,丰富了环境管理的研究,尤其是作为一个新兴经济体,在中国的管理情境下,环境问题正吸引越来越多的公众关注。既然声誉是一个能够让企业从环境治理中获利的途径,声誉损失便作为一个处罚机制能够抑制企业环境不端行为的发生。然而，在不同的企业中，环境不端行为的声誉效应存在较大的差异。当企业陷入环境危机时，企业将受益于或受害于先前的环境行为。如果该企业是外资企业，这将招致更多的声誉损失。这为企业管理者根据企业自身的特征对非系统性环境风险进行评估提供理论支撑。

负面行为的声誉损失一定程度上依赖于公众对历史上相关行为的感知。这强调了在危机情境下，过往行为和表现的重要性，这对危机管理有重要启发意义。危机经理在对危机情境进行评估和选择处理策略时应该考虑历史行为。如果企业在过去已经出现了相关负面的行为，这将加重当前危机对声誉的损害，因而更难以保护声誉。因此，危机经理需要采取更加积极的回应性策略，让观察者感受到企业勇于承担责任，而不是寻找借口、推卸责任，因为反复的负面行为让大众确信这些行为是由内部因素造成的。另外，过往正面的行为能够缓解当前的声誉危机，根据这个发现，建议处于危机事件中的企业采取一些措施来提醒利益相关者对企业过往良好行为的回顾。

观察者对于行为者情感上的差别将导致声誉效应进一步的变化。大众对跨国企业从当前中国弱的环境规制中获利的动机有所担忧，因为低的环境投入意味着更高的利润，而外资企业将长期的污染留在本土，将利润转移海外。外资企业在中国被认为有更高的生产效率和利润水平，这让大众期望这些企业有能力和资源来保护环境，进一步加大违法行为的声誉损失。这提醒跨国企业的管理人员进行妥善的环境治理，否则将面临严峻的声誉后果。在国际化过程中，对本土文化、规范、法律规制的侵犯将激起严厉谴责和造成严重声誉损失（Frost et al.，2007），因为经济的国家主义者总抱有这样的信念：跨国企业的目标是使投资者和他们所在的国家受益（Jakobsen and Jakobsen，2011）。这进一步证实了跨国企业在东道主国家遭遇不平等对待是国家化的负担之一（liability of foreignness，LOF），因此跨国企业更应该遵守当地的制度规范，以获得合法性。

虽然监督企业环境绩效是政府的职责所在，研究样本中有一部分违法事件因为显著的社会影响，由媒体首先披露。并且，研究证实由媒体披露的违法事件对声誉有更大的影响。这与 Xu 等（2012）的研究相一致，他们发现由媒体披露的环境违法事件比由政府披露的事件对证券市场产生更大的影响。另外，发现由国家环保部（NMEP）披露的违法事件比地方环保厅披露的事件能够吸引更多的社会关注。因此可以认为披露信息源是环境违法事件声誉效应的一个直接影响因素。另外，环境违法披露报告在格式上存在严重的不一致，这导致无法搜集罚款的具体数额，与西方国家的研究不同，很难将环境违法事件与罚款数额一一对应。这也反映了在中国的情景下，政府由于经济发展的压力较大，没有对环境违法采取严厉的措施，包括详尽的违法信息披露（Zeng et al.，2010b）。近年来，由于水污染已经对中国公众的健康和财产造成了严重威胁，《中国水污染防治法》在 2008年进行了修订，取消了水污染的罚款上限。这些因素可以解释水污染能够吸引更多公众关注和招致更多谴责的原因。

本章基于归因理论，聚焦于公司的一种负面行为（环境违法），探讨了过往的相关行为、所有制类型如何影响声誉效应，而前人的研究大多聚焦于行为属性的差别（Philippe and Durand，2011；Reuber and Fischer，2010）。这在一定程度上解释了为什么负面行为对不同企业的声誉产生不同程度的影响。研究结果揭示了企业行为能够影响观察者对后续事件的判断，产生间接声誉效应。并且发现了作为一种差别对待，跨国企业由于环境违法遭受更大的声誉损失。这些发现提醒企业经营者对于环境管理中的非系统性风险的关注，并对危机管理也有启发意义。

本章工作也存在一些局限性。首先，企业声誉由若干个维度构成，环境表现只是其中之一。如果对某一方面过分的关注将掩盖其他方面的问题。环境违法事件相比于其他正面事件能够吸引更多的媒体关注，这使得媒体对声誉效应具有放大的效果，对这个问题的研究需要更深入的探讨。另外，所采用的样本规模偏小，在未来若有更多样本，可进一步扩展和深入这个方面的研究。

第10章 企业环境违法事件对借款融资的影响

10.1 引　　言

随着环保呼声的高涨、环境规制的加强，企业可以通过改善环境绩效来赢得竞争优势（Haddock‑Fraser and Tourelle，2010；Simpson et al.，2004）。虽然环境绩效与经济绩效之间的关系仍然处于争论之中（Dangelico and Pontrandolfo，2013），但是大量的研究表明，环境绩效的提升能够降低成本（Schaltegger and Synnestvedt，2002；Zeng et al.，2010a），提升企业声誉（Zhu et al.，2013），帮助与外界利益相关者建立良好的关系（Dögl and Behnam，2014；Haddock‑Fraser and Tourelle，2010；Qi et al.，2013b）。另外，环境违法将对企业产生一系列不良影响，包括对现金流的影响（Blanco et al.，2009），增加政治成本（Patten and Trompeter，2003）、产生声誉损失（Karpoff et al.，2005；Philippe and Durand，2011）。这些研究表明，外部利益相关者和市场对企业环境绩效比较敏感，因此企业可能因为环境违法行为遭到惩罚。

相关研究已经证实证券市场看重企业环境绩效（Aerts et al.，2008；Jacobs et al.，2010）。并且作为公司的一个关键利益相关者，债权人在与企业打交道时将考察企业的环境绩效（Kassinis and Vafeas，2006），比如银行在做贷款决定时，与环境相关的风险被视为信用风险的一个方面（Coulson and Monks，1999；Thompson，1998；Weber et al.，2008b）。这将导致环境违法企业的融资成本提高（Nakao et al.，2007；Rao and Holt，2005；Sharfman and Fernando，2008）。然而，债权人经常困惑于企业风险信息的不对称，贷款可能倾向于发放给环境风险高的企业（Healy and Palepu，2001），银行的效率因此降低了（Sharpe，1990；von Thadden，2004）。企业环境信息披露是一个重要的信号工具，将企业的环境风险公诸于众（Bies，2013；Harris and Raviv，1991）。政府公布的环境违法信息相比于企业自己公布的信息更具有权威性、可靠性，尤其是关于企业产品和生产过程中可能对社会造成的危害（Zeng et al.，2012）。作为一个重要的融资渠道，资本市场对企业的可持续运营有重要的影响。大量的研究证实证券市场对环境违法的负面消息有显著的负面回应（Aerts et al.，2008；Dasgupta et al.，2006；Xu et al.，2012），但是迄今为止，关于借款融资是否受环境违法事件影响在文献中还没有得到证实。

在新兴市场和发展中国家环境规制偏弱，对绿色产品的需求不强烈（Blackman，2010；Dögl and Behnam，2014），因此企业没有足够的积极性进行污染治理的投入。中国作为典型的过渡型经济体，处于环境保护主义的初级阶段。在沉重的经济发展压力下，政府可能不愿意对环境违法行为采取严厉的措施，因为担心污染处罚可能影响经济增长（Child and Tsai，2005；Zeng et al.，2012）。政府规制不能强烈激发企业进行环境治理的积极性，资本市场对企业所施加的环境压力将在一定程度上弥补政府环境规制的不足，而这对企业来说可能意味着一个容易被忽视的"绿色"压力。

本章中，结合资本结构理论和信号理论的观点，基于近年来政府披露的中国上市公司的环境违法数据，探讨了环境违法信息的披露能否影响企业的借款融资。检验了环境违法对企业借款融资水平以及借款中信用借款比例的影响。本章的主要贡献在于描述了环境违法与借款融资之间的逻辑关系，揭示了信贷市场对企业环境违法行为持负面的态度，这是规制性罚款以外的一个处罚机制，表现为对企业不端行为进行惩罚的市场机制，并且发现该机制对于国有企业在一定程度上失效了。这些发现对于我国情境下的管理实践有重要的启发意义。现阶段，我国政府通过投资在经济运转中扮演重要的角色，这在利用市场机制激励企业承担环境责任方面存在一定缺陷。另外，其对环境绩效与经济绩效之间关系的认识具有一定启示，揭示了企业环境行为对经济绩效的一条潜在影响路径。

10.2　理论与假设

随着世界范围内人们的环保意识和政府环保规制的增强，银行开始在贷款决定中考虑企业的环境绩效（Coulson and Monks，1999）。Thompson and Cowton（2004）探讨了英国的银行为什么以及如何在贷款决定中考察企业的环境信息。Thompson（1998）调查了企业借贷中环境风险的内涵，并将这些风险划分为三个方面：直接的、间接的和声誉方面的风险。直接风险是指由于借款人破产导致的污染清理的法律责任；间接风险是指由于企业罚款和污染清理费用上升导致成本上升、盈利下降，从而在还款能力上出现的风险；声誉风险是指银行由于资助环境污染项目产生的声誉损失。

关于银行在贷款决定中如何衡量环境风险，Thompson 和 Cowton（2004）探讨了银行贷款中对环境信息的需求，发现银行在做贷款决定时主要依赖企业的环境信息披露来衡量企业的环境风险。在对欧洲银行业的调查和实证分析中，Weber

等（2008b）研究了银行如何在信用评估中考察环境风险，并且发现了签署 UNEP[①]协议的银行与没有签署该协议的银行在衡量环境风险方面存在较大差别。在针对环境风险管理如何影响融资成本的研究中，Sharfman 和 Fernando（2008）发现企业能够通过环境管理降低融资成本，并且获得更多的贷款融资。

很多研究揭示了环境违法事件对于股票市场的影响，来自不同国家的研究均表明，环境不端行为对公司市场价值和股东财富有负面影响（Capelle-Blancard and Laguna，2010；Dasgupta et al.，2006；Karpoff et al.，2005）。虽然有很多针对中国环境违法成本过低的批评，但是股票市场对于环境违法事件的反应总体上是负面的（Xu et al.，2012），这和发达国家的研究结论一致。对比股票市场，作为一个重要的融资渠道，信贷市场对企业的可持续运营有更重要的影响。总的来说，当企业的现金流不足以支撑支出时，首选借贷融资，而不是发行股票。借贷无疑在企业的融资选择中处于极其重要的地位，特别是对于中国的企业来说，由于没有发达和完善的债券市场，借贷主要来源于银行。上市公司的 22%的资产来源于这个融资渠道（Tian and Estrin，2007）。

但是，对于环境违法与企业借款融资之间关系的研究关注极少。环境违法信息作为政府披露的关于企业环境风险的权威信号，能够弥补企业内外部信息不对称，这种不对称一直困扰着债权人的投资决策（Healy and Palepu，2001；Krishnaswami et al.，1999；Sharpe，1990）。基于以上讨论，本章试图通过对环境违法与企业借款融资的实证分析来丰富关于环境绩效与借款融资之间关系的认识。

虽然目前中国的银行系统由政府控制，国有银行占绝对主导地位，但近年来银行系统中推进了一系列改革，包括颁布"商业银行法"，采用了新的会计准则，极大推进国有银行的利润驱动机制；将金融监管与管理的权力移交至新成立的"中国银监会"；放松了银行的准入门槛，吸引海外投资者在中国银行的投资；鼓励银行在证券市场上市以推进银行的独立管理和提高风险评估能力，等等。经过这些改革和风险评估能力的提升，中国银行系统已经极大地降低了不良贷款的比例。从 2000 年的 41%降低至 2010 年的 1.2%。Gan 等（2014）通过实证研究发现，中国银行系统经过一系列的改革，在 2005～2009 年，股票市场对于企业银行贷款声明的负面反应已经消失，这表明银行风险评估能力的极大提升。这与其他学者的研究相一致（Barros et al.，2011；Chang et al.，2012；Sun and Chang，2011）。另外，国家所有制在中国经济中扮演着极其重要的角色，这不仅影响市场的流通性（Chu et al.，2014），还影响企业绩效（Ma et al.，2010；Tian and Estrin，2008），

[①] United Nations Environment Programme 是联合国银行系统在保护环境和可持续发展方面承诺部署环境友好型政策和进行实践的声明。

公司融资（Li et al.，2009；Liu et al.，2011）。中国的银行系统是国有企业融资的主要渠道，同时国有属性能够在一定程度上给借款融资提供保证或担保（Wang et al.，2008）。基于此，本章进一步探讨了环境违法对于企业借款融资的影响是否在国有企业与非国有企业中存在差异。

10.2.1　借款融资水平

环境违法威胁了公司的合法性，而公司合法性影响企业是否能够获得银行融资（Le et al.，2006）。环境违法企业将面临被起诉和关停的风险（Sharfman and Fernando，2008）、遭受声誉损失（Philippe and Durand，2011）、绿色消费者的抵制（Haddock‐Fraser and Tourelle，2010），以及在股票市场上的劣势（Wahba，2008；Xu et al.，2012）。另外，由于公司内外部存在关于企业风险的信息不对称，环境违法信息的披露作为一种信号，能够起到对社会公众通告公司风险、减少信息不对称的作用。因此，环境违法信息能够吸引债权人的注意，并影响他们的借款决定。

根据信号理论，信号效应的效率部分由接受者的特点决定（Ramaswami et al.，2010）。并且，信号的可见度和强度对于信号效应的效率也有重要影响。接受者对信号的扫描越频繁，信号的效率越高（Gulati and Higgins，2002）。接受者如何翻译、解释这些信号也将影响信号的有效性（Branzei et al.，2004）。企业环境违法的新闻信息由政府披露，保证了信号的正确性（signal fit），意味着信号和实情的一致性（Connelly et al.，2011）。并且违法信息吸引了大众媒体的报道，增强了对于外部大众的可见度。本章中，信号的接受者为信贷市场上的债权人（如银行），这些机构有专门负责市场信息采集、具备专业知识的团队。因此，这些环境违法信息将有效激发信号接受者的反馈，最终体现为公司借款融资水平的变化。

企业借款融资的利率由信贷市场（包括银行、债券市场、公共投资者）对企业的风险评价决定（Harris and Raviv，1991）。因此，风险管理是一种降低融资成本的重要战略（Cebenoyan and Strahan，2004）。环境风险是信贷市场的债权人在做决策时考虑的因素之一（Coulson and Monks，1999；Thompson，1998；Weber et al.，2008b）。当违法信息披露减轻了有关潜在的环境风险的信息不对称时，关于未来的财务负担和公司运营上的不确定性遭到曝光，这将引起债务市场的投资者对于公司风险的重新评估，造成更高的融资成本。当借贷融资成本较低时，企业选择较高的借贷融资，而成本上升后，将被迫降低融资的额度。

从另外一个基于折中理论（tradeoff theory）的视角发现，企业总是通过借贷的盾税功能（tax shielding effect）和破产的清算成本之间的平衡来充分利用借款融资（Frank and Goyal，2009；Harris and Raviv，1991；Shyam-Sunder and C Myers，1999）。当环境违法威胁到企业的合法性，破产风险提高，借贷的利弊最佳平衡点将下降，在一定程度上造成当企业出现环境违法时借款融资水平的下降。因此，作为债务融资的最主要方式，借款融资容易受到企业环境风险的影响。

假设 1：企业环境违法将降低企业的借款融资水平。

10.2.2　信用借款比例

借款融资的另一个潜在成本是抵押物或者保证条款。借款人经常要求根据风险状况在融资时提供抵押或保证条款。这些实物抵押或者个人保证改变了借款人的借款风险，因此改变了债务在风险和价格之间的平衡。对于风险系数较高的企业，这些抵押或保证借款显得尤其重要，因为如果没有这些借款，那些净现值为正的项目无法得到资助（Thakor and Udell，1991）。但是抵押或保证借款对于借贷双方都存在额外的成本，因此缺乏吸引力。首先，债权人需要对抵押物进行评价，承担对抵押借款的额外管理费用；债务人必须定期给债权人提供资产报告，并且资产的使用受到限制。如果债务人违约，这些抵押物将被没收和出售。因此，对于风险较高的企业，抵押或保证借款的利率要比信用借款高。而且，这些抵押和保证条款并不能充分抵消额外的风险（Stohs and Mauer，1996）。对于危险系数较高的企业，抵押是对违约风险的一种补偿手段，以达到债务人的资金需求与债权人风险规避需求之间的平衡。而信用借款（无抵押和担保）需要对企业未来表现和过往信用记录有更高的评价，因此风险系数较高的债务人更多的是获得需要抵押或保证的安全借款。很多研究都揭示了安全借款（有抵押或保证条款）区别于信用借款的风险特征（Berger and Udell，1990；Bester，1994；John et al.，2003）。

近年来，一些企业由于环境事故受到了致命的打击。在借款决定中，考虑是否要债务人提供抵押或保证条款时，需要对环境风险进行评估。政府披露的企业环境违法信息揭示了潜在环境风险。因此，环境违法企业的借款更多地依赖于需要抵押或保证的安全借款。这引出下面的假设：

假设 2：环境违法将导致企业接受更高比例的安全借款（抵押或者保证条款）。

10.2.3　企业所有制

在以上分析中，详述了环境违法如何影响违法企业的借款融资。根据信号理论，违法企业的性质将影响信号接受者如何解释环境违法信息（Connelly et al.，2011）。虽然国有经济占国民经济的比例已经在将近 30 年的市场化改革中大幅降低了，但是国有制经济仍然控制着国民经济的命脉。国家所有制不仅通过政策决定着资源的分配，而且通过投资参与经济的运行（Tian and Estrin，2008）。虽然在中国国家所有制和政府控股能够激励企业改善环境绩效（Chang et al.，2013；Lyon et al.，2013），国有企业同样也被披露出现环境违法事件。在这种情形下，政府同时扮演了违法者和执法者的角色。因此，有理由相信，政府对于国有企业环境违法所采取的行政措施将有别于其他所有制的企业，这必将影响外部利益相关者对于企业环境风险的判断。

前人的研究已经揭示，企业的政府背景在债务融资中扮演重要的角色，尤其是从银行借款（Li et al.，2009；Wu et al.，2008），既然中国政府同时是国有企业和银行的所有者，那么国有企业就是国有银行的"亲戚"。虽然近年来银行系统的改革降低了政府的干预，但是这种关系仍然存在，政府能够对银行给国有企业借款融资提供保证并施加压力（Lin and Zhang，2009）。软的预算约束（soft budget constrain）和对于处于困境中的国有企业的政府救助将提高银行对这类企业的借款发放（Brandt and Li，2003）。国有企业因为政府背景破产风险较低，国有企业因此能够享有更低的融资成本（周彩红，2003），这主要表现为：国有企业的负债水平（杠杆率）较高（Li et al.，2009）；国有企业获得更多的信用借款（无抵押或保证条款）（Cull and Xu，2005）。

当环境违法信息引起信贷机构的注意时，企业的国有特征将能够给企业带来一些优势。目前，国有企业的领导人往往像政府官员一样由政府任命。政府与国有企业之间的政治关联将在行政规制和监管方面为企业提供方便与保护，因为政府承担监督企业环境绩效的责任，并且在环境违法事件出现时，拥有处罚措施的选择权。当国有企业卷入环境争端时，企业将期待得到政府的救助。虽然国有企业的环境违法事件时有报道，但债权人对这类企业的环境风险的评价将不同于非国有企业。因此，作出如下假设：

假设 3：环境违法对于借款水平的影响在国有企业中将得到缓和。

假设 4：环境违法对于信用借款比例的影响，在国有企业中也将得到缓和。

总之，以上探讨了环境违法对于企业借款融资的整体水平和安全借款的影响。另外，国有制是中国情境中一个重要的特征，从信号理论出发，违法企业的国有性质将影响外界对于环境违法信息的解读，所以应进一步探讨企业国有制背景下的调节效应。

10.3　方法与设计

10.3.1　研究样本

搜索中国政府环保部门的网站,发现在 2010 年首次大批量地披露了关于上市公司的环境违法信息(近 50 起),而此前仅有零星的披露信息。样本涵盖了 2010~2011 年政府环保部门披露的环境违法事件,包括国家环保部和省级环保厅,并且因为数据的可获性和相似的融资组合,样本仅包括上市公司。为了避免受到伴随着环境违法信息披露而发生的其他事件的影响,如合并、兼并,CEO 更替,其他类型的违法和诉讼等,有类似事件披露的企业从样本中剔除。

表 10-1　样本分布

行业	违法样本/控制样本		Total	比例/%
	2010 年	2011 年		
石油化工和塑料加工	11/14	6/9	40	21.98
农业畜牧业	3/2	1/2	8	4.40
矿产采掘	12/11	6/7	36	19.78
食品饮料	5/5	1/2	13	7.14
造纸印刷	2/2	0	4	2.20
金属与非金属制造	5/5	5/6	21	11.54
生物制药	1/2	6/8	17	9.34
机械设备制造	3/5	3/7	18	9.89
公共事业	4/6	3/4	17	9.34
纺织	2/2	1/2	7	3.85
合计	102	79	181	
比例/%	56.59	43.41		

为了控制行业趋势,突出环境违法事件的影响,从上海交易所上市的 A 股企业中利用匹配方法构建了控制样本。选择了三个关键的维度进行匹配:行业、规模(总资产的对数值)、杠杆率(总资产中负债比例),这些都是环境绩效和借款能力重要的影响要素,并且在金融研究中被经常使用。规模和杠杆率在匹配计算之前进行了标准化处理。基于此,计算违法企业与每个没有发生环境违法(以及其他以上列举的事件)的同行业竞争者之间的欧式距离,行业划分根据中国证监会的行业划分代码。基于该距离,每个违法样本匹配相似度最高的两个竞争企业,采取有放回的抽样方法,这样能在整体上缩小违法样本与控制样本之间的差异。

利用以上方法，获得 80 个违法样本，匹配得到 101 个控制样本。表 10-1 列出了样本的行业分类。可见，样本量最多的行业是石油化工和塑料制造行业（21.98%）。企业特征和财务数据从中国证券市场和财务研究数据库（CSMAR）以及这些上市公司的年报中获取。

10.3.2　变量测度

1）因变量

在此研究中，将违法企业与控制样本在违法事件前后会计年度中借款的变化进行对比，据此来测度环境违法事件的影响。对于假设 1，测度了前后年度借款额度对总资产比率的变化；假设 2 讨论违法事件对安全借款比例的影响，针对该假设，测度借款总额中信用借款比例的变化。因此，两个因变量分别记为 ΔTotal，ΔUnsecured：①ΔTotal，为前后会计年度中借款对总资产比率的变化；②ΔUnsecured，为借款总额中信用借款比例的变化。

2）解释变量

回归模型中，采用虚拟变量 EV 将违法样本与控制样本区别开，对于违法企业，该变量赋值为 1，对控制样本赋值为 0。

为探究环境违法对借款融资的影响是否在国有企业与非国有企业中存在差异，与前人研究相一致，企业的所有制用二元变量来表示，对于国有企业该变量赋值 1，对非国有企业该变量赋值为 0。根据这个变量，将样本划分为国有企业、非国有企业两个子样本。同时，对国家所有制的调节效应，也采用与违法变量的交互项来测度。在回归模型中，国有制也作为控制变量。

3）控制变量

因为很难在控制样本中针对所有的变量进行匹配，这些内生变量需要在回归模型中加以控制。对影响环境违法与借款结构的变量加以控制以防止在回归结果中产生偏误。本章控制变量及其测度方法描述如下。

①公司规模

规模大的公司卷入环境违法控告中的可能性更大（McKendall et al.，1999）。企业规模也是资产结构研究中一个普遍控制的变量（Cebenoyan and Strahan，2004；Chen，2004）。规模小的企业倾向于采用短期借款和抵押保证借款（Titman and Wessels，1988）。公司规模的测度采用总资产的自然对数值。

②杠杆率

未来现金流中的风险随着杠杆率的上升而增加。杠杆率也是银行贷款决定中需要考虑的一个重要指标，这导致借贷成本随着杠杆率的升高而增加（Gebhardt et al.，2001）。另外，资产的杠杆率也影响资产的使用：当未来风险和杠杆率很大时，公司倾向于投资于保守的、净现值为正的项目。因此，可以推断，当杠杆率升高时，公司经营者偏好于能够迅速盈利的项目，而不是环境投资。环境管理加重了杠杆率的负担（Sharfman and Fernando，2008）。杠杆率的测度采用资产负债率。

③地区现代化水平

在中国地区发展极不平衡，地区发展水平不仅是一个与环境规制强度相关的指标，也与市场的融资行为紧密相关。在现代化水平较高的地区，市场经济活跃，公众对环境问题更加关注，政府倾向于采取更严厉的环境规制（Diao et al.，2009；Jalil and Feridun，2011；Tamazian et al.，2009）。同时，当地区发展水平更高时，银行在贷款决定中所受的规制性约束较少（Li et al.，2009；Wu et al.，2008）。现代化水平采用集成了环境发展和环境规制等因素的综合测度指标。这个指标由中国科学院中国现代化研究中心 2011 年在《中国现代化报告》中发布。现代化指数包括五个方面：经济发展水平（人均 GDP，第二、三产业的就业率，资金输出比，综合能源消费输出比）；生活标准（人均可支配收入，恩格尔指数，城乡可支配收入比，区域差别系数）；人口质量（受教育年限，寿命）；社会发展（RandD 与 GDP 比，信息化水平，社会安全水平）；环境方面（环境规制、环境治理指数）。

④盈利能力

财务绩效所代表的盈利能力，是银行在评估违约风险时所依赖的主要指标，以此来选择贷款的方案，包括是否发放借款、利率水平，抵押或保证条例，这些都决定企业银行借款的成本。一些研究指出盈利能力与资本结构之间存在紧密关系（Brockman et al.，2010；Chen，2004；Titman and Wessels，1988）。而且，盈利能力与企业环境战略和环境绩效也密切相关。盈利能力较强有助于公司采取积极的环境战略，加大环境投入。而且，环境管理能够帮助公司获得好的声誉，提高盈利能力（Becchetti and Ciciretti，2009；Blanco et al.，2009）。盈利能力用资产回报率（ROA）来测度，即营业利润除以总资产。

⑤未来增长机会

增长机会是企业可持续绩效的重要影响因素。当公司在未来发展前景不好时，在创新和产品开发中采纳可持续发展原则的动机就不强烈。而当未来增长机会较多时，公司在竞争战略中应用可持续性原则的可能性更高（Artiach et al.，2010）。公司增长机会也是银行在做贷款决定时所关心的指标之一，因为增长机会与未来的财务绩效和违约风险直接相关。在中国，上市公司未来增长机会与借贷水平呈正相关关系（Chen，2004），这和发达国家的研究结果一致。Guedes and Opler（1996）

发现增长机会大的企业倾向于采用短期贷款。和前人的研究一致，该变量用账面市值比来测度（总资产除以市值）。

⑥有形资产

研究者发现企业有形资产的比例越高，采用可持续发展原则的动机越低（Artiach et al.，2010；Hibiki and Managi，2010）。另外，也发现了有形资产和杠杆率之间存在正的相关关系。有形资产的专用性较低，因此方便用来作为负债抵押，以降低债务的风险（BAE and Goyal，2009；Frank and Goyal，2009）。因此在回归模型中控制了有形资产比率，用财务年报中的所有权、车间设备的总价值（PPE）与总资产的比率来测度该变量。

10.3.3　计量模型

采用混合截面数据，用哑变量 Year 来指示年度。多变量 OLS 回归模型用来测度这些解释变量对借款融资的影响（模型中所有变量的定义如表 10-2 所示）。首先，探讨了环境违法对借款融资的整体影响，采用交互项来检验这个影响是否对国有企业与非国有企业存在差异。然后，将样本划分为国有企业与非国有企业样本，分别对子样本进行回归分析，以验证结果的稳健性。

表 10-2　变量定义

变量	定义
ΔTotal	借款总额对总资产比例的变化
ΔUnsecured	信用借款比例的变化
State	国有企业属性，对国有企业赋值 1，对非国有企业赋值 0
EV	环境违法指标，对于违法样本赋值 1，对控制样本赋值 0
Size	企业规模，总资产的对数
Leverage	杠杆率，总资产中负债比例
ROA	资产回报率
Modernization	地区现代化程度指标
Book to Market	账面市值比
Tangibility	有形资产比例
Year	年度变量，对 2010 年赋值 1，对 2011 年赋值 0

10.4　结果与分析

表 10-3 列出了主要变量的描述性统计。表 10-4 中的结果是因变量在违法样本与控制样本的单变量检验。在"EV"栏中，值 1 代表违法样本，值 0 代表控制

样本，最后一栏中 t 检验报告了两个样本中的变量均值差异是否显著。结果显示违法样本的ΔTotal（借款融资的整体水平变化）和ΔUnsecured（信用借款比例的变化）平均值比控制样本小，并且在 10%的水平上显著。根据国有属性将样本划分为国有企业与非国有企业的子样本。在国有企业的子样本中没有发现这些变量的显著差异，而在非国有企业中发现违法样本的ΔTotal 和ΔUnsecured 显著小于控制样本。这些结果初步证实了以上的假设。

表 10-3　描述性统计

变量	观察项	均值	标准差	最小值	最大值
ΔTotal	181	0.024	0.115	−0.429	0.517
ΔUnsecured	181	0.007	0.217	−1	1
EV	181	0.440	0.498	0	1
Size	181	22.672	1.871	17.495	28.136
Leverage	181	0.578	0.367	0.070	1.99
ROA	181	0.034	0.073	−0.386	0.230
Modernization	181	45.610	17.273	27	81
Book to Market	181	0.566	0.267	0.022	1.106
Tangibility	181	0.943	0.071	0.317	1
State	181	0.758	0.429	0	1

表 10-4　单变量检验

变量	EV	样本数	均值	均值差异 mean（0）-mean（1）	T 值
总样本：					
ΔTotal	1	80	0.018	0.009	1.306*
	0	101	0.027		
ΔUnsecured	1	80	−0.016	0.042	1.299*
	0	101	0.026		
国有企业子样本：					
ΔTotal	1	62	0.039	−0.007	-0.419
	0	76	0.032		
ΔUnsecured	1	62	−0.020	0.021	0.607
	0	76	0.001		
非国有企业子样本：					
ΔTotal	1	18	−0.033	0.045	2.156*
	0	25	0.012		
ΔUnsecured	1	18	0.066	0.049	1.633*
	0	25	0.115		

*$P<0.10$；**$P<0.05$

　　表 10-5 报告了泊松相关性分析结果，并且这些变量的方差膨胀因子（VIF）均小于 10，意味着回归结果没有受到共线问题的影响（Kennedy，2003）。回归结果在表 10-6 和表 10-7 中。在表 10-6 中，对每个因变量采用了三个回归模型：首先回归模型中只包含控制变量，然后加入主效应变量，最后加入交互变量。假设 1 预测环境违法将使得企业借款融资的整体水平下降。在模型 2 中，变量 EV 的系数是负的而且在 10%水平上显著（β=−0.034，P<0.10），一定程度上支持假设 1。假设 2 认为环境违法将造成信用借款比例的下降。模型 5 中环境违法变量 EV 的系数为负，但并不显著，因此对该假设 2 没有提供显著支撑。假设 3 和假设 4 预测环境违法对借款融资的影响在国有企业中相对较弱。模型 3 中的交互项系数为正且在 5%水平上显著（β=0.069，P<0.05），这支持了假设 3。在模型 6 中，交互项系数也为正，但没有通过显著性检验。因此，总体上，从整体样本的回归结果来看，与 ΔTotal 相关的两个假设（1 和 3）得到了经验证据的支持，而另外与 ΔUnsecured 相关的两个假设（2 和 4）没有获得支持。

表 10-5　泊松相关性系数

系数	1	2	3	4	5	6	7	8	9	10	11
ΔTotal	1										
ΔUnsecured	−0.102	1									
EV	−0.036	−0.062	1								
Size	0.052	−0.012	0.112	1							
Leverage	−0.038	−0.061	−0.149	−0.067	1						
ROA	0.075	0.176	0.039	0.280	−0.561	1					
Modernization	−0.141	−0.047	0.053	0.362	−0.080	0.062	1				
Book to Market	0.006	−0.006	0.000	0.649	−0.026	−0.029	0.267	1			
Tangibility	−0.027	0.021	−0.005	0.136	0.016	0.013	0.139	0.093	1		
State	0.199	−0.189	−0.019	0.316	−0.071	0.060	0.112	0.235	−0.009	1	
Year	0.097	−0.061	−0.071	−0.111	−0.052	0.090	−0.005	−0.103	−0.032	−0.076	1

注：相关性系数绝对值不小于 0.149 时在 0.05 水平上显著

表 10-6　总样本回归结果

系数	ΔTotal			ΔUnsecured		
	模型 1	模型 2	模型 3	模型 4	模型 5	模型 6
EV		−0.034 (−1.64)*	−0.059 (−2.03)**		−0.035 (−1.05)	−0.051 (−0.73)
EV×State			0.069 (2.12)**			0.021 (0.26)

续表

系数	ΔTotal			ΔUnsecured		
	模型 1	模型 2	模型 3	模型 4	模型 5	模型 6
Size	0.004	0.004	0.006	−0.009	−0.007	−0.006
	(0.65)	(0.7)	(1.01)	(−0.7)	(−0.5)	(−0.45)
Leverage	−0.002	−0.003	−0.014	0.035	0.025	0.022
	(−0.07)	(−0.13)	(−0.6)	(0.66)	(0.46)	(0.39)
ROA	0.051	0.045	−0.019	0.805***	0.772***	0.756**
	(0.4)	(0.35)	(−0.15)	(2.71)***	(2.59)***	(2.47)**
Modernization	−0.001	−0.001	−0.001	−0.0006	−0.0006	−0.0006
	(−2.36)**	(−2.35)**	(−2.72)***	(−0.56)	(−0.56)	(−0.6)
Book to Market	−0.010	−0.012	−0.016	0.087	0.076	0.076
	(−0.28)	(−0.33)	(−0.44)	(1.05)	(0.92)	(0.91)
Tangibility	−0.004	−0.005	−0.015	0.075	0.071	0.069
	(−0.05)	(−0.05)	(−0.16)	(0.33)	(0.32)	(0.31)
State	0.046	0.045	0.013	−0.108	−0.113	−0.123
	(2.73)***	(2.69)***	(0.56)	(−2.76)***	(−2.85)***	(−2.23)**
Year	0.022	0.021	0.023	−0.041	−0.044	−0.044
	(1.55)	(1.52)	(1.62)*	(−1.28)	(−1.36)	(−1.35)
Intercept	−0.049	−0.0519	−0.040	0.182	0.161	0.164
	(−0.36)	(-0.38)	(-0.3)	(0.59)	(0.52)	(0.53)
Observations	181	181	181	181	181	181
F	2.05**	1.78*	2.13**	2.17**	2.06**	1.85*
Adjusted R^2	0.0440	0.0387	0.0583	0.0498	0.0504	0.0452

括号中为双尾 t 值

* $P< 0.1$；**$P< 0.05$；***$P<0.01$

表 10-7　对两个子样本的回归结果

系数	国有企业子样本		非国有企业子样本	
	ΔTotal	ΔUnsecured	ΔTotal	ΔUnsecured
	模型 7	模型 8	模型 9	模型 10
EV	0.007 (0.43)	−0.031 (−0.87)	−0.046 (−2.15)**	−0.121 (−1.7)*
Size	0.010 (1.31)	−0.032 (−2.06)**	−0.011 (−1.07)	0.075 (2.36)**
Leverage	−0.050 (−1.08)	0.030 (0.31)	0.005 (0.23)	−0.055 (−0.75)
ROA	0.048 (0.24)	1.297 (3.07)***	−0.017 (−0.12)	0.029 (0.07)
Modernization	−0.001 (−2.35)**	−0.0005 (−0.42)	−0.001 (−1.25)	−0.001 (−0.48)
Book to Market	−0.030 (−0.68)	0.250 (2.75)***	0.077 (0.97)	−0.503 (−2.05)**
Tangibility	−0.048 (−0.43)	0.254 (1.1)	0.156 (0.58)	0.074 (0.09)
Year	0.032 (1.89)*	−0.082 (−2.33)**	0.006 (0.26)	0.059 (0.84)
Intercept	−0.057 (−0.36)	0.332 (0.99)	0.112 (0.33)	−1.265 (−1.17)
Observations	138	138	43	43
F	1.70	2.54**	1.21	1.39
Adjusted R^2	0.0390	0.0831	0.0364	0.0691

* $P< 0.1$；**$P< 0.05$；***$P<0.01$

为了对假设做进一步的检验，将样本按照国有属性分为国有企业样本与非国有企业样本，对这两个样本分别进行回归分析。结果报告在表 10-7 中。对于国有企业样本，在模型 7 和模型 8 中环境违法对借款融资没有显著影响。但在非国有企业样本中，环境违法与 ΔTotal 和 ΔUnsecured 这两个变量显著负相关。虽然在基于全样本的回归中，结果没有证实环境违法对于信用借款比例的显著影响，以及对于这种影响国有属性的调节作用，但是将样本划分为两个子样本后，在非国有企业中发现环境违法对信用借款融资有显著影响。这对于假设 2 和假设 4 提供了支撑。

10.5　讨论与结论

采用政府环保部门 2010～2011 年披露的上市公司环境违法信息，基于资本结构理论和信号理论的相关观点，探讨了环境违法对借款融资的影响，并考察企业国有制的调节效应。通过检查违法前后会计年度借款融资的水平和信用借款额度的比例发现环境违法对借款融资的影响，但这种影响对于国有企业来说较弱。单变量检验与回归分析表明，环境违法导致了企业借款融资水平的下降，这种影响对国企较弱。并且，对于非国有的违法企业，信用借款的比例也出现下降，也就是说非国有企业由于环境违法被迫接受安全借款（抵押或保证条款）。

在中国的管理情境下，发现了信贷市场中债权人对于借款人环境违法信息的敏感性，这不仅意味着在信贷市场中债权人风险评价能力的提升，更重要的是对企业环境不端行为的惩罚。在社会控制系统中，当企业出现危害自然环境的不法行为时，应当受到法律法规的制裁。因而环境规制是驱动企业进行环境管理的主要力量（Dean et al.，2009；López-Gamero et al.，2010；List et al.，2003）。但是，近年来，文献中揭示了利益相关者中存在另一个对企业施加"绿色"压力的机制，包括消费者（Wahba，2008）、社区（López-Navarro et al.，2013）、投资者（Haddock-Fraser and Tourelle，2010；Xu et al.，2012）。

通过探讨作为一个重要的利益相关者，债权人是否对于企业环境违法在借贷决定中作出反馈，本章为信贷市场对环境违法的惩罚机制提供了经验证据，总体表现为环境违法信息对于企业借款融资的影响。这种惩罚机制对于中国来说有更重要的意义。中国政府迫于沉重的经济发展压力，而不愿意对企业环境污染行为采取严厉的惩罚措施，害怕严厉的污染防治手段将有损经济的增长。信贷市场的负面反馈意味着规制性罚款并不是违法企业因为环境不端行为所承担的唯一违法成本，这对于漠视环境法律法规的企业有重要的含义，同时提示政府利用市场机制对违法企业进行惩罚，这与粗暴的关停违法企业的手段相比，有利于激励企业通过环境治理水平的提升获得竞争优势。

进一步地，研究揭示了国家所有制在一定程度上缓解了企业由于环境违法遭遇的市场惩罚，这意味着国家所有制阻碍了作为一种市场机制，债权人对于企业不端行为的惩罚，这和前人发现的国家所有制危害了金融市场效率相一致（Wurgler，2000）。目前，中国政府作为一个主要的参与者通过投资参与经济运行，研究结论指出减少政府对经济的干预对于环境治理具有特殊意义。前人研究发现国家所有制能够提升企业提高环境治理水平的积极性（Chang et al.，2013；Lyon et al.，2013），所以国家所有制对于环境治理来说是一把双刃剑。

总的来说，贷款融资比权益融资有更大的优势，所以是企业面临资金需求时的首选（Harris and Raviv，1991）。企业贷款融资和财务绩效及市场价值密切相关（Bowman，1980；Sharfman and Fernando，2008），特别是对项目公司来说，他们在很大程度上依赖于通过借款融资来给项目提供资助（Vaaler et al.，2008）。企业资产中的借贷水平不仅由企业资金需求决定，而且由债权人（如银行）的风险偏好所决定的利率和其他诸如抵押等条款所决定，这整体表现为企业的借款能力（Lemmon and Zender，2010；Turnbull，1979）。本章揭示了环境违法行为对企业借款融资水平的负面影响，体现了债权人对于环境风险的敏感，也意味着环境绩效与经济绩效之间的一种关联途径，而目前大多数针对环境与经济绩效之间关系的研究都基于环境管理节省成本的观点（Schaltegger and Synnestvedt，2002；Simpson et al.，2004；Zeng et al.，2010a）。

本章的研究也存在一些局限性。第一，环境违法报告没有统一的格式，使得从这些报告中难以抽取关于事件严重性和对违法企业罚款数额的信息。第二，忽略了企业关于环境违法的澄清和补救信息。 第三，采用的样本总量偏小，当未来有更多环境违法披露信息时，可进一步验证结论。

第 11 章 股票市场对环境违法事件的反应：基于声誉的视角

11.1 引　言

环境违法事件对企业造成了合法性的威胁，包括处罚（追究行政和刑事责任、罚款甚至关停）、IPO（initial public offering）限制，同时也暴露了企业内部经营管理混乱、技术和资源缺乏、管理者道德认知不足等潜在风险。由于投资者对于环境事件的负面反应，公司市场价值、股东财富将因此受损，这已经被来自不同国家的实证研究所证实，其中包括美国、欧洲和日本等发达国家和地区，也有一些发展中国家，如印度、墨西哥、韩国以及中国（Xu et al.，2012；万寿义和刘正阳，2012）。同时，这些研究也发现投资者对于环境违法行为的反应在企业之间存在很大的差异，对于一部分违法企业有强烈的反应，而对于另一部分的反应则不明显。相应的，相关学者试图通过企业特征（Xu et al.，2012）（如规模、盈利能力、所有制属性等），以及违法事件的性质（Karpoff et al.，2005）（如违法类型、罚款等信息）来解释环境违法事件对市场价值影响的异质性。由于企业事件（或行为）对于内部风险的揭示作用改变了投资者对企业风险的判断，这是投资者对于企业事件作出反应的根本原因。从认知理论的视角来看，投资者对于企业环境违法行为的感知与判断受到对该企业所持有的认识和信念的影响，而社会对于企业集体性的认知与信念，表现为企业声誉（Deephouse，2000；Flanagan and O'Shaughnessy，2005）。

声誉反映了"观察者眼中的行为者"，心理学家认为声誉是通过对所观察到行为的认知理解而形成的（Chun，2005）。良好的企业声誉能够给公司带来竞争优势，改善公司绩效。从认知心理学的角度，由声誉所代表的认知和信念将影响投资者对于后续行为的理解、感知和风险评价。然而，目前国内外对于声誉的研究集中于事件（或行为）对声誉的影响，以及声誉与公司绩效之间的关系。虽然，近年来投资者的感知、态度、信念和情感对于金融市场的影响受到越来越多的关注，并且一些研究探讨了投资者对于企业不端行为的感知（Akhigbe et al.，2005；Paruchuri and Misangyi，2014），但是企业声誉在投资者判断和决策中所扮演的角色还未受到太多关注。

本章探讨了在企业环境违法信息披露之后企业声誉如何影响投资者对于环境违法信息的认知和反应。另外，作为声誉的一个重要维度，企业过往环境表现能够对当前企业环境违法行为的认知提供最直接的解释性信息，因此分析了过往不同环境行为（正面或负面）对于投资者行为的影响。本章的理论框架建立在社会认知心理学（归因理论）的基础上，吸收了有关声誉的组织和战略研究成果，利用国家环保部 2010～2011 年披露的环境违法数据进行实证分析。结果证实，良好的企业声誉能够在一定程度上减轻环境违法事件对市场价值造成的影响。而且，如果企业在以往有环境友好型行为的表现（如获得国家级、地方政府或第三方的环境荣誉，获得 ISO 14001 认证等），那么环境违法行为对于市场价值的影响较小，甚至不明显；投资者对于环境违法信息的反应主要集中在过去没有表现出这些显著正面行为的企业。这表明，正面环境行为能够在公司陷入环境危机时，降低投资者对于公司环境风险的判断，从而缓和对市值造成的冲击，而负面的环境行为，比如以往的环境不端行为或者遭遇环境投诉等，在一定程度上加剧了这种影响。这不仅丰富了对于企业声誉和投资者感知的认识，而且对于企业环境和危机管理的实践有重要的意义。

下文在对相关文献进行梳理和对理论背景进行阐述的基础上，提出了相关假设，然后描述了数据样本和相关概念的测度方法。在对实证结果分析的基础上，进行讨论和总结。

11.2　理论与假设

企业绿色创新和环境绩效的提升，将得到更多股权投资者的青睐，使得公司市值得到提升，股权投资者从而获得更多的回报（Dasgupta et al.，1998；Jacobs et al.，2010；Konar and Cohen，2001；Wahba，2008；Yamaguchi，2008）。对此，也有不一致的声音，如 Hillman 和 Keim（2001），他们通过研究发现，股东利益和公司社会责任投入呈现负相关，认为公司社会责任的投资属于事务性投资，不能给公司带来竞争优势。再有，Lyon 等（2013）采用我国上市公司样本研究发现，企业正面的环境行为，比如取得环境荣誉，并不能获得市场的认可和市场价值的提升，反而遭遇了股票市场的负面回应。

虽然企业环境投入对股票市场表现的影响仍存在诸多争议，世界各国的文化信仰、政治制度存在很大差异，环境诉求和环境保护的迫切程度不同，环境规制强弱程度的差别也很明显，但是现有文献中的实证研究揭示了一个一致的结论：企业负面环境行为或事件（如环境违法行为、环境灾难事件和环境方面的投诉）将使企业遭受经济罚款、政治处罚、承担额外的污染清理成本，从而招致股权投资者的负面反应，最终导致公司市值降低。这些研究有的来自北美（Hamilton，1995；Konar and Cohen，2001）、欧洲（Capelle-Blancard and Laguna，2010）、日本（Nakao et al.，2007；Takeda and Tomozawa，2006）、韩国（Dasgupta et al.，2006），也有的来自智利、墨西哥和印度等发展中国家的经验证据（Dasgupta et al.，1998；Gupta and Goldar，2005）。

股票市场投资者对于企业环境行为所蕴含环境风险的感知和判断由事件的严重性、披露来源、企业特征决定（Karpoff et al.，2005；Xu et al.，2012），而且也受到媒体报道的影响（Aerts et al.，2008；Xu et al.，2014），也因行业的环境敏感性的不同而存在区别（Aerts and Cormier，2009）。Karpoff 等（2005）发现股权投资者对于企业环境违法的反应取决于政府对于违法行为的处罚力度。对于中国的环境违法事件，Xu 等（2012）的研究发现，与西方发达国家的研究结论相比较，我国公司市场价值受环境违法事件的影响较小，并且与公司的所有制性质、违法类型等因素相关，其中水污染违法事件对公司市值影响比较显著。这可能归咎于我国当前环境下，法律规制对企业违法行为的惩治力度较弱。通过对紫金矿业环境事件的案例分析，万寿义和刘正阳（2012）发现政府对此事件的处理公告没有引发股票市场投资者强烈的反应。通过进一步的研究，Xu 等（2014）发现，对于企业环境违法事件的媒体报道能够进一步引起投资者的注意，从而加剧股票市场的反应。此外，股票投资者对企业环境战略的态度取决于客户的"绿色"需求，也就是企业环境投入能否带来更好的市场绩效取决于客户对于绿色产品的态度（Luo and Bhattacharya，2006）。Zhang 等（2010）发现了股票市场投资者对于企业社会责任行为的反应受行业竞争水平的影响。

综上所述，企业环境不端行为将引发股票市场的负面回应和市场价值的下跌，下跌程度受违法事件的严重程度及类型、行业特点（环境敏感性、竞争程度等）、企业特点（所有制属性、股权集中度等），以及客户的"绿色"偏好等多种因素的影响。然而，目前文献中的相关研究大多采用基于事实的研究方法，缺少关于股票市场投资者对企业环境违法行为的反应在理论层面的探讨。作为一种无形资产，声誉反映了社会公众对于企业的整体认知和评价，在环境事件中，这种先验的认知能否影响投资者对于环境风险的感知，以及相关的投资决策，据所掌握的文献，还没有关于这方面的深入探讨。

11.2.1　声誉的调节效应

环境违法事件给企业带来一系列的风险和损失，如合法性威胁、处罚（包括行政、刑事和经济处罚）、IPO 限制、声誉损失、污染清理费用支出等，同时，作为一种信号，暴露了企业内部经营管理混乱、技术和资源缺乏、管理者道德认知不足等潜在风险。这些直接和间接的风险与企业的未来盈利能力息息相关，因而将引起股市投资者的反应。然而，投资者的决策，作为一种行为，是一系列心理认知的结果，同时还受到情感、情绪和进取精神的影响（Brahmana et al.，2014）。企业声誉可以视为外部观察者对于企业整体特质的集体认知（Deephouse，2000；Flanagan and O'Shaughnessy，2005），形成于观察者对企业过往行为的感知与解释（Ilgen and Knowlton，1980；Kelley and Michela，1980）。良好的声誉意味着高水平的管理能力、充足的资源、高质量的产出、管理者具有较高道德认知，这些特质可有效避免不端行为发生。较高的管理能力和充足的资源，表明企业具备避免非法行为发生的"能力"，较高的道德认知意味着具备避免非法行为发生的"动机"。企业通过持续的正面行为和良好的业绩维持着良好的声誉形象，这将引导观察者认为企业有能力和责任心来减少排放，承担环境责任，避免对环境的破坏。当一个声誉良好的企业因为环境违规行为被披露时，观察者倾向于认为是偶发性或者外部因素所引起的，这在很大程度上减弱了投资者对于企业环境风险的担忧，从而帮助企业减轻相应的市场压力。

作为社会心理学的一个分支，归因理论关注的是人们如何解释所观察到的事件，以及这种解释与观察者的思想、行为之间的关系。归因的字面意思是寻找行为发生的根本原因，据此进行责任划分。大体上可以把行为归因于内部或外部情境因素，一个行为归于何种原因，将影响人们对于行为人的喜好、信任以及他的说服力（Coombs，2007；Kelley and Michela，1980）。一个有害的行为如果归因于外部环境，更能够让人接受，而减少报复行为（Jones and Nisbett，1971）。在为所观察到的行为寻找本质的引发因素的认知过程中，对于行为人过往行为的认知和所持有的信念是一种能左右这种判断的重要信息。归因理论认为，观察者对于行为人特质的先验认知，能够对后续判断产生重要的调节作用（Kelley，1967）。

观察者对于行为人所持有的正面信念，将减轻对后续负面信息的感知和吸收。失败可以归咎于很多原因，如行为人能力不足、外部约束、偶发性等，所以失败不一定由内部因素所引发，然而成功是能力强大、资源充足的体现。在组织层面，良好的声誉意味着对于组织创造能力、所拥有的资源、企业家道德认知的正面判断，此时公司负面行为与这种信念相互矛盾，因而被归咎于偶发性、外部性因素。因此，对于声誉良好的公司，投资者在风险认知和判断中对环境不端行为赋予较低的权重，认为这些不端行为不能反映公司真实能力，而归因于与公司能力无关的偶发性和外部性因素。

另一方面，良好的声誉有助于外部利益相关者对组织培养信任的情感（李海芹和张子刚，2010），这种正面情感能够降低投资者的风险感知和减少投资者对于公司负面行为的回应。相关的研究发现，正面情感能够诱导消费者愿意接受更高的价格（Hsee and Kunreuther，2000），让投资者对于负面的财务消息作出更小的回应（Pfarrer et al.，2010）。

因此，产生如下假设：

假设 1：对于环境违法企业，良好的声誉能够减少市场价值损失。

11.2.2　过往环境绩效

作为声誉的一个重要维度，企业过往环境行为能够对当下的环境违法事件提供更直接的解释性信息。企业以往在环境方面所取得的成功意味着具有较高的道德认知和管理能力。如前文所述，当前的失败行为（如环境排放超标）并不意味着内部能力和资源的薄弱，以及对于社会责任的漠视，有可能归咎于技术局限性、偶发性等外部情境因素，因此，对于以往在环境管理方面取得过成功的企业，当前的环境违规行为倾向于归因为外部情境因素，从而降低了相关的风险判断。

从归因理论中共变（covariation-based）的观点出发，如果行为人在不同场合下表现出不同的行为，这可能归因于这些场合，而不是行为主体的特质（Perales et al.，2010）。相关研究表明，一个人在接受一系列有先后顺序的信息时，倾向于忽略那些与先前信息相矛盾的后续信息，而愿意接受与他们已有信念相一致的信息。这种现象被称为"领先效应"（primary effect）。因此企业过往的环境行为将影响对于后续环境违法行为的归因和推断，企业历史上正面的环境行为塑造了承担环境责任的良好形象，投资者有可能因此忽视当前不良行为。

另外一方面，如果企业已经因为环境不端行为被外界获知，则当前的违法行为倾向于归因为内部因素，比如公司管理能力缺陷或经营者道德认知不足。行为者的特质因为持续性的行为而被观察者了解（Kelley and Michela，1980）。关系理论中的"魔鬼毡效应"（velcro effect）认为公司过去出现的危机，会引导观察者认为公司应该对当前危机承担更大的责任（Coombs and Holladay，2001）。因此，若公司在过去有不良的环境行为的记录，将使公司在当前的环境事件中遭受更大的市场价值损失。

因此：

假设 2：对于环境违法企业，过往正面的环境行为将减少市场价值损失。

假设 3：对于环境违法企业，过往负面的环境行为将增大市场价值损失。

11.3　方法与设计

11.3.1　数据与样本

2010 年，国家环保部发布了《关于进一步严格上市环保核查管理制度加强上市公司环保核查后督查工作的通知》，从而加大了上市环保核查信息公开力度和信息披露的力度，在 2010～2011 年，环保部披露了一批环境违法公司的信息，而此前只有很少的零星环境违法事件被披露，这给实证研究提供了机会。采用中国环保部 2010～2011 年披露的上市企业环境违法数据。在时间窗口中，部分公司的环境违法事件被重复披露，这使得第二次及以后的披露所含信息量下降。为了降低这种干扰，只保留了首次披露的违法样本。

表 11-1 报告了环境违法样本的行业分布情况。从行业分布来看，大多数属于制造业，尤其是化工业违法案例最多（13 起），也有部分采掘业、矿选业和公共事业行业。公司特征和财务数据从中国股票市场与会计研究（CSMAR）数据库中搜集。

表 11-1　违法样本的行业分布

行业代码	行业	环境违法样本数	比例/%
D01	公共事业行业	3	5.7
C51	电子零部件生产	1	1.9
C11	纺织业	2	3.8
C61	非金属制造业	1	1.9
C65	黑金属冶炼	3	5.7
C47	化学纤维制造业	2	3.8
C43	化工原材料与产品加工	13	24.5
B01	煤炭采掘业	4	7.5
B03	原油天然气开采业	2	3.8
C41	原油精炼提纯	2	3.8
C01	食品加工	2	3.8
C81	医药制造	5	9.4
B07	有色金属矿选业	4	7.5
C67	有色金属冶炼加工	3	5.7
C31	造纸业	4	7.5
C05	饮料制造	2	3.8
	合计	53	100

11.3.2　变量测度

1）因变量

环境违法公告信息不仅与投资者的预期产生偏差，而且公开了给企业未来带来不确定性的诸多因素，这是环境违法事件对公司市场价值产生影响的本质原因。采用事件研究法估算超常回报率，这种方法在股票市场研究中被广泛使用（Dasgupta et al.，2006；Xu et al.，2006；Xu et al.，2012）。基于该方法，如果事件对股票市场提供了新的信息，那么股票的超常回报率（abnormal return，AR）将显著不等于 0。某个交易日的超常回报率是市场模型的残差，市场模型的系数由违法披露日期前 200 天至 50 天的交易数据回归得到。个体企业在时间窗口中超常回报率（AR）及累计超常回报率（cumulative abnormal return，CAR）用来测度股票市场对于该事件的反应。

$$AR_{it} = R_{it} - R'_{it} \qquad (11\text{-}1)$$

$$R'_{it} = \alpha'_t + \beta'_t R_{mt} + \varepsilon_{it} \qquad (11\text{-}2)$$

$$CAR(t_1, t_2) = \sum_{t_1}^{t_2} AR_{it} \qquad (11\text{-}3)$$

超常回报率 AR_{it} 由式（11-1）计算得到，R_{it} 和 R'_{it} 分别是股票 i 在日期 t 的市场回报率及预期市场回报率。预期回报率 R'_{it} 由式（11-2）计算得到，R_{mt} 为股票市场在日期 t 的综合回报率。α' 和 β' 由事件日前 200 天至 50 天中的 150 天的市场回报率数据估算得到。t_1 和 t_2 分别是时间窗口的起止日期，$t \in (t_1, t_2)$。交易日 0 是指环境违法事件披露的当天（事件日），如果当天交易关闭，则下一个交易日作为事件日。

2）自变量

①声誉

研究者经常使用媒体排名来衡量企业声誉。比如财富杂志的 AMAC 排名（America's Most Admired Companies）是通过对 CEO 和分析师的调查打分来对财富 1000 的企业进行排名，受访者对竞争者的声誉在八个维度上进行打分（Deephouse，2000），分值范围为 0～10。金融时报的 WMRC（World's Most Respected Companies）排名同样基于同行 CEO 在相同的 8 个维度上的评价。其余的媒体评价也采用了类似的方法，比如 Management Today 报的 BMAC（Britain's Most Admired Companies）排名，以及 Asian Business 的 AMAC（Asia's Most Admired Companies）排名。然而，这些基于声誉的媒体评价都受到类似的批评，虽然采访对象和评价项目稍有区别，这些批评可以总结为：与财务绩效高度相关；受访对象局限于某一类利益相关者（Deephouse，2000）。为了克服这些缺陷，Deephouse 在集成了资源基础理论与大众传媒理论的基础上构建了媒体声誉的概念，并且通过实证分析发现媒体声誉具有资源的四个必要属性：价值、无法模仿、不能替代、稀缺性（Deephouse，2000）。基于这个概念，研究者们发现媒体声誉的差异不仅反映在认知战略类别（cognitive strategic group）（Wry et al.，2006），也与公众感知（Carroll，2009）及企业市场价值（Pfarrer et al.，2010）密切相关。所以，采用媒体声誉的概念作为代理变量来探讨企业环境违法事件的影响。

与 Deephouse（2000）描述的方法一致，媒体声誉利用时间窗口内的媒体报道来进行测度。如果企业在报道中被提及一次，则获得一个报道单位。一个报道单位根据所报道的内容被评价为正面、负面、中性的。正面的报道指企业在报道中被表扬，负面指被批评。正负面的评价基于 AMAC 的声誉调查 8 个指标：产品和服务质量；社区与环境责任；吸引和开发保留优秀员工的能力；财务稳健性；创新性；长期投资价值；管理质量；公司资产的使用。中性的评价是对日常行为的描述，如招聘信息、借款、收购、市场拓展等。如果在一个报道单位中既有正面信息也有负面信息，也被评价为中性。媒体声誉的计算根据以下 Janis-Fadne 公式[①]：

$$
\begin{cases}
\dfrac{f^2 - fu}{t^2} & \text{if} \quad f > u \\[2mm]
0 & \text{if} \quad f = u \\[2mm]
\dfrac{f^2 - u^2}{t^2} & \text{if} \quad f < u
\end{cases}
\tag{11-4}
$$

在这个公式中，f 为正面的报道单位数，u 为负面的报道单位数，t 为总的报道单位数。

互联网的信息可获得性在企业和公众之间架起了一座桥梁，这减少了企业充当信息守门员的功能，剥夺了企业在与利益相关者信息交流时的控制权（Esrock and Leichty，1999；Snider et al.，2003）。互联网本身已经成为企业重要的利益相关者（Wanderley et al.，2008）。根据 Ofcom 网站[②]的传媒市场报告，在中国 74% 的受访者通过互联网获得信息，超过了美国（38%）、英国（48%）的水平。媒体声誉的测度采用中国市场占有率最高的新闻门户网站（腾讯网）的新闻报道。并

---

① 该公式起初用来在控制总的报道数量的情况下，测度战时报道中的正负报道的对比度（Janis and Fadner，1943）。

② 网址为 http://www.ofcom.org.uk。

且利用百度搜索引擎结合网络爬虫技术来获得新闻报道的信息。研究中所用到的内容包括有关环境违法事件的新闻报道、评论和专栏。

从事件披露日期前 7 个月至前 1 个月的 6 个月中的媒体报道用来计算企业的媒体声誉，选择事件前一个月的原因是考虑到有关环境违法的信息有可能在官方披露之前存在信息泄漏。和前人的方法一致，如果在窗口期中企业有少于 100 篇的媒体报道，则所有的报道都纳入评估和计算，否则随机选择 100 篇加上剩余的 20%纳入计算。这些报道分解成报道单位，并进行正面、负面、中性的打分。在 53 起环境违法事件中，有 23（43%）个样本在窗口期中有超过 100 篇的报道。一共搜集 5859 篇的报道，产生 7661 个报道单位。在进行打分的基础上，利用公式（11-4）计算出媒体声誉值，作为声誉的代理变量。

②历史环境行为

考虑到历史上不同的环境绩效对于理解当前的环境行为提供不同的信息，构建两个自变量来分别衡量样本企业过往的环境行为：正面行为和负面行为。企业自主报道的信息与客观绩效存在偏差，并且在可靠性上存有局限性（Ullmann，1985），所以选择从可靠的信息中测度环境绩效，这些信息包括政府或第三方权威机构披露的企业环境奖项和荣誉（中国环境友好型企业、两型试点企业、绿色企业等称号），企业是否获得 ISO 14001 环境管理体系认证，以及政府官方网站披露的环境不端行为及环境投诉等。赢得环境奖项、荣誉以及获得 ISO 14001 认证是好的环境绩效的重要标志，同时伴随着良好的企业声誉（Johnstone and Labonne，2009；Lyon et al.，2013），而环境不端行为和投诉是差环境绩效的体现（Karpoff et al.，2005）。

在回归模型中，用两个哑变量来测度过往环境行为的影响。如果企业在违法事件前获得环境荣誉或通过 ISO 14001 认证，变量 Favorable 赋值为 1，否则为 0。如果企业在先前有负面环境行为（环境违法或遭遇环境投诉），变量 Unfavorable 赋值为 1，否则为 0。

3）控制变量

①公司规模

规模大的公司发生环境违法的可能性更高（McKendall et al.，1999）。这些公司的社会影响广泛而且吸引更多大众注意（Darnall et al.，2010；Sotorrío and Sánchez，2010）。另外，小企业更加容易受到负面事件的影响（Carroll and McCombs，2003；Flanagan and O'Shaughnessy，2005）。公司规模（Size）的测度采用公司总资产的对数值。

②盈利能力

基于资源基础理论，企业的盈利能力是进行环境投资所需资源可获得性的衡量指标（Nakao et al., 2007; Russo and Fouts, 1997）。盈利能力高的企业应该在环境投资和环境绩效上有更好的表现。相反，对于盈利能力差的企业，在观察者眼中生存压力高于改善环境的压力。因此，盈利能力影响观察者对于环境违法行为的认知。盈利能力用资产回报率（return on asset，ROA）来测度，这个测度方法在研究中被广泛使用（Aerts et al., 2008; Russo and Fouts, 1997）。

③增长机会

公司增长机会是投资者所关注最重要的指标。同时，增长机会是影响企业可持续表现的重要因素，当公司未来发展前景不好时，在创新和产品开发中部署可持续性发展战略的可能性不大（Ahern, 2012）。和前人的研究一致，这个变量用账面市值比（book-to-market ratio）来作为代理变量（总资产除以市值）。

④杠杆率（leverage）

公司杠杆率意味着公司权益与总价值之间的敏感度（Lang and Stulz, 1992; Xu et al., 2006）。当公司资产发生变化时，杠杆率高的公司权益价值的变化要比低杠杆率公司要大。杠杆率的测度采用总资产中负债比例。

⑤行业集中度

行业竞争程度是企业履行社会责任（CSR）的一个重要影响因素，不仅影响企业进行社会投资的可用资源，而且影响这些投资的回报率（Fernández-Kranz and Santaló, 2010; McWilliams et al., 2006）。采用 8 个最大企业的市场集中度（CR8）作为行业竞争程度的代理变量（Ahern, 2012）。

⑥地区发展水平

1978 年开始的中央集权地方化改革，体制环境中出现多样性和异质性。随着经济的发展，环境保护的呼声越来越高。在欠发达地区，地方政府倾向于通过弱的环境规制来获得短期的经济增长，因此经济增长的不同导致环境规制的差异。采用地区（省级）人均 GDP 的对数值（GDPPC）来衡量经济发展水平。

⑦所有制

在中国，政府不仅通过政策决定着资源的分配，而且通过投资参与经济的运行（Tian and Estrin, 2008）。虽然国家所有制和政府控股能够激励企业改善环境绩效（Chang et al., 2013; Lyon et al., 2013），国有企业同样也被披露出现了环境违法事件。在这种情形下，政府同时扮演了违法者和执法者的角色。因此，有理由相信，国有企业的环境违法成本将有别于其他所有制的企业，这必将影响外部利益相关者对于企业环境风险的判断。与前人研究相一致，企业的所有制用二元变量（SOE）来表示，对于国有企业（包括国家控股和国有法人企业）该变量赋值 1，对非国有企业（包括集体企业，私有企业和外资企业）该变量赋值为 0。所有因变量、解释变量、控制变量的定义见表 11-2。

表 11-2　变量定义

变量	名称	测度方法
AR	超常回报率	市场模型残差
CAR	累计超常回报率	时间窗口中超常回报率之和
Reputation	声誉	环境违法事件披露前 6 个月的企业媒体声誉
Positive	历史正面环境行为	虚拟变量。对于获得国家级、地方政府或第三方环境荣誉或者通过 ISO 14001 认证的企业赋值为 1，否则为 0
Negative	历史负面环境行为	虚拟变量。对于因为环境违法事件被政府部门披露，或遭遇环境投诉的企业赋值为 1，否则为 0
Size	公司规模	总资产的自然对数值
ROA	资产回报率	净利润 / 总资产
Book to Market	账面市值比	总资产 / 市场价值
Leverage	杠杆率	总资产中负债比例
CR8	行业集中度	行业中 8 家最大企业的市场集中度（市场占有率之和）
GDPPC	人均 GDP	省级人均 GDP 的对数值
SOE	国有企业	虚拟变量：对于国家控股和国有法人企业赋值为 1，否则为 0

11.4　结果与分析

表 11-3 列出了在环境违法披露日期前后 21 天（–10，10）的时间窗口中，违法企业的超常回报率，从结果中可以看出，违法信息披露后的第 3~5 天，这些企业经历了显著的负面市场反应，表明公司市值受到违法行为的影响。在（3，5）的时间窗口中，违法企业平均累积超常回报率为–2.2%，这跟国外类似事件相比，股票市场的反应要小得多，如 Karpoff 等（2005）。图 11-1 中描述了违法企业在（–30，30）的时间窗口中的（累计）超常回报率的变化情况。与 Xu 等（2012）的研究结果一致，在事件披露前一个月，股价就出现了下跌，然后伴随着一个明显的上升趋势，然后又迅速回落，这表明企业针对环境事件采取了一些补救措施，如澄清公告、释放好消息等。

表 11-3　环境违法披露前后股票市场超常回报率（AR）

日期	AR	T 检验	AR>0 的比例 /%	日期	AR	T 检验	AR>0 的比例 /%
−10	−0.003	−1.086	39	0	0.0007	0.209	46
−9	0.0005	0.128	54	1	0.008	1.873	57
−8	0.003	0.760	52	2	0.003	0.7754	46
−7	0.001	0.429	57	3	-0.009	−2.599***	26
−6	0.005	1.988*	57	4	-0.007	−2.125**	39
−5	−0.003	-0.884	39	5	−0.006	−1.879**	28
−4	−0.003	-0.841	43	6	−0.00005	−0.017	30
−3	0.002	0.916	50	7	0.002	0.717	41
−2	−0.003	-1.499*	50	8	−0.0003	−0.143	39
−1	−0.00008	-0.032	46	9	0.0007	0.211	54
				10	0.001	0.631	52

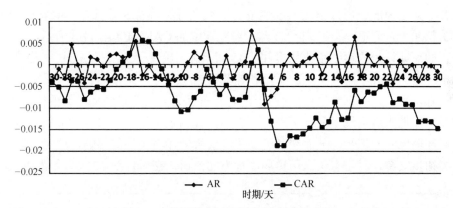

图 11-1　股票市场对环境违法事件的反应

　　接下来，考察对于环境违法企业不同的声誉对于股票市场反应的影响。根据声誉值，将样本分为两个部分，一部分的声誉值大于平均值（声誉较好），另一部分小于平均值（声誉较差）。对这两个子样本分别计算（−30, 30）窗口期中的 CAR 值，如图 11-2 所示。可见，在环境违法事件发生后，声誉较好的公司股票市场回报率所受到的影响较小，而声誉较差的违法企业股价下降较明显。这表明企业在环境违法事件发生后，较好的声誉能够一定程度上缓和了股票市场的风险，对假设 1 提供了初步支持。

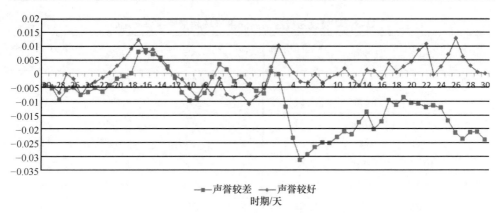

图 11-2　根据不同的声誉对比股票市场反应

　　进一步的，考察不同历史环境行为对于股票市场反应的影响。根据公司过往环境行为，将样本分为三个部分，第一部分为样本公司在过去出现过负面环境行为（环境违法，遭遇环境投诉等），第二部分为没有显著环境行为（包括即有正面又有负面行为的公司），第三部分为正面行为（各级政府或第三方环境荣誉、通过ISO 14001 认证等）。这三部分样本在窗口期中的 CAR 值如图 11-3 所示。可见，有正面环境行为的违法企业从事件前 13 天开始，出现了上涨行情，这一趋势持续到事件后第二天，可见企业的干预和补救措施起到了效果，而且事件后第 3 天开始没有特别严重的下跌趋势，而对于没有显著行为以及有过负面行为的样本企业，均在事件披露后出现了显著下跌。这表明，公司过往正面环境行为能够减少投资者对环境风险的担忧，从而缓和了公司价值所受环境事件的影响，这对假设 2 提供了初步支持。对于有负面历史环境行为的公司，在事件前 10 天开始出现上涨，

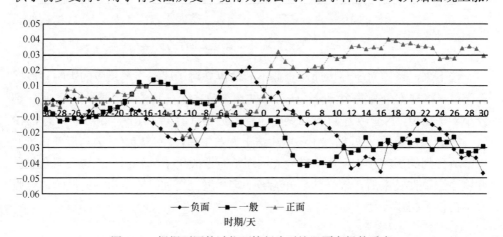

图 11-3　根据不同的过往环境行为对比股票市场的反应

而从事件前 2 天至事件后 12 天出现显著的下降趋势，这 10 天中的下降幅度大于没有明显环境行为的公司，因而在一定程度上支持了假设 3。

根据以上对声誉及历史环境行为的分类，对不同的子样本在（-5，5），（-3，3），（-1，1）三个不同时间窗口中的 CAR 值进行检验，结果见表 11-4。首先，对于声誉较好的违法者，市值变化不显著：声誉值大于均值的样本在三个时间窗口中没有出现显著的负 CAR 值；股票市场对于环境违法的反应集中在声誉较差的公司中：在（-5，5），（-3，3）两个窗口中出现显著的负的 CAR 值。而对于过去有明显正面环境行为的样本，在窗口期中非但没有负的市值影响，反而出现了一定程度的正向趋势，原因在于这类企业的干预和补救措施，以及环境违法消息没有引起市场太大的反响。而对于没有显著环境行为的样本公司，在（-5，5）窗口期中，市值受到明显的负面影响。而在以往出现负面行为的样本在（-1，1）的窗口中有显著的负面影响，而在整个（-5，5）所受到的影响不明显。这与图 11-2 和图 11-3 描述的结果一致，对三个假设一定程度上予以支持。

表 11-4　单变量检验

样本	观察项	CAR（-5，5）	T 检验	CAR（-3，3）	T 检验	CAR（-1，1）	T 检验
Reputation＞Mean	30	-0.035	-0.990	0.022	1.856*	-0.0003	-0.058
Reputation＜Mean	23	-0.095	-2.002**	-0.026	-1.564*	-0.003	-0.633
Positive=1	16	0.077	1.760*	0.029	1.708*	0.031	2.563**
Negative=1	11	-0.081	-1.078	-0.020	-0.749	-0.020	-2.171*
Positive=0，Negative=0	26	-0.136	-3.906***	-0.008	-0.590	0.005	0.646

*** $P<0.01$；** $P<0.05$；* $P<0.10$

最后，对于理论假设做进一步的多元回归分析。采用样本公司三个时间窗口的 CAR 值作为因变量：CAR（-5，5），CAR（-3，3），CAR（-1，1），检验声誉、历史环境行为的影响，并控制公司规模、盈利能力、增长机会、杠杆率、经济发展水平、行业集中度和所有制等因素。表 11-5 列出了所有变量的描述性统计以及相关性系数，表 11-6 报告了回归结果。从结果中可见，声誉与 CAR（-5，5）、CAR（-3，3）均显著正相关，证实了假设 1；正面环境行为与 CAR（-5，5）显著正相关（支持假设 2），与 CAR（-3，3）、CAR（-1，1）正相关，但没有通过显著性检验；负面环境行为与 CAR（-1，1）显著负相关（与假设 3 一致），但与 CAR（-3，3）、CAR（-5，5）相关性不显著。

表 11-5 描述性统计及泊松相关性系数

变量	均值	标准差	最小值	最大值	1	2	3	4	5	6	7	8	9	10	11	12	13
CAR (−5, 5)	−0.061	0.196	−0.489	0.375	1												
CAR (−3, 3)	0.001	0.069	−0.173	0.153	0.456	1											
CAR (−1, 1)	−0.002	0.022	−0.042	0.057	−0.063	0.417	1										
Reputation	0.216	0.088	−0.020	0.455	0.341	0.387	0.121	1									
Positive	0.304	0.465	0	1	0.472	0.269	−0.096	0.209	1								
Negative	0.174	0.383	0	1	−0.046	−0.139	−0.172	−0.106	−0.304	1							
Size	16.390	1.855	13.990	21.529	0.031	0.079	−0.019	−0.074	0.094	−0.009	1						
ROA	0.031	0.065	−0.275	0.137	−0.133	0.101	0.132	0.085	0.054	0.028	0.493	1					
Book to Market	0.638	0.254	0.022	1.076	−0.011	0.242	0.043	0.163	0.123	−0.066	0.227	0.173	1				
Leverage	0.473	0.177	0.070	0.749	0.396	0.256	0.023	−0.015	0.121	0.044	−0.045	−0.320	0.137	1			
CR8	18.802	16.216	2.5	76.8	0.020	0.131	−0.034	0.027	0.089	−0.087	0.598	0.031	0.221	0.097	1		
GDPPC	10.136	0.470	9.128	11.254	−0.159	0.006	0.232	−0.042	−0.148	0.040	0.209	0.102	0.002	−0.169	−0.108	1	
SOE	0.782	0.417	0	1	0.086	0.110	−0.064	0.041	−0.110	0.103	0.368	0.367	0.249	0.175	0.062	−0.007	1

注: 相关性系数绝对值大于 0.303 在 5%水平上显著

表 11-6　回归结果

变量	(−5，5)		(−3，3)		(−1，1)	
Reputation	0.729**	(0.289)	0.247**	(0.119)	0.098	(0.069)
Positive	0.171**	(0.059)	0.0215	(0.024)	0.021	(0.013)
Negative	0.039	(0.066)	−0.012	(0.027)	−0.029*	(0.016)
Size	0.028	(0.023)	−0.004	(0.010)	0.0003	(0.006)
ROA	−0.637	(0.523)	0.195	(0.215)	0.088	(0.125)
Book to Market	−0.120	(0.103)	0.0245	(0.042)	−0.031	(0.024)
Leverage	0.336**	(0.158)	0.113*	(0.065)	0.078**	(0.038)
CR8	−0.002	(0.002)	0.0006	(0.0009)	−0.00009	(0.0005)
GDPPC	−0.037	(0.057)	0.017	(0.023)	0.011	(0.014)
SOE	0.039	(0.071)	0.003	(0.029)	−0.002	(0.017)
Intercept	−0.411	(0.565)	−0.241	(0.232)	−0.150	(0.135)
F	3.11***		1.46		1.70	
Adj R-squared	0.319		0.104		0.148	

N=53；括号中为标准差；*** $P<0.1$；** $P<0.05$；* $P<0.10$

11.5　讨论与结论

声誉是一种重要的无形资产，能够帮助企业在市场上获得竞争优势，比如，有助于跟其他外部利益相关者建立和维持良好的关系，有利于获得融资。基于社会心理学的观点，声誉代表了社会群体对企业的集体性认知，将影响投资者对于后续企业行为的认知和判断。以社会心理学归因理论为基础，利用媒体声誉的概念及其测度方法，探讨了当企业不端行为对市场价值造成影响时，企业声誉所扮演的角色。采用中国环保部在 2010~2011 年所披露的上市公司环境违法事件作为研究样本，发现企业声誉能够在一定程度上减轻环境违法事件对市场价值造成的影响。而且，当公司陷入环境危机时，以往显著的环境友好型行为（如获得国家级、地方政府或第三方的环境荣誉，通过 ISO 14001 认证等）能够减轻投资者对于公司环境风险的感知与估判，从而缓和对市值造成的冲击，而负面的环境行为，比如以往的环境不端行为或者遭遇环境投诉等，在一定程度上加剧了这种影响。

当公司被负面事件困扰时，良好的声誉能够缓和给市场价值造成的冲击。过往的环境行为作为企业声誉中一个重要维度，给投资者对于环境违法信息的认知提供了解释性的信息，从而在一定程度上改变了市场价值所受到的影响。以往对于企业声誉的研究集中在声誉与企业绩效之间关系以及企业行为对于声誉的影响，而企业声誉对股票市场的影响关注较少。虽然最近对投资者感知的关注逐渐增多，本章基于归因理论深入剖析了投资者对于企业负面行为的认知过程，证实了声誉作为一种无形资产，不仅能够在市场竞争、融资以及提升员工忠诚度等方面带来优势，而且能够缓和企业不良突发事件所带来的冲击，进而保护企业及其利益相关者的利益。这拓展了对于企业声誉的认识，并且将心理学中的发现应用于声誉研究，为未来对于声誉的深入探讨找到了一条可行的路径。

企业环境违法事件对于市场价值存有负面的影响，这已经被国内外研究所证实，然而，对于公司价值所受影响的异质性问题，以往的文献从公司特征（如规模、盈利等）、违法事件特征（罚款、严重性）来解释。本章从投资者认知的角度出发，用企业声誉、历史环境行为来解释环境违法对于公司市值影响中存在的异质性问题。企业声誉能够在公司陷入环境危机时，一定程度上缓和外界对于公司"唱衰"的心理。与社会心理学中发现的"领先效应"以及关系理论中的"魔鬼毡效应"一致，历史环境行为对于当前行为提供了解释性信息，良好的行为记录引导投资者将当前的环境不良事件归因于偶发性、外部性因素，而以往出现过环境违法行为的企业需要为当前的不良行为承担更大的责任，这些都反映于环境违法事件后股票市场的超常回报率的变化。因此，对于企业管理实践有重要的指导意义：①珍惜公司声誉，将提升公司形象作为一种长期战略，这不仅能够为公司在当下获得利益相关者的认可，而且为公司在多变的生产环境和不确定的未来竞争中带来优势。②当公司因为负面行为陷入危机时，激发投资者对于公司过往正面形象的回顾，增加公司正面行为的宣传，能够缓和投资者的不利反应。

最后，本章研究中存在若干局限性：①样本较小，如果在未来有更多的违法事件被披露，需要进一步考察结论的稳定性；②环保部对于环境违法事件的披露报告没有统一的格式，关于事件的细节性信息（严重性、处罚信息等）没有统一披露，这使得国外文献中被广泛关注的变量无法得到准确测度；③媒体（尤其是互联网新闻门户）对于上市公司的报道非常广泛，这使得对于部分样本的媒体报道只能采取随机抽样的方法，可能造成测度上的一些不稳定和误差，在进一步的研究中可以采用不同的声誉测度方法，验证结论的稳健性。

第12章 企业环境违法事件的行业效应

12.1 引　　言

利益相关者对于环境可持续性的态度，以及对于企业环境管理的反应一定程度上影响了企业财务绩效（Hart and Ahuja，1996）。股票市场投资者对于企业环境违法的负面反馈已经得到大量的经验证据支撑。这些证据有的来自发达经济体，如美国（Hamilton，1995；Konar and Cohen，2001）、欧洲（Capelle-Blancard and Laguna，2010）和日本（Nakao et al.，2007；Takeda and Tomozawa，2006），也有一些来自发展中国家，如印度、墨西哥（Dasgupta et al.，2001；Gupta and Goldar，2005）、韩国（Dasgupta et al.，2006）和中国（Xu et al.，2012）。

环境违法威胁了公司的合法性，打乱了公司的运营计划，招致声誉损失、行政处罚，产生设备更新费用、污染清理费用等，因此公司环境违法所造成的损失将有可能使同行业的竞争者从中获利。另外对环境违法信息的官方披露不仅暴露了生产过程中的环境风险，而且意味着环境规制变得严格，同行业的竞争者由于生产条件和经营环境比较类似，因此可能会受这些因素的负面影响。由此可见，环境违法信息的披露弥补了外界对于行业环境风险的信息不对称，激发投资者对于行业风险的重新评估，因而调整在该行业的投资。行业效应是指行业中某一个企业的消息对其他竞争者的影响（表现为股票市场回报率的变化）（Lang and Stulz，1992）。一般认为存在两种类型的行业效应：竞争效应和传染效应。竞争效应是指在行业内部财富重新分配。对于传染效应，行业内部财富的变化不能归咎于这种重新分配（Lang and Stulz，1992；Xu et al.，2006）。也就是说，传染效应是指竞争者与事件公司遭受同样的市场反应，而竞争效应是指相反的市场反应。如果事件归咎于企业自身的特殊原因，那么有可能造成竞争效应，因为该事件造成了企业间相对竞争优势的变化；而如果事件由行业内部共同的因素所造成，那么有可能给行业中的互相竞争的企业带来同样的影响。

在前人的研究中发现诸多公司事件具有行业效应：公司清算（Akhigbe and Madura，2006）、收入的再申明（Xu et al.，2006）、破产公告（Lang and Stulz，1992）、股权收购（Erwin and Miller，2004）、红利削减通告（Impson，2005）等。然而，还没有看到关于环境违法事件通告的行业效应方面的研究，除 Patten（1992）报告了阿拉斯加的漏油事件威胁到同行业竞争者的合法性外，通过后续的环境信息披露表现出来。

在中国，弱的环境规制和低效率的执行反映了经济增长的压力凌驾于环境保护之上（Zeng et al.，2012）。近年来，经济的发展严重地破坏了生态环境，公众对于环境质量恶化与工业污染的环境威胁越来越警惕，政府有加强环境监督执法和提高污染惩治力度的趋势。企业环境违法对合法性造成的威胁开始得到投资者的关注。另外，中国是一个典型的转型经济体，政府对经济的干预是目前制度环境的一个重要特点，这不仅影响企业的行为，也影响了投资者的风险评价与决策。

本章基于信号理论，探讨了环境违法公告对于没有卷入类似事件竞争者的影响（市场反应）。利用国家环保部所公布的环境违法样本，在现金流特征与肇事企业类似的竞争者中发现了传染效应。另外，更进一步的，发现对于环境敏感性较低的行业，这种传染效应更加强烈；如果肇事企业是国有企业，这种效应在同是国有企业的竞争者中也将得到加强；而且，对于终端消费品行业，市场对于环境违法信息的反响也更大。本章研究的意义主要体现于两个方面：首先，提供了环境违法的行业效应的经验证据，以及主要影响因素。这意味着股票市场的投资者对于环境违法事件的评价和反应不局限于肇事企业，投资者对行业中其他没有卷入该事件企业的投资决策也受到影响。证实了股票市场存在针对企业环境违法有效的惩罚机制。其次，结合信息和信号理论，提出信号所提供的信息量，表现为信号的价值（由发生概率的先验判断所决定），将影响接受者反应。通过考察与环境违法发生可能性密切相关的两个关键因素（行业的环境敏感性与国家所有制），研究结果对这一观点提供了支撑。而前人的研究中主要关注信号的可见度与强度（Connelly et al.，2011）。

12.2　理论与假设

为了能够在投资者风险评价中获得优势，保持良好的声誉形象，企业管理者会操纵信息，甚至误导利益相关者对于真实风险的评价，这造成了企业内部经营者与外部利益相关者之间的信息不对称（Healy and Palepu，2001），这包括投资者所关注的环境风险信息。另外，作为主要的经济参与者，中国政府面临着沉重的经济增长压力，这导致环境规制和执行的薄弱。官方的环境违法信息披露能够降低公共投资者关于企业环境风险的信息不对称。这些关乎企业合法性的权威信息一直是媒体报道所关注的内容（Aerts and Cormier，2009），因此具有较高的可见度，并且公共投资者一直对这样的市场信息高度关注（Aerts et al.，2008；Dasgupta et al.，2006；Xu et al.，2012）。基于信号理论的观点，没有发现显著的因素阻碍环境违法信息的信号有效性，而信号的有效性与接收者的反馈直接相关（Connelly et al.，2011）。

作为信息经济学的一个分支，信号理论关注的是信息不对称问题（Connelly et al.，2011；Spence，2002）。决策者的决策过程建立在所获得的信息的基础之上，这是导致信息不对称问题的根本原因（Stiglitz，1985），也是信号理论的基础（Boulding and Kirmani，1993）。在既往的文献中，研究者已经发现信号的一些重要特征，如强度（Ramaswami et al.，2010）、清晰度（Warner et al.，2006）、合适度（Connelly et al.，2011）等。信息不对称指的是不同对象之间对信息掌握程度的差异。信号的作用就是通过给信息的需求者提供有价值的信息来减小信息不对称（Boulding and Kirmani，1993）。因此信号所传递的信息量由这个信号所减少的信息不对称程度来决定。

信号所传递的信息量，定义为信号的价值，这决定信号的效用（接受者的反应）。信号所传递的信息量由发生概率的先验判断决定（Shannon and Weaver，1949）。以环境违法事件为例，在食品制造业的环境违法事件比化工行业类似事件提供更高的信息量，因为化工行业被认为是环境敏感性行业，造成环境污染和违法的可能性更高。基于此，本章探讨了中国情境下两个重要的影响环境违法事件发生概率的重要因素：行业的环境敏感性与企业的国有属性。更进一步的，投资者对于企业环境风险的估测，将考虑到企业客户对于环境非伦理行为的回应（产品市场的反应）。因此，进一步考察了终端产品与中间产品行业之间的差异。

12.2.1　传染效应

在前人针对品牌丑闻对竞争者影响的研究中发现，如果该丑闻归咎于类别中的共同属性，那么这种丑闻的发生将对同类别中其他个体造成负面的影响（Feldman and Lynch，1988；Roehm and Tybout，2006）。环境违法事件的通告揭示了某种产品的生产过程中对环境的污染风险，这是导致环境违法事件发生的根本原因。这种生产过程中的环境风险可能对于同行业的生产者来说是共同的，因为这些企业拥有类似甚至相同的生产条件。由于内部经营者与外部投资者之间存在环境风险信息的不对称，环境违法的官方通告具有促使投资者对于行业风险重新评估的信号效应。基于此，环境违法通告对于同行业企业来说是负面的消息。

环境违法事件反映了企业在遵守环境规制和标准上的失败，这也可能是资金、技术、管理等生产要素投入上的欠缺所造成的。环境绩效在一定程度上反映了可用资源的充裕程度（Waddock and Graves，1997），如现金、技术条件、管理能力等。同行业中的企业在这些资源上具有类似性，因为企业在相同的市场上生产类似的产品，在运营和管理上彼此互相模仿。这种情况在中国更加突出，因为大部分的上市公司都是计划经济的产物，在计划经济中，这些公司都遵照行政命令进行生产，自主决定权非常有限。所以这些企业具有较高的同质化，进一步导致了传染效应。

中国政府在 2010 年之前很少披露企业的环境违法信息。这可能归咎于中国的污染大户均为国有企业，这些企业拥有的政治资本能够带来制度上的保护，而且，严厉的环境规制有可能在短期内对经济增长造成损害，这是地方政府所不愿看到的。随着环境质量的进一步恶化，环境灾难事件的频发，给社会大众的生命财产与经济的可持续发展造成严重威胁，环境规制羸弱和执行力度不够遭到了广泛批评（Zeng et al.，2012）。政府被期待对于持续性的环境污染拿出治理措施。在这个角度，对于环境违法事件的空前披露在一定程度上反映了政府对环境规制的加强。在弱的制度环境中，违法成本较低，企业倾向于采取被动的环境战略，出于利益最大化的目的，偏好于对营利性的项目进行投资（Foulon et al.，2002）。这种规制压力的增强威胁了在相同技术条件下生产企业的合法性，将推动这些企业进行环境投资以提高环境管理水平，至少短期内会对企业的盈利能力，带来不确定性。所以，基于此，环境违法的公告对于竞争者来说是负面消息。

环境违法公告意味着对于同行业中企业的潜在合法性的威胁，这将引起投资者对于行业风险的重新判断，故有：

假设 1：环境违法公告对于同行业中没有卷入类似事件的竞争者在股票市场上将造成负面影响（传染效应）。

12.2.2 行业的环境敏感性

由于信息不对称的存在，环境违法公告作为一个信号揭露了行业潜在环境风险。信号的价值取决于信号能够降低信息不对称的程度，因为信号效应关注的是信息不对称问题（Connelly et al.，2011；Spence，1973）。根据信息理论，信息量可以根据事件发生前关于该事件的先验概率来判断（Hammitt and Shlyakhter，1999）。环境违法公告传递的是生产过程中潜在的环境风险信息，因此，信息量的多少由公众投资者对于这类事件的先验概率判断决定。

一个行业是否属于环境敏感性行业，是观察者对于该行业的环境风险最直观的判断（Aerts and Cormier，2009）。处于环境敏感型的行业中，企业对自然环境造成破坏的可能性大，因此被卷入环境违法事件的概率也较大。其主要原因是，对于环境敏感型行业中的企业，相比于非敏感型的行业，遵守环境规范和达标排放的环境治理成本较高（Berrone，2009）。外部观察者对于环境敏感型行业生产过程中的环境威胁更容易理解，而对于非环境敏感型行业的环境违法事件感到更加意外，因此，此时环境违法信息带来更多的信息量，也使得该信号更有效（意味着接受者的反应更强烈）。

Aerts 等（2008）发现金融市场分析者对于环境敏感型行业中的企业环境绩效信息不敏感，而且这类信息相比于来自非环境敏感型行业的企业环境信息，对于金融市场的影响较小。Aerts 和 Cormier（2009）发现对于环境敏感型行业中的企业，环境方面的信息与媒体合法性之间的关联度较弱。虽然以上的研究是针对企业的环境信息披露，从信号理论的角度，认为官方的环境违法通告也具有这种特征，其行业效应对于非环境敏感型行业更明显。

假设 2：环境违法通告在非环境敏感型行业中行业效应更显著。

12.2.3　企业所有制

虽然中国已经大幅度降低国有制在国民经济中的比重，政府仍然在资源调配中扮演重要角色，而且通过投资成为经济的主要参与者（Tian and Estrin，2008）。国有制（本质上由政府控制），是政府参与市场经济的主要手段。而且，目前国有企业的领导人像政府官员一样由政府任命。企业的国有制背景对企业来说是一种显著的政治资本（Faccio et al.，2006），当这些企业陷入困境时能够获得规制和监管上的优势，因为政府具有对企业运营监督管理以及选择治理措施的权力。当企业陷入困境时，对国有企业，政府被期待给予实质性救助（Duchin and Sosyura，2012），更低的税率（Adhikari et al.，2006）。而且国有制能够为企业在资金短缺时提供融资优势，如更低的融资成本（Boubakri et al.，2012）、较少的融资限制（Chan et al.，2012）、获得融资帮助的优先权（Faccio et al.，2006）等。总的来说，国有企业的风险低于没有政治关联的企业（Boubakri et al.，2012；Tian and Estrin，2008）。

但是，当政府揭露国有企业中严重的环境污染行为并给予惩罚时，这表现出一个强烈的信号，政府对于国有企业在环境治理方面的保护正在减弱。如果国有企业出现环境违法行为，他们也将承受相应的违法后果，这将引起投资者的进一步重视。而且，制度上的变化可能引起其他利益相关者的注意（如信贷机构），这将加重企业在其他融资渠道方面的负担，进一步给违法者造成负担。因此，政府关于国有企业环境违法行为的通报能够激起投资者对于企业国有制背景下的重新风险评价。换句话说，对于国有企业的环境违法通告比其他企业提供更多的风险信息。

假设 3：国有企业的环境违法信息对同是国有企业的行业竞争者有更强烈的传染效应。

12.2.4 终端产品与中间产品行业

环境风险和相应规制上的处罚（财务罚款、关停）是股票市场投资者对环境违法通告持负面态度的主要原因。另外，社会环境主义驱使个人消费者通过购买选择来给企业施加"绿色"压力（Drumwright，1994；Hall，2000；Zhao et al.，2013），这可能对环境违法者产品造成潜在抵制。这种抵制可能引起权益投资者对该事件的进一步担忧（Peress，2010）。但是，来自客户的环境压力对于终端产品和中间产品存在区别。终端产品的客户由普通个体消费者构成，而中间产品的客户由下游企业构成。

个体消费者对于生产过程的信息获取处于劣势，而下游客户企业能够获取这些信息，因而终端产品的个体消费者比中间产品的下游客户更容易遭受信息不对称（Vining and Weimer，1988）。因此，对于个体消费者，环境违法通告的信号效应更强烈，因为这些信息由于揭示了潜在的环境风险，所消除的信息不对称更多。而中间产品的客户基于合同与企业打交道，倾向于保持长期的战略合作关系，因为企业的环境风险而转向新的替代品供货商会造成更大的交易成本。而个体消费者由于对一类产品生产过程中环境风险的感知而选择另一个替代品时，却没有类似的约束。

另外，高调和可见度高的企业所面临的环境压力更大（Hall，2000）。终端产品生产者一直通过频繁的媒体广告（电视、报纸、互联网等）来增加知名度，当环境违法通告揭示了生产过程中的环境风险时，这些企业所面临的环境压力更大。来自客户的环境压力主要集中在认可度较高的品牌，因此生产终端产品的厂商更应该应对这些环境诉求。但是，对于中间产品生产者，这样的压力小很多，因此对于客户的环境诉求关注较少（Hall，2000）。

总的来说，当行业中的某企业因为环境违法行为被披露，如果该行业生产终端产品，那么所遭受的压力更大。

假设 4：对于终端产品行业，环境违法信息的行业效应比中间产品行业更显著。

12.3　方法与设计

12.3.1　样本与数据

采用中国环保部 2010~2011 年披露的上市企业环境违法数据，该时间段之前只有很少的、零星环境违法事件被披露。在时间窗口中，部分公司的环境违法事件在一段时间内被重复披露，这使得第二次及以后的披露所含信息量下降。为了降低这种干扰，只保留了首次披露的违法样本。表 12-1 报告了环境违法样本的行业分布情况。公司特征和财务数据从中国股票市场与会计研究数据库（CSMAR）中搜集得到。

表 12-1　违法样本的行业分布

行业代码	行业	环境违法样本数	比例/%
D01	公共事业行业	3	5.7
C51	电子零部件生产	1	1.9
C11	纺织业	2	3.8
C61	非金属制造业	1	1.9
C65	黑金属冶炼	3	5.7
C47	化学纤维制造业	2	3.8
C43	化工原材料与产品加工	13	24.5
B01	煤炭采掘业	4	7.5
B03	原油天然气开采业	2	3.8
C41	原油精炼提纯	2	3.8
C01	食品加工	2	3.8
C81	医药制造	5	9.4
B07	有色金属矿选业	4	7.5
C67	有色金属冶炼加工	3	5.7
C31	造纸业	4	7.5
C05	饮料制造	2	3.8
	合计	53	100

既往的研究已经证实行业效应可能因为竞争者样本的过度分散而不明显（Haensly et al.，2001；Lang and Stulz，1992；Xu et al.，2006）。为了避免竞争样本的过度分散，根据 Xu 等.（2006）的建议对于每个违法通告，只考察 5 个与违法企业现金流特征最相似的竞争者。如果行业中的竞争者少于 5 个，所有该行业中企业被选择进样本。与 Lang 和 Stulz（1992）以及 Xu 等（2006）的观点相一致，事件企业和竞争者在事件披露日期前 200 天至 50 天的股市回报率的相关性系数用

作现金流特征相似度的代理变量。

12.3.2 变量测度

1）行业效应

一个行业中的环境违法公告信息与投资者的预期产生偏差，而且被认为影响了该行业未来的盈利能力，这是造成了同行业竞争者的股票价格出现非正常回报的本质原因。采用事件研究法来计算非正常回报率。这种方法在股票市场研究中被广泛使用（Dasgupta et al.，2006；Xu et al.，2006；Xu et al.，2012）。某个交易日的非正常回报率是市场模型的残差，市场模型的系数由违法披露日期前 200 天至 50 天的交易数据回归得到。市场模型被广泛用来估测环境违法事件对股票市场的影响（Dasgupta et al.，2006；Karpoff et al.，2005；Xu et al.，2012）。个体企业在时间窗口中的累计非正常回报率（cumulative abnormal return，CAR）用来测度股票市场对于该事件的反应。

$$AR_{it} = R_{it} - R'_{it} \qquad (12\text{-}1)$$

$$R'_{it} = \alpha'_i + \beta'_i R_{mt} + \varepsilon_{it} \qquad (12\text{-}2)$$

$$CAR\left(t_1, t_2\right) = \sum\nolimits_{t_1}^{t_2} AR_{it} \qquad (12\text{-}3)$$

$$CAAR\left(t_1, t_2\right) = \frac{1}{N}\sum\nolimits_{t_1}^{t_2}\sum\nolimits_1^N AR_{it} \qquad (12\text{-}4)$$

R_{it} 和 R'_{it} 分别是股票 i 在日期 t 的日回报率及预期日回报率。预期日回报率 R'_{it} 用式 2 的市场模型计算；R_{mt} 是股票市场在日期 t 上的整体回报率。α'_i β'_i 由事件日前 200 天至 50 天中的 150 天的回报率进行估算得到。t_1 和 t_2 分别是时间窗口的起止日期，$t \in (t_1, t_2)$。N 是组合中企业样本的个数。

为了检验股票市场对于环境违法负面市场反馈（传染效应）的假设，在行业中对非正常回报率求平均值。相应的，对每个环境违法企业样本构建了两个竞争者组合，一个是和违法企业在相同板块上市的所有同行业上市公司，另一个是 5 个现金流相似度最高的竞争者样本组合。行业的划分标准根据中国证监会的行业划分标准进行划分。利用环境违法披露前后 10 个交易日（–5，5）的累计平均非正常回报率（CAAR）来作为行业效应的测度。

交易日 0 是指环境违法事件披露的当天，如果当天交易关闭，则下一个交易日作为事件日。为了探讨公司与行业特征的影响，现金流相似度最高的竞争者组合在事件窗口（–5，5）的累积非正常回报率（CAR）作为因变量。

2）解释变量

①行业的环境敏感性

与既往研究一致（Aerts and Cormier，2009；Berrone，2009；Cho et al.，2010；Huang and Kung，2010；Patten，2002），样本中原油开采、造纸业、化工医药、采矿冶金业、钢铁纺织业被划分为环境敏感性行业，其他行业为非环境敏感性行业。哑变量 Sensitivity 用来标记这个划分。本章样本中，来自每个非环境敏感性行业的违法样本均不超过 3 个。

②国家所有制

根据企业最终控制人的属性，将样本分为两组：国有企业（包括国家控股和国有法人企业）与非国有企业（包括私有企业、集体所有制企业、外资企业）。如果事件企业与竞争者企业均为国家所有，则变量 State 赋值 1，否则为 0。

③终端产品与中间产品行业划分

基于样本数据，医药制造、食品饮料加工业划分为终端产品制造业，另外由于公共事业行业虽然也向大众提供商品，但由于工业消费占更大比例，所以这个行业被划分为中间产品行业。哑变量 Final Goods 用来区分这两个类别，对于终端产品行业赋值 1，对中间产品行业赋值 0。

3）控制变量

地区发展与体制环境可能对于政府参与环境治理的积极性相关，同时也反映了公众对于环境风险的感知。前人的研究也发现现金流的相似度、杠杆率、行业集中度以及事件企业的非正常回报率都是行业效应的主要影响因素（Erwin and Miller，2004；Lang and Stulz，1992）。另外，企业规模、盈利能力等也是股票市场研究中普遍需要控制的变量。这些变量描述如下。

①地区发展与制度环境

制度环境是对于规制约束的解释，体现了对企业的要求。通过对这些规制的遵守，企业能够获得合法性和得到相关支持（Scott，1987），这对于提高企业透明度，提升经济效率和保护投资者利益息息相关（Henisz，2000；López de Silanes et al.，1998）。中国从 1978 年的中央集权的地方化改革开始，制度环境中就出现了多样性和异质性（Fan et al.，2007；Jin et al.，2005；Wang et al.，2008）。虽然随着经济的发展，环境保护的呼声越来越高（Krause，1993），在欠发达地区，地方政府倾向于通过弱的环境规制来获得短期的经济增长（Van Rooij，2006），因此经济发展不同程度上的压力，反映为不同的环境治理制度。而且，国有企业是政府控制经济的主要途径，政府与经济之间的利益联系，以及一些企业极高的行政级别，造成了环境规制实施的障碍。采用两个广泛使用的指标来分别表征经济发展程度与政府对经济干预的程度：人均 GDP 的对数值（变量 PCGDP）；非国有经济的比重①（记为 non-state proportion），这从 Fan 和 Wang（2011）的报告中获得。

②现金流相似度

现金流反映了企业的盈利能力与战略投资结构（Jaggi and Freedman，1992；Wagner et al.，2002），同时也决定了环境绩效（King and Lenox，2001）。Impson（2005）和 Xu 等（2006）发现现金流的相似度越高，一些公司事件的行业效应就越强烈，比如红利削减或者疏忽声明等。与前人研究一致，如 Lang 和 Stulz（1992）以及 Xu 等（2006），采用事件企业与竞争者的市场回报率的相似度作为现金流特征相似度的代理变量。事件前 200 天到 50 天的回报率数据用来计算相似度。

③杠杆率

公司杠杆率提高了公司权益和总价值的敏感度（Lang and Stulz，1992；Xu et al.，2006）。当竞争者的市场价值变化时，在其他条件不变的情况下，杠杆率高的公司权益价值的变化要比低杠杆率公司大。采用总资产中权益资产的比例作为杠杆率。

④市场集中度

在竞争激励的行业中，环境违法可能归咎于行业中普遍存在的因素，因为激烈的竞争导致企业采取类似的投资战略（Klevorick et al.，1995；Levin et al.，1987），而如果环境事件归咎于违法企业自身的原因，传染效应可能变弱（Aharony and Swary，1983；Lang and Stulz，1992；Xu et al.，2006）。采用 8 家最大企业的市场占有率（市场集中度，CR8），作为行业竞争程度的代理变量（Ahern，2012）。

⑤事件企业的非正常回报率

事件所传递的信息量决定行业效应的强烈程度（Xu et al.，2006）。事件企业的非正常回报率一定程度上体现所传递的信息量。CAR_{EV} 为事件企业在（-5，5）的时间窗口中的累计非正常回报率。

其他的财务数据也有可能影响短期的市场回报率变化，并且与回归模型中的解释变量相关联。首先，作为公司规模象征，市场价值也是类似研究中所控制的重要变量之一（Impson，2005），该变量采用市场价值的对数值。盈利能力被证实与企业环境绩效、杠杆率相关（Chen，2004；Nakao et al.，2007；Stanwick and Stanwick，1998）。盈利能力采用广泛使用的资产回报率（return on asset，ROA）来测度，净利润除以总资产。发展空间越大，企业越可能在竞争战略中采用可持续发展原则（Artiach et al.，2010）。未来增长机会越多，投资者对于公司的存活能力和未来红利的增长越有信心（Impson，2005）。和既往研究一致，增长机会用

---

① 包括三个方面：非国有经济的市场股份；非国有经济在社会总投资资产中所占比例；非国有经济在城市人口中的就业比。

账面市值比来测度（总资产除以市值）。④国有企业由于潜在的制度性庇护而被认为风险较低，如果国有企业由于环境违法被查处，这可能意味着制度环境的变化。因此用变量 $State_{EV}$ 来指示事件企业的国有制背景，即如果事件企业为国家所有则赋值为 1，否则为 0。

12.4　结果与分析

表 12-2 列出了事件样本和同行组合的在时间窗口（–5，5）的非正常回报率。对于每个违法样本构造了两个同行样本组合。一个是在相同板块上市的所有同行业企业的组合，另一个是现金流特征最相似的 5 个同行企业样本的组合。和预期的相反，在公布违法公告的前夕（–5，–1），同行业企业组合经历了股票回报率的显著下降，甚至超过了违法企业。而违法企业在事后第一天股票价格经历了短暂的上扬（1%）。但是，在接下来的三天（3，5）违法企业和匹配的同行组合经历了股票价格的显著下降。在（2，5）的时间窗口中，违法企业股价下降了 1.9%，而匹配的同行组合下降了 0.9%，所有同行的组合平均下降 0.5%。在整个窗口中（–5，5）事件企业股票价格平均下跌 1.8%，并且在 5% 的水平上显著，匹配的同行业组合下跌 1.2%，在 1% 的水平上显著，而全部同行业组合下跌 0.6%，不显著。总的来说，虽然全部同行的组合股价波动不显著，但是现金流特征最相似的 5 个同行业竞争者组合表现出显著的股价波动。这对于假设 1 给出了初步的证据。

表 12-2　与环境违法事件相关的非正常回报率

日期	违法样本		匹配的样本组合		全行业样本组合	
	AR	T-test	AR	T-test	AR	T-test
–5	–0.001	–0.328	–0.003*	–1.668	–0.003*	–1.673
–4	–0.003	–0.960	–0.004**	–2.201	–0.002	–0.979
–3	0.002	1.104	0.002	0.781	0.002	1.072
–2	–0.004**	–1.866	–0.003**	–1.775	–0.002	–1.270
–1	–0.0002	–0.065	0.0009	0.295	0.0007	0.600
0	–0.0002	–0.061	0.001	0.662	0.001	0.959
1	0.010***	2.512	0.003	1.075	0.001	0.794
2	0.002	0.492	–0.001	–0.642	–0.002	–1.192
3	–0.009***	–2.991	–0.002*	–1.613	–0.002*	–1.313
4	–0.007***	–2.407	–0.004***	–2.296	–0.0006	–0.346
5	–0.007***	–2.367	–0.002*	–1.532	–0.002	–1.064
（–5，–1）	–0.007	–1.155	–0.007***	–2.191	–0.004	–0.919
（–1，1）	0.008**	1.779	0.005	1.162	0.003	1.159
（2，5）	–0.019***	–2.494	–0.009***	–2.589	–0.005*	–1.420
（–5，5）	–0.018**	–1.759	–0.012***	–2.565	–0.006	–1.074

*$P<0.10$，**$P<0.05$，***$P<0.01$

　　基于 258 个根据现金流特征相似度所匹配的同行业企业样本，表 12-3 和表 12-4 给出了的回归分析中所用变量的描述性统计和相关性系数。表 12-5 根据三个解释变量（环境敏感性、国家所有、中间/终端产品行业划分）将样本分别划分为 2 个部分，据此分别对于因变量进行单变量 t 检验，结果发现，因变量在这三种划分中，均表现出显著的均值差异，初步证实了 3 个假设（假设 2、假设 3 和假设 4）。

表 12-3　描述性统计

No.	变量	观察值	均值	标准差	最小值	最大值
1	CAR_{RF}	258	−0.011	0.076	−0.271	0.246
2	Sensitiveness	258	0.829	0.377	0	1
3	State	258	0.535	0.499	0	1
4	Final goods	258	0.184	0.389	0	1
5	PCGDP	258	8.316	0.470	7.382	9.241
6	Non-state proportion	258	7.277	3.613	2.790	16.610
7	ROA	258	0.034	0.105	−0.591	0.872
8	Market value	258	15.637	1.275	13.593	21.529
9	Book-to-market ratio	258	0.570	0.229	0.064	1.076
10	Leverage	258	6.709	36.502	−0.508	329.413
11	Correlation	258	0.421	0.223	−0.122	0.890
12	CAR_{EV}	258	−0.018	0.077	−0.269	0.123
13	CR8	258	16.829	11.984	2.5	76.8
14	$State_{EV}$	258	0.770	0.422	0	1

CAR_{RF}：违法企业的行业竞争者在（−5，5）的时间窗口中的累积非正常回报率

Sensitiveness：环境敏感性行业与非敏感性行业划分

State：对于违法企业与竞争者同为国有时，赋值 1，否则为 0

Final goods：终端产品行业与非终端产品行业的划分，对于终端产品赋值 1，否则为赋值 0

PCGDP：省级人均 GDP 对数值

Non-state proportion：非国有经济比重

ROA：资产回报率

Market Value：企业市值的对数值

Book-to-market Ratio：账面市值比，总资产除以市值

Leverage：杠杆率（权益资产除以总资产）

Correlation：违法企业与竞争者现金流特征的相关性（用股市回报率相关性系数作为代理变量）

CAR_{EV}：违法企业的在时间窗口中的累积非正常回报率

CR8：行业集中度（8 家最大公司的市场占有率）

$State_{EV}$：如果违法企业为国有企业则赋值 1，否则为 0

表 12-4　泊松相关性系数

No.	变量	1	2	3	4	5	6	7	8	9	10	11	12	13	14
1	CAR_{RF}	1													
2	Sensitiveness	0.197	1												
3	State	0.024	0.033	1											
4	Final goods	−0.387	−0.234	−0.247	1										
5	PCGDP	−0.050	0.096	−0.084	0.004	1									
6	Non-state proportion	−0.032	−0.025	−0.189	−0.011	0.766	1								
7	ROA	−0.168	−0.039	0.116	0.214	0.014	0.049	1							
8	Market value	0.060	0.135	0.426	−0.041	0.167	0.027	0.273	1						
9	Book to market ratio	0.072	0.087	0.193	−0.353	0.076	0.005	−0.216	0.021	1					
10	Leverage	0.062	0.054	−0.085	−0.066	−0.050	−0.042	−0.107	−0.043	0.114	1				
11	Correlation	−0.095	0.171	0.041	0.043	−0.055	−0.058	0.043	0.139	−0.047	−0.079	1			
12	CAR_{EV}	0.230	−0.057	0.272	−0.404	−0.143	−0.172	0.034	0.148	0.183	0.204	0.076	1		
13	CR8	0.199	0.070	0.246	−0.264	0.120	0.010	−0.126	0.416	0.205	0.176	−0.204	0.262	1	
14	$State_{EV}$	0.066	0.022	0.586	−0.163	−0.060	−0.111	0.128	0.199	0.074	0.159	−0.079	0.201	−0.004	1

$N=258$；如果相关性系数的绝对值大于 0.13，则在 5% 水平上显著，大于 0.18，则在 1% 水平上显著。

表 12-5　单变量检验

变量	值	观察数	CAR_{RF}	均值差异 mean（0）-mean（1）	T 值
State	1	138	−0.031		
	0	120	−0.005	0.026	−2.796***
Sensitiveness	1	213	−0.012		
	0	45	−0.039	−0.027	−2.215**
Consumption	1	47	−0.070		
	0	211	−0.005	0.065	5.582***

*** $P<0.01$；** $P<0.05$

表 12-6 报告了回归分析的结果，既然经济发展水平变量（PCGDP）与非国有经济比例变量高度相关，在回归模型中分别放入这两个变量进行回归分析。模型 1 和模型 2 中只放入控制变量；模型 3 和模型 4 中加入了解释性变量，这两个模型解释了 22.3%～22.7%的同行样本的累积非正常回报率的变化方差。

表 12-6　回归结果

变量	模型 1	模型 2	模型 3	模型 4
Sensitiveness			0.028**	0.027**
			（0.013）	（0.013）
State			−0.024*	−0.025*
			（0.013）	（0.013）
Final goods			−0.058***	−0.062***
			（0.015）	（0.015）
PCGDP	−0.006		−0.012	
	（0.011）		（0.010）	
Non-state proportion		−0.001		−0.002
		（0.002）		（0.002）
ROA	0.009	−0.010	0.009	0.020
	（0.076）	（0.024）	（0.073）	（0.073）
Market value	0.001	0.001	0.003	0.002
	（0.005）	（0.005）	（0.005）	（0.005）
Book to market ratio	−0.009	−0.010	−0.034	−0.032
	（0.023）	（0.023）	（0.023）	（0.023）
Leverage	−0.033*	0.033*	−0.019	−0.019
	（0.020）	（0.020）	（0.019）	（0.019）
Correlation	−0.040*	−0.039*	−0.044*	−0.042*
	（0.024）	（0.024）	（0.023）	（0.023）
CAR_{EV}	0.194***	0.200***	0.136*	0.130*
	（0.071）	（0.071）	（0.072）	（0.072）
CR8	0.001	0.001	0.001	0.001
	（0.012）	（0.001）	（0.001）	（0.001）
$State_{EV}$	−0.001	−0.001	0.010	0.009
	（0.012）	（0.012）	（0.015）	（0.015）
Intercept	−0.055	−0.037	0.078	0.0148
	（0.106）	（0.073）	（0.10）	（0.072）
R^2	0.115	0.114	0.232	0.232
F-test	2.90***	2.85***	4.92***	4.94***

N=258；括号中为标准差

*** $P<0.01$；**$P<0.05$；*$P<0.10$

假设 2 认为环境违法的行业效应对于非环境敏感性行业更加显著。Sensitiveness 的系数为正且显著（$\beta>0$，$P<0.01$），这支持了该假设。假设 3 为国有企业的环境违法对于同行业其他国有企业影响较显著。State 的系数为负，在10%的水平上显著，在一定程度上支持了该假设。假设 4 认为环境违法的行业效应对于终端产品行业更加显著。Final Goods 的系数为负，而且显著（$\beta<0$，$P<0.01$），支持了该假设。在控制变量中，CAR_{EV} 的系数显著为正，对传染效应假设（假设 1）提供了进一步的验证。Correlation 的系数为负而且边际显著，证明了传染效应对于现金流特征相似度高的同行企业影响更大。

为了进一步验证模型的稳健性，进行了如下的分析检验。公司规模和盈利能力的代理变量（Market Value 和 ROA）分别用总资产的对数值以及 ROE 来代替，发现对于结果没有显著的影响。而且，每个自变量的方差膨胀因子（VIF）都不大于 2.5，说明实证结果没有受到共线问题的影响（Kennedy，2003）。

12.5　讨论与结论

利用中国环保部 2010～2011 年披露的环境违法样本数据，统计分析结果发现政府环境违法通告对同行业企业造成了显著的传染效应，也就是股票市场投资者对于出现环境违法事件行业的负面反馈。和前人的研究相一致（Impson，2005；Xu et al.，2006），现金流特征与违法企业相似度越高的企业，传染效应越明显。这个发现意味着官方的环境违法披露能够揭示行业潜在风险，并且激发投资者对于行业风险的重新评估，特别是对于现金流特征比较类似的同行业企业。而且，结果与 Xu 等（2012）类似，发现了违法信息一定程度在披露之前就出现了泄漏，而且违法者倾向于放出正面消息予以抵消，这表现为短期内股价的正向波动。市场对于此类消息的吸收需要 1～2 天的延迟。

基于信号理论，发现传染效应在非环境敏感行业中更加明显，因为这些行业的环境违法事件显得更加意外，因此提供了更多信息量，这意味着对于环境风险的先验判断对于事件后的风险评估起到了调节作用。这个结果也和前人所发现的企业环境信息披露对于市值影响相一致（Aerts et al.，2008）。

当政府在经济运营中通过投资扮演重要角色时，如果国有企业因为环境违法事件被查处和披露，这表明政府对于国有企业采取了更严厉的态度，这对同行业其他国有企业产生了负面作用。而且实证结果对这一推断给予了中肯的支持。作为环境规制得到加强的结果，国家所有制对企业在环境治理方面的制度性庇护弱化了，公众投资者对于国有企业环境风险的评估因此上升。

另外，"绿色消费者"潜在的抵制让投资者提高了对终端产品行业的环境风险的预期，这表现为终端产品行业中传染效应比中间产品行业强烈。个体消费者倾向于对于出现环境不端行为的违法者及其同行业企业施加压力，而中间产品的下游客户因为种种局限性，无法施加直接的影响。

大量的研究已经证实了环境违法事件存在负面的市场价值效应。本章对环境违法的行业效应提供了经验分析，同时探讨了影响行业效应的主要因素。投资者对于环境违法通告所提供信息的风险评估不仅仅局限于违法企业，这可能扩散到违法企业所在行业中没有卷入类似事件的竞争者。在集成了信息理论与信号理论的基础上，认为一个信号所传递的信息量（由先验概率决定）是信号接受者反应的决定性因素之一。因此，探讨了环境敏感性和企业的国有制背景对传染效应的影响，认为这两个因素与行业环境风险的先验判断密切相关，并且从结果中获得了支持性的经验证据。

虽然企业管理者有隐瞒内部风险的倾向，但是生产过程中所存在的环境威胁，将因为同行业竞争者相关行为在一定程度上得到揭露，这将缓解内部经营者与外部利益相关者之间的信息不对称，从而激发利益相关者的负面反应。在我国，由于环境问题的恶化，当前中国政府正在寻求有效的环境治理措施。企业环境违法信息的披露能够有效调动社会和市场对于企业行为的惩罚机制，这是国家环保部要求地方环保部门定期公布企业环境违法信息，而地方环保部门却不愿意公布的主要原因。企业环境违法事件的行业效应更进一步强调了企业环境违法公告的有效性。

同样的，本章研究也存在一些局限性，比如违法样本偏小。期待在有更多环境违法样本时，能够进行纵向研究。另外，环境违法报告中对于细节信息的披露很不一致，甚至很多报告没有披露，这导致一些关键信息（如罚款、严重程度等）不能准确获取，约束了模型的解释能力。

参 考 文 献

毕茜,彭珏,左永彦.2012.环境信息披露制度、公司治理和环境信息披露.会计研究,(7):39-47.

蔡昌.2000.论环境会计.对外经贸财会,(6):6-9.

陈传明,孙俊华.2008.企业家人口背景特征与多元化战略选择:基于中国上市公司面板数据的实证研究.管理世界,(5):124-133.

陈宏辉,贾生华.2004.企业利益相关者三维分类的实证分析.经济研究,4(89):80-90.

储姣,郭金花,刘伏强.2003.独立环境会计报告简介.财会月刊,(1):49-51.

邓新明.2011.我国民营企业政治关联,多元化战略与公司绩效.南开管理评论,(4):4-15.

樊刚,王小鲁,朱恒鹏.2007.中国市场化指数.北京:经济科学出版社.

高红贵.2010.现代企业社会责任履行的环境信息披露研究:基于"生态社会经济人"假设视角.会计研究,(12):29-33.

耿建新,焦若静.2002.上市公司环境会计信息披露初探.会计研究,(1):43-47.

何杰,曾朝夕.2010.企业利益相关者理论与传统企业理论的冲突与整合.管理世界,(12):176,177.

何杰,曾朝夕.2011.企业利益相关者理论与传统企业理论的冲突与整合:一个企业社会责任基本分析框架的建立.管理世界,(12):176,177.

黄群慧,彭华岗,钟宏武,等.2009.中国100强企业社会责任发展指数.企业社会责任研究中心.北京:中国社会科学院.

贾生华,陈宏辉,田传浩.2003.基于利益相关者理论的企业绩效评价.科研管理,24(4):94-101.

江伟,李斌.2006.制度环境,国有产权与银行差别贷款.金融研究,11:116-126.

蒋麟凤.2009.中日企业环境会计信息披露的外部动因比较及启示.中国乡镇企业会计,(1):153,154.

雷光勇,李书锋,王秀娟.2009.政治关联,审计师选择与公司价值.管理世界,(7):145-155.

李巢暎.2013.中国债券市场的现状分析和展望.中国流通经济,27(11):118-121.

李海芹,张子刚.2010.CSR对企业声誉及顾客忠诚影响的实证研究.南开管理评论,13(1):90-98.

李建发,肖华.2002.我国企业环境报告现状、需求与未来.会计研究,(4):42-50.

李明辉,张艳,张娟.2011.国外环境审计研究述评.审计与经济研究,(4):29-37.

李青原,陈晓,王永海.2007.产品市场竞争、资产专用性与资本结构:来自中国制造业上市公司的经验证据.金融研究,(4):100-113.

李晚金,匡小兰,龚光明.2008.环境信息披露的影响因素研究:基于沪市201家上市公司的实证检验.财经理论与实践,(5):47-51.

李心合. 2001. 面向可持续发展的利益相关者管理. 当代财经，（1）：66-70.

李雪，詹原瑞. 2010. 我国环境审计基本问题的研究. 北京交通大学学报（社会科学版），
　　（4）：48-51.

李义松，苏胜利. 2011. 环境公益诉讼的制度生成研究：以近年几起环境公益诉讼案为例展
　　开. 中国软科学，（4）：88-95.

廖秀梅. 2007. 会计信息的信贷决策有用性：基于所有权制度制约的研究. 会计研究，5：
　　31-38.

林毅夫，李永军. 2001. 中小金融机构发展与中小企业融资. 经济研究，1（10）：1.

刘慧龙，张敏，王亚平，等. 2010. 政治关联、薪酬激励与员工配置效率. 经济研究，（9）：
　　109-121.

刘家沂. 2011. 论油污环境损害法律制度框架中的海洋生态公共利益诉求. 中国软科学，
　　（5）：192，193.

潘红波，夏新平，余明桂. 2008. 政府干预、政治关联与地方国有企业并购. 经济研究，
　　4（1）：41-52.

尚会君，刘长翠，耿建新. 2007. 我国企业环境信息披露现状的实证研究. 环境保护，（4）：
　　15-21.

施建军，张文红，杨静，等. 2012. 绿色创新战略中的利益相关者管理：基于江苏紫荆花公
　　司的案例研究. 中国工业经济，（11）：123-134.

石军伟，胡立君，付海艳. 2007. 企业社会资本的功效结构：基于中国上市公司的实证研究.
　　中国工业经济，（2）：84-94.

舒岳. 2010. 公司治理结构对环境信息披露影响的实证研究：来自沪市上市公司 2008 年的
　　经验证据. 会计之友，（1）：81-84.

司林胜. 2002. 对我国消费者绿色消费观念和行为的实证研究. 消费经济，5：39-42.

宋德舜. 2004. 国有控股、最高决策者与公司绩效. 中国工业经济，（3）：91-98.

孙蔓莉. 2004. 论上市公司信息披露中的印象管理行为. 会计研究，（3）：40-45.

孙兴华，王兆蕊. 2002. 绿色会计的计量与报告研究. 会计研究，（3）：15-20.

孙烨，孙立阳，廉洁. 2009. 企业所有权性质与规模对环境信息披露的影响分析：来自上市
　　公司的经验证据. 社会科学战线，（2）：55-60.

孙玉军，姚萍. 2009. 上市公司环境信息披露研究：以医药制造业上市公司为例. 财会通信，
　　（6）：78-81.

孙铮，李增泉，王景斌. 2006. 所有权性质、会计信息与债务契约：来自我国上市公司的经
　　验证据. 管理世界，（10）：100-149.

汤亚莉，陈自力，刘星，等. 2006. 我国上市公司环境信息披露状况及影响因素的实证研究.
　　管理世界，（1）：158，159.

万东华. 2009. 一种新的经济折旧率测算方法及其应用. 统计研究，（10）：15-18.

万里霜. 2008. "管理层讨论与分析"的环境信息披露情况调查：来自我国上交所 A 股上市公
　　司的初步证据. 生态经济，（1）：89-92.

万寿义，刘正阳. 2012. 交叉上市公司社会责任缺陷披露的市场反应：基于紫金矿业突发渗
　　漏环保事故的案例研究. 中国人口资源与环境，22（1）：62-69.

万寿义，刘正阳. 2013. 制度背景，公司价值与社会责任成本：来自沪深 300 指数上市公司的经验证据. 南开管理评论，（1）：83-91.

王灿发. 2005. 环境违法成本低之原因和改变途径探讨. 环境保护，（9）：32-34.

王建明. 2008. 环境信息披露、行业差异和外部制度压力相关性研究：我国沪市上市公司环境信息披露的经验证据. 会计研究，（6）：54-62.

王建明，印丹榕，陈红喜. 2007. 国外上市公司的环境信息披露比较分析及启示. 生态经济，（5）：94-97.

王军. 2007. 企业环境报告书期待中国指南. 环境经济，（7）：42-46.

王霞，徐晓东，王宸. 2013. 公共压力、社会声誉、内部治理与企业环境信息披露：来自中国制造业上市公司的证据. 南开管理评论，（2）：82-91.

王晓巍，陈慧. 2012. 基于利益相关者的企业社会责任与企业价值关系研究. 管理科学，24（6）：29-37.

王珍义，方小红，刑艳. 2009. 上市公司环境信息披露研究：基于纺织行业的实证. 工业技术经济，（4）：145-151.

王珍义，奕传勇，易卉. 2008. 上市公司环境信息披露的现状与对策研究：以 2006 年年报业绩前 50 名的公司为例. 改革与战略，（2）：45-47.

肖华，张国清. 2008. 公共压力与公司环境信息披露：基于"松花江事件"的经验研究. 会计研究，5：15-22.

肖淑芳，胡伟. 2005. 我国企业环境信息披露体系的建设. 会计研究，（3）：47-52.

徐联初. 2000. 赣鄂湘三省贷款利率政策执行情况调查. 金融研究，（4）：130-134.

宣杰，胡春晓. 2010. 重污染行业上市公司环境信息披露状况研究. 统计与决策，（6）：146-149.

杨朝飞. 2012. 环境污染损害鉴定与评估是根治"违法成本低和守法成本高"顽疾的重要举措. 环境保护，5：18-24.

杨德锋，杨建华，楼润平，等. 2012. 利益相关者管理认知对企业环境保护战略选择的影响：基于我国上市公司的实证研究. 管理评论，3：140-149.

杨发明，许庆瑞. 1998. 企业绿色技术创新研究. 中国软科学，3：47-51.

杨光梅，闵庆文，李文华，等. 2007. 我国生态补偿研究中的科学问题. 生态学报，10：116-120.

姚立杰，罗玫，夏冬林. 2010. 公司治理与银行借款融资. 会计研究，8：55-61.

于伟. 2009. 消费者绿色消费行为形成机理分析：基于群体压力和环境认知的视角. 消费经济，（4）：75-77.

余明桂，潘红波. 2009. 政治关系，制度环境与民营企业银行贷款. 管理世界，（8）：9-21.

翟春凤，赵磊. 2007. 我国企业环境会计信息存在的问题及对策. 中国市场，（31）：73，74.

张敏，张胜，申慧慧，等. 2010. 政治关联与信贷资源配置效率：来自我国民营上市公司的经验证据. 管理世界，11：143-153.

张强，赵建晔. 2010. 我国资本市场支持科技创新的实证研究. 科技进步与对策，27（7）：10-13.

张世兴，刘立，郗红. 2004. 上市公司会计核算与信息披露规范之差异比较. 中国海洋大学学报，（1）：64-66.

张兆国，梁志钢，尹开国. 2012. 利益相关者视角下企业社会责任问题研究. 中国软科学，（2）：139-146.

赵军，吴玫玫，钱光人，等. 2011. 基于利益相关者的企业环境绩效驱动机制及实证. 中国环境科学，31（11）：1931-1936.

赵康. 2009. 管理咨询在中国：现状、专业水准、存在问题和发展战略. 北京：中国社会科学出版社.

赵丽萍，张欣，丁鹏艳. 2008. 我国重污染行业环境信息披露的现状与思考：以 2007 年沪市 A 股 166 家上市公司为例. 环境保护，（8）：25-28.

周彩红. 2003. 非国有企业融资问题探析. 中国软科学，（9）：59-63.

周一虹，孙小雁. 2006. 中国上市公司环境信息披露的实证分析：以 2004 年沪市 A 股 827 家上市公司为例. 南京审计学院学报，（11）：22-24.

朱红军. 2002. 我国上市公司高管人员更换的现状分析. 管理世界，（5）：85-94.

朱红军，林俞. 2003. 高级人员变更的财富效应. 经济科学，（4）：126-141.

朱雅琴，姚海鑫. 2010. 企业社会责任与企业价值关系的实证研究. 财经问题研究，（2）：102-106.

邹立，汤亚莉. 2006. 我国上市公司环境信息披露的博弈模型. 生态经济，（5）：112-116.

Abbott W F, Monsen R J. 1979. On the measurement of corporate social responsibility: Self-reported disclosures as a method of measuring corporate social-involvement. Academy of Management Journal, 22（3）：501-515.

Adhikari A, Derashid C, Zhang H. 2006. Public policy, political connections, and effective tax rates: Longitudinal evidence from Malaysia. Journal of Accounting and Public Policy, 25（5）：574-595.

Aerts W, Cormier D. 2009. Media legitimacy and corporate environmental communication . Accounting, Organizations and Society, 34（1）：1-27.

Aerts W, Cormier D, Magnan M. 2008. Corporate environmental disclosure, financial markets and the media: an international perspective. Ecological Economics, 64（3）：643-659.

Aghion P, Bloom N, Blundell R, et al. 2005. Competition and innovation: an inverted Urelationship. Quarterly Journal of Economics, 120：701-728.

Aharony J, Swary I. 1983. Contagion effects of bank failures: Evidence from capital markets . Journal of Business, 56（3）：305-322.

Ahern K R. 2012. Bargaining power and industry dependence in mergers . Journal of Financial Economics, 103（3）：530-550.

Aiken L, West S. 1991. Multiple Regression: Testing and Interpreting Interactions. London: Sage.

Akhigbe A, Madura J. 2006. Intra-industry effects of voluntary corporate liquidations . Journal of Business Finance and Accounting, 23（7）：915-930.

Akhigbe A, Kudla R J, Madura J. 2005. Why are some corporate earnings restatements more damaging? Applied Financial Economics, 15（5）：327-336.

Alberti M, Caini M, Calabrese A, et al. 2000. Evaluation of the costs and benefits of an environmental management system. International Journal of Production Research, 38(17): 4455-4466.

Alexander C. 1999. On the nature of the reputational penalty for corporate crime: Evidence . Journal of Law and Economics, 42 (51) : 489-526.

Ali I, Rehman K U, Ali S I, et al. 2010. Corporate social responsibility influences, employee commitment and organizational performance. African Journal of Business Management, 4 (12) : 2796-2801.

Allison P D. 1990. Change scores as dependent variables in regression analysis . Sociological Methodology, 20 (1) : 93-114.

Alnajjar F K. 2000. Determinants of social responsibility disclosures of U. S. Fortune 500 firms: An application of content analysis , Advances in Environmental Accounting and Management, 1: 163-200.

Al-Tuwaijri S A, Christensen T E, Hughes K E. 2004. The relations among environmental disclosure, environmental performance, and economic performance: A simultaneous equations approach. Accounting, Organizations and Society, 29 (5-6) : 447-471.

Anderson C L, Bieniaszewska R L. 2005. The role of corporate social responsibility in an oil company's expansion into new territories. Corporate Social Responsibility and Environmental Management, 12 (1) : 1-9.

Anton W R Q, Deltas G, Khanna M. 2004. Incentives for environmental self-regulation and implications for environmental performance . Journal of Environmental Economics and Management, 48 (1) : 632-654.

Aragón-Correa J A, Matías-Reche F, Senise-Barrio M E. 2004. Managerial discretion and corporate commitment to the natural environment. Journal of Business Research, 57 (9) : 964-975.

Aragón-Correa J A, Sharma S. 2003. A contingent resource-based view of proactive corporate environmental strategy . The Academy of Management Review, 20 (1) : 71-88.

Artiach T, Lee D, Nelson D, et al. 2010. The determinants of corporate sustainability performance . Accounting and Finance, 50 (1) : 31-51.

Bae K E E H, Goyal V K. 2009. Creditor rights, enforcement, and bank loans . The Journal of Finance, 64 (2) : 823-860.

Ball S, Bell S. 1995. Environmental Law. Blackstone: London.

Banerjee S B. 2002. Corporate environmentalism: the construct and its measurement. Journal of Business Research, 55 (3) : 177-191.

Bansal P, Clelland I. 2004. Talking trash: Legitimacy, impression management, and unsystematic risk in the context of the natural environment. Academy of Management Journal, 47 (1) : 93-103.

Bantel K A, Jackson S E. 1989. Top management and innovations in banking: Does the composition of the top team make a difference? Strategic Management Journal, 10 (1) :

107-124.

Barberis N, Thaler R. 2003. A survey of behavioral finance. Handbook of the Economics of Finance, 1: 1053-1128.

Barreto I, Baden-Fuller C. 2006. To conform or to perform? Mimetic behaviour, legitimacy - based groups and performance consequences. Journal of Management Studies, 43 (7): 1559-1581.

Barros C P, Chen Z, Liang Q B, et al. 2011. Technical efficiency in the Chinese banking sector . Economic Modelling, 28 (5): 2083-2089.

Barth M E, McNichols M F, Wilson G P. 1997. Factors influencing firms' disclosures about environmental liabilities. Review of Accounting Studies, 2: 35-65.

Barua A, Davidson L, Rama D, et al. 2010. CFO gender and accruals quality. Accounting Horizons, 24 (1): 25-40.

Beams F A, Fertig E. 1971. Pollution control through social cost conversion. The Journal of Accounting, (November): 37-42.

Becchetti L, Ciciretti R. 2009. Corporate social responsibility and stock market performance . Applied Financial Economics, 19 (16): 1283-1293.

Beck A C, Campbell D, Shrives P J. 2010. Content analysis in environmental reporting research: Enrichment and rehearsal of the method in a British-German context. The British Accounting Review, 42: 207-222.

Beiner S, Schmid M M, Wanzenried G. 2011. Product market competition, managerial incentives and firm valuation. European Financial Management, 17: 331-366.

Bell G, Filatotchev I, Aguilera R. 2013. Corporate governance and investors' perceptions of foreign IPO value: An institutional perspective . Academy of Management Journal, DOI: amj. 2011. 0146.

Benn S, Dunphy D, Martin A. 2009. Governance of environmental risk: New approaches to managing stakeholder involvement . Journal of Environmental Management, 90 (4): 1567-1575.

Benston G J. 1982. Accounting and corporate accountability. Accounting Organizations and Society, 7 (2): 87-105.

Berger A N, Udell G F. 1990. Collateral, loan quality and bank risk . Journal of Monetary Economics, 25 (1): 21-42.

Bergh D D, Jr. Ketchen D J, Boyd B K, et al. 2010. New frontiers of the reputation-performance relationship: Insights from multiple theories . Journal of Management, 36 (3): 620-632.

Berrone P. 2009. Environmental performance and executive compensation: An integrated agency-institutional perspective . Academy of Management Journal, 52 (1): 103-126.

Berrone P, Gomez-Mejia L. 2009. Environmental performance and executive compensation: An integrated agency-institutional perspective. Academy of Management Journal, 52 (1): 103-126.

Bester H. 1994. The role of collateral in a model of debt renegotiation . Journal of Money, Credit and Banking, 26（1）: 72-86.

Bewley K, Li Y. 2000. Disclosure of environmental information by Canadian manufacturing companies: A voluntary disclosure perspective. Advances in Environmental Accounting and Management, 1: 201-226.

Bies R J. 2013. The Delivery of bad news in organizations: A Framework for analysis . Journal of Management, 39（1）: 136-162.

Bird R B, Smith E, Alvard M, et al. 2005. Signaling theory, strategic interaction, and symbolic capital . Current Anthropology, 46（2）: 221-248.

Birt J L, Bilson C M, Smith T, et al. 2006. Ownership, competition, and financial disclosure. Australian Journal of Management, 3: 235-263.

Blacconiere W G, Patten D M. 1994. Environmental disclosures, regulatory costs and changes in firm value. Journal of Accounting and Economics, 18（3）: 357-377.

Blackman A. 2010. Alternative pollution control policies in developing countries . Review of Environmental Economics and Policy, 4（2）: 234-253.

Blanco E, Rey-Maquieira J, Lozano J. 2009. The economic impacts of voluntary environmental performance of firms: A critical review . Journal of Economic Surveys, 23（3）: 462-502.

Bleichrodt H, Cillo A, Diecidue E. 2010. A quantitative measurement of regret theory . Management Science, 56（1）: 161-175.

Boden R J, Nucci A R. 2000. On the survival prospect of men's and women's new business ventures. Journal of Business Venturing, 15（4）: 347-362.

Boeker W. 1992. Power and managerial dismissal: Scapegoating at the top. Administrative Science Quarterly, 37: 400-421.

Boesso G, Kumar K. 2007. Drivers of corporate voluntary disclosure: A framework and empirical evidence from Italy and the United States. Accounting , Auditing and Accountability Journal, 20: 269-296.

Bohlen G M, Diamantopoulos A, Schlegelmilch B B. 1993. Consumer perceptions of the environmental impact of an industrial service. Marketing Intelligence and Planning, 11（1）: 37-48.

Bondt W F, Thaler R. 1985. Does the stock market overreact? The Journal of Finance, 40（3）: 793-805.

Boström M , Hallström K T. 2010. NGO power in global social and environmental standard-setting . Global Environmental Politics, 10（4）: 36-59.

Botosan C A. 1997. Disclosure level and the cost of equity capital. Accounting Review, 72（3）: 323-349.

Boubakri N, Guedhami O, Mishra D, et al. 2012. Political connections and the cost of equity capital . Journal of Corporate Finance, 18（3）: 541-559.

Boulding W, Kirmani A. 1993. A consumer-side experimental examination of signaling theory: Do consumers perceive warranties as signals of quality? Journal of Consumer Research, 20（1）: 111-123.

Bowen R M, Ducharme L, Shores D. 1995. Stakeholders' implicit claims and accounting method choice. Journal of Accounting and Economics, 20 (3): 255-295.

Bowman E H, Haire M. 1975. A strategic posture towards corporate social responsibility. California Management Review, 18 (2): 49-58.

Bowman R G. 1980. The importance of a market-value measurement of debt in assessing leverage. Journal of Accounting Research, 18 (1): 242-254.

Boyd B K, Bergh D D, Jr. Ketchen D J. 2010. Reconsidering the reputation-performance relationship: A resource-based view. Journal of Management, 36 (3): 588-609.

Brahmana R, Hooy C W, Ahmad Z. 2014. Moon phase effect on investor psychology and stock trading performance. International Journal of Social Economics, 41 (3): 182-200.

Brammer S, Pavelin S. 2004. Building a good reputation. European Management Journal, 22 (6): 704-713.

Brammer S, Pavelin S. 2006. Voluntary environmental disclosures by large UK companies. Journal of Business Finance and Accounting, 33 (7, 8): 1168-1188.

Brammer S, Pavelin S. 2008. Factors influencing the quality of corporate environmental disclosure. Business Strategy and the Environment, 17: 120-136.

Branco M C, Rodrigues L L. 2006. Corporate social responsibility and resource-based perspectives. Journal of Business Ethics, 69 (2): 111-132.

Branco M C, Rodrigues L L. 2008. Factors influencing social responsibility disclosure by Portuguese companies. Journal of Business Ethics, 83: 685-701.

Brandt L, Li H. 2003. Bank discrimination in transition economies: Ideology, information, or incentives? Journal of Comparative Economics, 31 (3): 387-413.

Branzei O, Ursacki - Bryant T J, Vertinsky I, et al. 2004. The formation of green strategies in Chinese firms: Matching corporate environmental responses and individual principles. Strategic Management Journal, 25 (11): 1075-1095.

Brickley J A. 2003. Empirical research on CEO turnover and firm performance: A discussion. Journal of Accounting and Economics, 36: 227-233.

Briston R J, Dobbins R. 1978. The growth and impact institutional investors: A report to the research committee of the institute of Chartered Accountants in England and Wales. Institute of Chartered Accountants in England and Wales (London).

Brockman P, Martin X, Unlu E. 2010. Executive compensation and the maturity structure of corporate debt. The Journal of Finance, 65 (3): 1123-1161.

Brown B, Perry S. 1994. Removing the financial performance halo from Fortune's "most admired" companies. Academy of Management Journal, 37 (5): 1347-1359.

Brown N, Deegan C. 1998. The public disclosure of environmental performance information: A dual test of media agenda setting theory and legitimacy theory. Accounting and Business Research, 29 (1): 21-41.

Brown S, Hillegeist S A. 2006. How disclosure quality affects the long-run level of information asymmetry. INSEAD Working Paper. Retrieved from SSRN http: //ssrn. com/ abstract

=297371.

Buhr N. 1998. Environmental performance, legislation and annual report disclosure: the case of acid rain and Falconbridge. Accounting. Auditing and Accountability Journal, 11 (2): 163-190.

Buhr N, Freedman M. 2001. Culture, institutional factors and differences in environmental disclosure between Canada and the United States. Critical Perspectives on Accounting 21: 293-322.

Burgess J. 1990. The production and consumption of environmental meanings in the mass media: A research agenda for the 1990s . Transactions of the Institute of British Geographers: 139-161.

Burke L, Logsdon J M, Mitchell W, et al. 1986. Corporate community involvement in the San Francisco Bay Area. California Management Review, 18 (3): 122-141.

Buysse K, Verbeke A. 2003. Proactive environmental strategies: A stakeholder management perspective. Strategic Management Journal, 24: 453-470.

Cai H B, Liu Q. 2009. Competition and corporate tax avoidance: Evidence from Chinese industrial firms. The Economic Journal, 119: 764-795.

Callan S J, Thomas J M. 2009. Corporate financial performance and corporate social performance : An update and reinvestigation. Corporate Social Responsibility and Environmental Management, 16 (2): 61-78.

Campbell D. 2000. Legitimacy theory or managerial reality construction? corporate social disclosure in Marks and Spencer Plcorporate reports, 1969–1997. Accounting Forum, 24 (1): 80-100.

Campbell D J. 2003. Intra and intersectoral effects in environmental disclosures: evidence for legitimacy theory? Business Strategy and the Environment, 12 (6): 357-371.

Campbell J L. 2007. Why would corporations behave in socially responsible ways? An institutional theory of corporate social responsibility. Academy of Management Review, 32: 946-967.

Cao Q, Maruping L M, Takeuchi R. 2006. Disentangling the effects of CEO turnover and succession on organizational capabilities: A social network perspective. Organization Science, 17 (5): 563-576.

Capelle-Blancard G, Laguna M A. 2010. How does the stock market respond to chemical disasters? Journal of Environmental Economics and Management, 59 (2): 192-205.

Carroll C E. 2009. The Relationship between firms' media favorability and public esteem . Public Relations Journal, 3 (4): 1-32.

Carroll C E, McCombs M. 2003. Agenda-setting effects of business news on the public's images and opinions about major corporations . Corporate Reputation Review, 6 (1): 38-46.

Caruana A. 1997. Corporate reputation: Concept and measurement . Journal of Product and Brand Management, 6 (2): 109-118.

Castro G M D, Lopez J E N, Saez P L. 2006. Business and social reputation: Exploring the concept and main dimensions of corporate reputation . Journal of Business Ethics, 63（4）: 361-370.

Cebenoyan A S, Strahan P E. 2004. Risk management, capital structure and lending at banks . Journal of Banking and Finance, 28（1）: 19-43.

Celik O, Ecer, A, Karabacak H. 2006. Disclosure of forward ooking information: Evidence from listed companies on Istanbul Stock Exchange（ISE）. Investment Management and Financial Innovations, 3（2）: 197-216.

Chan K S, Dang V Q, Yan I K. 2012. Chinese firms' political connection, ownership, and financing constraints . Economics Letters, 115（2）: 164-167.

Chang E C, Wong M L. 2009. Governance with multiple objectives: Evidence from top executive turnover in China. Journal of Corporate Finance, 15: 230-244.

Chang E C, Cheng J W, Khorana A. 2000. An examination of herd behavior in equity markets: An international perspective . Journal of Banking and Finance, 24（10）: 1651-1679.

Chang L, Li W, Lu X. 2013. Government engagement, environmental policy, and environmental performance: Evidence from the most polluting Chinese listed firms . Business Strategy and the Environment, DOI: 10. 1002/bse. 1802.

Chang S J, Xu D. 2008. Spillovers and competition among foreign and local firms in china. Strategic Management Journal, 29: 495-518.

Chang T P, Hu J L, Chou R. Y, et al. 2012. The sources of bank productivity growth in China during 2002–2009: A disaggregation view . Journal of Banking and Finance, 36（7）: 1997-2006.

Charitou A, Vafeas N, Zachariades C. 2005. Irrational investor response to stock splits in an emerging market . The International Journal of Accounting, 40（2）: 133-149.

Charkham J. 1992. Corporate governance: Lessons from abroad. European Business Journal, （4）: 8-16.

Chau G K, Gray S J. 2002. Ownership structure and corporate voluntary disclosure in Hong Kong and Singapore. The International Journal of Accounting, 37（2）: 247-265.

Chen C J P, Jaggi B. 2000. Association between independent non-executive directors, family control and financial disclosures in Hong Kong. Journal of Accounting and Public Policy, 19（4,5）: 285-310.

Chen J J. 2004. Determinants of capital structure of Chinese-listed companies . Journal of Business Research, 57（12）: 1341-1351.

Chen M C, Cheng S J, Hwang Y. 2005. An empirical investigation of the relationship between intellectual capital and firms' market value and financial performance. Journal of Intellectual Capital, 6（2）: 159-176.

Child J, Tsai T. 2005. The dynamic between firms' environmental strategies and institutional constraints in emerging economies: Evidence from China and Taiwan. Journal of Management Studies, 42（1）: 95-125.

Cho C H, Patten D M. 2007. The role of environmental disclosures as tools of legitimacy: A research note. Accounting, Organizations and Society, 32 (7-8): 639-647.

Cho C H, Pattern D M, Roberts R W. 2006. Corporate political strategy: An examination of the relation between political expenditures, environmental performance, and environmental disclosure. Journal of Business Ethics, 67 (2): 139-154.

Cho C H, Roberts R W, Patten D M, 2010. The language of US corporate environmental disclosure. Accounting, Organization and Society, 35 (4): 431-443.

Cho C H, Guidry R P, Hageman A M, et al. 2012. Do actions speak louder than words? An empirical investigation of corporate environmental reputation . Accounting, Organizations and Society, 37 (1): 14-25.

Christmann P, Taylor G. 2001. Globalization and the environment: Determinants of firm self-regulation in China. Journal of International Business Studies, 32 (3): 439-458.

Chu X, Liu Q, Tian G G. 2014. Does control - ownership divergence impair market liquidity in an emerging market? Evidence from China. Accounting and Finance, DOI: 10. 1111/acfi. 12073.

Chun R. 2005. Corporate reputation: Meaning and measurement . International Journal of Management Reviews, 7 (2): 91-109.

Clark B. 1991. Political economy: A comparative approach. New York: Praeger.

Clarkson M E. 1995. A stakeholder framework for analyzing and evaluating corporate social performance . Academy of Management Review, 20 (1): 92-117.

Clarkson P M, Li Y, Richardson G D. 2004. The market valuation of environmental expenditures by pulp and paper companies. The Accounting Review, 79: 329-353.

Clarkson P M, Li Y, Richardson G D, et al. 2008. Revisiting the relation between environmental performance and environmental disclosure : An empirical analysis. Accounting , Organizations and Society, 33: 303-327.

Clarkson P M, Li Y, Richardson G D, et al. 2011a. Does it really pay to be green? Determinants and consequences of proactive environmental strategies. Journal of Accounting and Public Policy, 30 (2): 122-144.

Clarkson P M, Overell M B, Chapple L. 2011b. Environmental reporting and its relation to corporate environmental performance. Abacus, 47 (1): 27-60.

Coddington W. 1993. Environmental marketing: Positive strategies for reaching the green consumer . New York: McGraw-hill.

Cohen M A, Santhakumar V. 2007. Information disclosure as environmental regulation: a theoretical analysis. Environmental and Resource Economics, 37 (3): 599-620.

Collier J, Esteban R. 2007. Corporate social responsibility and employee commitment . Business ethics: A European Review, 16 (1): 19-33.

Collins E, Roper J, Lawrence S. 2010. Sustainability practices: Trends in New Zealand businesses . Business Strategy and the Environment, 19 (8): 479-494.

Connelly B L, Certo S T, Ireland R D, et al. 2011. Signaling theory: A review and assessment . Journal of Management, 37 (1): 39-67.

Connolly R, Stivers C, Sun L. 2005. Stock market uncertainty and the stock-bond return relation . Journal of Financial and Quantitative Analysis, 40（1）: 161-194.

Coombs W T. 2007. Attribution theory as a guide for post-crisis communication research . Public Relations Review, 33（2）: 135-139.

Coombs W T, Holladay S J. 2001. An extended examination of the crisis situations: A fusion of the relational management and symbolic approaches . Journal of Public Relations Research, 13（4）: 321-340.

Cooper D J. 1988. A social analysis of corporate pollution disclosures: A comment. Advances in Public Interest Accounting, 2: 179-186.

Cordano M, Frieze I H. 2000. Pollution reduction preferences of U. S. environmental managers: applying Ajzen's theory of planned behavior. Academy of Management Journal, 43（4）: 627-641.

Cormier D, Magnan M. 1997. Investors' assessment of implicit environmental liabilities: An empirical investigation. Journal of Accounting and Public Policy, 16: 215-241.

Cormier D, Magnan M. 1999. Corporate environmental disclosure strategies: Determinants, costs and benefits. Journal of Accounting, Auditing and Finance, 14（4）: 429-451.

Cormier D, Gordon I M. 2001. An examination of social and environmental reporting strategies. Accounting, Auditing and Accountability Journal, 14（5）: 587-616.

Cormier D, Magnan M. 2003. Environmental reporting management: A European perspective. Journal of Accounting and Public Policy, 22: 43-62.

Cormier D, Gordon I M, Magnan M. 2004. Corporate environmental disclosure: contrasting management's perceptions with reality, Journal of Business Ethics, 49（2）: 143-165.

Coulson A B, Monks V. 1999. Corporate environmental performance considerations within bank lending decisions . Eco - Management and Auditing, 6（1）: 1-10.

Cowen S S, Ferreri L B, Parker L D. 1987. The impact of corporate characteristics on social responsibility disclosure: A typology and frequency-based analysis. Accounting, Organizations and Society, 12: 111-122.

Craighead J, Magnan M, Thorne L. 2004. The Impact of Mandated Disclosure on Performance-Based CEO Compensation. Contemporary Accounting Review, 21（2）: 369-397.

Criado-Jimenez I, Fernandez-Chulian M, Larrinage-Gonzalez C, et al. 2008. Compliance with mandatory environmental reporting in financial statements: The case of Spain（2001–2003）. Journal of Business Ethics, 79（3）: 245-262.

Cull R, Xu L C. 2005. Institutions, ownership, and finance: The determinants of profit reinvestment among Chinese firms . Journal of Financial Economics, 77（1）: 117-146.

Dahya J, Lonie A, Power D M. 1998. Ownership structure, firm performance and top executive change: An analysis of UK Firms. Journal of Business, Finance and Accounting, 25: 1089-1118.

Dahya J, McConnell J, Travlos N. 2002. The Cadbury committee, corporate performance, and top management turnover. Journal of Finance, 57: 46-83.

Daily B F, Huang S C. 2001. Achieving sustainability through attention to human resource factors in environmental management . International Journal of Operations and Production Management, 21 (12) : 1539-1552.

Dangelico R M, Pontrandolfo P. 2013. Being "green and competitive": The impact of environmental actions and collaborations on firm performance . Business Strategy and the Environment, DOI: 10. 1002/bse. 1828.

Darnall N, Edwards J R. 2006. Predicting the cost of environmental management system adoption: The role of capabilities, resources and ownership structure. Strategic Management Journal, 27: 301-320.

Darnall N, Henriques I, Sadorsky P. 2010. Adopting proactive environmental strategy: The influence of stakeholders and firm size . Journal of Management Studies, 47 (6) : 1072-1094.

Dasgupta S, Laplante B, Mamingi N. 1998. Capital market responses to environmental performance in developing countries . Washington: World Bank Publications.

Dasgupta S, Laplante B, Mamingi N. 2001. Pollution and capital markets in developing countries . Journal of Environmental Economics and Management, 42 (3) : 310-335.

Dasgupta S, Hong J H, Laplante B, et al. 2006. Disclosure of environmental violations and stock market in the Republic of Korea . Ecological Economics, 58 (4) : 759-777.

Dawkins C E, Fraas J W. 2011a. Erratum to: beyond acclamations and excuses: environmental performance, voluntary environmental disclosure and the role of visibility. Journal of Business Ethics, 99 (3) : 383-397.

Dawkins C E, Fraas J W. 2011b. Coming clean: the impact of environmental performance and visibility on corporate climate change disclosure. Journal of Business Ethics, 100 (2) : 303-322.

D'Costa A P. 2009. Economic nationalism in motion: Steel, auto, and software industries in India . Review of International Political Economy, 16 (4) : 620-648.

de Bakker F G, Hellsten I. 2013. Capturing online presence: Hyperlinks and semantic networks in activist group websites on corporate social responsibility . Journal of Business Ethics, 118 (4) : 807-823.

de Bussy N M, Ewing M T, Pitt L F. 2003. Stakeholder theory and internal marketing communications: A framework for analysing the influence of new media . Journal of Marketing Communications, 9 (3) : 147-161.

de Gorter H, Just D R. 2010. The social costs and benefits of biofuels: The intersection of environmental, energy and agricultural policy . Applied Economic Perspectives and Policy, 32 (1) : 4-32.

de Villiers C, van Staden C J. 2006. Can less environmental disclosure have a legitimizing effect? - Evidence from Africa. Accounting Organizations and Society, 31 (8) : 763-781.

de Villiers C, van Staden C J. 2010. Shareholders' requirements for corporate environmental disclosures: A cross country comparison. The British Accounting Review, 42: 227-240.

de Villiers C, Naiker V, van Staden C J. 2011. The effect of board characteristics -on firm environmental performance. Journal of Management, 37: 1636-1663.

Dean J M, Lovely M E, Wang H. 2009. Are foreign investors attracted to weak environmental regulations? Evaluating the evidence from China . Journal of Development Economics, 90 (1): 1-13.

Deegan C. 2002. The legitimising effect of social and environmental disclosures: A theoretical foundation. Accounting, Auditing and Accountability Journal, 15: 282-311.

Deegan C, Gordon B. 1996. A study of the environmental disclosure practices of Australian corporations. Accounting and Business Research, 26 (3): 187-199.

Deegan C, Rankin M. 1996. Do Australian companies report environmental news objectively? Accounting, Auditing and Accountability Journa, 19 (2): 50-67.

Deephouse D L. 2000. Media reputation as a strategic resource: An integration of mass communication and resource-based theories . Journal of Management, 26 (6): 1091-1112.

Deephouse D L, M. Carter S. 2005. An examination of differences between organizational legitimacy and organizational reputation . Journal of Management Studies, 42 (2): 329-360.

Delmas M, Toffel M W. 2004. Stakeholders and environmental management practices: An institutional framework . Business Strategy and the Environment, 13 (4): 209-222.

Delmas M. 2003. In Search Of ISO: An Institutional Perspective on the Adoption of International Management Standards. Santa Barbara: University of California.

Delmas M A, Toffel M W. 2008. Organizational responses to environmental demands: -opening the black box. Strategic Management Journal, 29 (10): 1027-1055.

Diao X D, Zeng S X, Tam C M, et al. 2009. EKC analysis for studying economic growth and environmental quality: A case study in China . Journal of Cleaner Production, 17 (5): 541-548.

Dierkes M, Preston L E. 1977. Corporate social accounting reporting for the physical environment: A critical review and implementation proposal. -Accounting, Organizations and Society, 2 (1): 3-22.

DiMaggio P J, Powell W W. 1991. Introduction// Powell W W, DiMaggio P J. The new institutionalism in organizational analysis. Chicago: University of Chicago Press.

Ding W. 2011. The impact of founder's professional-education background on the adoption of open science by for-profit biotechnology firms. Management Science, 57 (2): 257-273.

Dögl C, Behnam M. 2014. Environmentally sustainable development through stakeholder engagement in developed and emerging countries . Business Strategy and the Environment, DOI: 10. 1002/bse. 1839.

Doh J P, Guay T R. 2004. Globalization and corporate social responsibility: How non-governmental organizations influence labor and environmental codes of conduct. Management and International Review . Springer: 7-29.

Doh J P, Guay T R. 2006. Corporate social responsibility, public policy, and NGO activism in

Europe and the United States: An institutional‐stakeholder perspective . Journal of Management Studies, 43 (1): 47-73.

Doh J P, Howton S D, Howton S W, et al. 2009. Does the market respond to endorsement of social responsibility? The role of institutions, information, and legitimacy . Journal of Management, 36 (6): 1461-1485.

Donaldson T, Preston L E. 1995. The stakeholder theory of the corporation: Concepts, evidence and implications . Academy of Management Review, 20 (1): 65-91.

Dong Y L, Ishikawa M, Liu X B, et al. 2011. The determinants of citizen complaints on environmental pollution: an empirical study from China. Journal of Cleaner Production, 19 (12): 1306-1314.

Doshi A R, Dowell W S. Toffel M W. 2013. How firms respond to mandatory information disclosure. Strategic Management Journal, DOI: 10. 1002/smj. 2055.

Drumwright M E. 1994. Socially responsible organizational buying: Environmental concern as a noneconomic buying criterion . The Journal of Marketing, 58 (3): 1-19.

Duchin R, Sosyura D. 2012. The politics of government investment . Journal of Financial Economics, 106 (1): 24-48.

Dye R A. 2001. An evaluation of 'essays on disclosure' and the disclosure literature in accounting. Journal of Accounting and Economics, 32 (1-3): 181-235.

Egri C P, Herman S. 2000. Leadership in the North American environmental sector: values, leadership styles, and contexts of environmental leaders and their organizations. Academy of Management Journal, 43 (4): 571-604.

Eng L L, Mak Y T. 2003. Corporate governance and voluntary disclosure. Journal of Accounting and Public Policy, 22 (4): 325-345.

Erwin G R, Miller J M. 2004. The intra-industry effects of open market share repurchases: Contagion or competitive? Journal of Financial Research, 21 (4): 389-406.

Esrock S L, Leichty G B. 1999. Corporate World Wide Web pages: Serving the news media and other publics . Journalism and Mass Communication Quarterly, 76 (3): 456-467.

Evans M F, Gilpatric S M, Liu L R. 2009. Regulation with direct benefits of information disclosure and imperfect monitoring. Journal of Environmental Economics and Management, 57 (3): 284-292.

Faccio M, Masulis R W, McConnell J. 2006. Political connections and corporate bailouts . The Journal of Finance, 61 (6): 2597-2635.

Fallan E, Fallan L. 2009. Voluntarism versus regulation lessons from public disclosure of environmental performance information in Norwegian companies. Journal of Accounting and Organizational Change, 5: 472-489.

Fan G, Wang X. 2011. The report on the relative process of marketization of each region in china . Beijing: The Economic Science Press.

Fan J P H, Wong T J, Zhang T. 2007. Politically connected CEOs, corporate governance, and Post-IPO performance of China's newly partially privatized firms . Journal of Financial

Economics，84（2）：330-357.

Feldman J M，Lynch J G. 1988. Self-generated validity and other effects of measurement on belief，attitude，intention，and behavior . Journal of Applied Psychology，73（3）：421-435.

Fernandez-Kranz D，Santalo J. 2010. When necessity becomes a virtue：The effect of product market competition on corporate social responsibility. Journal of Economics and Management Strategy，19：453-487.

Fink S. 1986. Crisis Management：Planning for the inevitable. American Management Association，New York.

Finkelstein S，Hambrick D C. 1996. Strategic leadership：Top executives and their effects on organizations. St. Paul：West.

Firth M，Fung M Y，Rui O M. 2006. Firm performance，governance structure，and top management turnover in a transitional economy. Journal of Management Studies，43（6）：1289-1330.

Fisman R，Heal G，Nair V. 2005. Corporate social responsibility：doing well by doing good?Working Paper，Wharton School，University of Pennsylvania.

Flanagan D J，O'Shaughnessy K C. 2005. The Effect of layoffs on firm reputation . Journal of Management，31（3）：445-463.

Fombrun C J. 2006. Corporate reputations in China：How do consumers feel about companies? Corporate Reputation Review，9（3）：165-170.

Fombrun C，Shanley M. 1990. What's in a name? Reputation building and corporate strategy . Academy of Management Journal，33（2）：233-258.

Ford R，Richardson W. 1994. -Ethical decision making：A review of the empirical literature. Journal of Business Ethics，13（3）：205-221.

Forker J J. 1992. Corporate governance and disclosure quality. Accounting and Business Research，22：111-124.

Foulon J，Lanoie P，Laplante B. 2002. Incentives for pollution control：Regulation or information? Journal of Environmental Economics and Management，44（1）：169-187.

Frank M Z，Goyal V K. 2009. Capital structure decisions：Which factors are reliably important? Financial Management，38（1）：1-37.

Frederick W C，Davis K，Post J E. 1992. Business and society：Corporate strategy，public policy，ethics . New York：McGraw-Hill.

Freedman M，Jaggi B. 1982. Pollution disclosures，pollution performance and economic performance. Omega，10（2）：167-176.

Freedman M，Jaggi B. 1988. An analysis of the association between pollution disclosure and economic performance. Accounting，Auditing and Accountability Journal，1（2）：43-58.

Freedman M，Wasley C. 1990. The association between environmental performance and environmental disclosure in annual reports and 10-Ks. Advances in Public Interest Accounting，3：183-193.

Freeman R E. 1984. Strategic Management：A Stakeholder Approach. Boston：Pitman.

Freeman R E, Harrison J E, Wicks A C. 2007. Managing for Stakeholders: Survival, Reputation and Success. Yale University Press, New Haven, CT.

Friedman M. 1962. Capitalism and freedom. University of Chicago Press: Chicago.

Friedman M. 1970. The social responsibility of business is to increase its profits. New York Times Magazine, 13 September.

Frost G, Wilmshurst T. 2000. The adoption of environment related management accounting: An analysis of corporate environmental sensitivity. Accounting Forum, 24 (4): 344-365.

Frost S, Welford R, Cheung D. 2007. CSR Asia news review: October–December 2006. Corporate Social Responsibility and Environmental Management, 14 (1): 52-59.

Fryxell G E, Lo W H. 2003. The influence of environmental knowledge and values on managerial behaviors on behalf of the environment: An empirical examination of managers in China. Journal of Business Ethics, 46 (1): 45-69.

Gan C, Zhang Y, Li Z, et al. 2014. The evolution of China's banking system: Bank loan announcements 1996–2009. Accounting and Finance, 54: 165-188.

Gebhardt W R, Lee C, Swaminathan B. 2001. Toward an implied cost of capital. Journal of Accounting Research, 39 (1): 135-176.

Gibson K, O'Donovan G. 2007. Corporate governance and environmental reporting: An Australian study. Corporate Governance, 15 (5): 944-956.

Gilson S C. 1990. Management turnover and financial distress. Journal of Financial Economics, 25: 241-262.

Godfrey P C, Merrill C B, Hansen J M. 2009. The relationship between corporate social responsibility and shareholder value: an empirical test of the risk management hypothesis. Strategic Management Journal, 30: 425-445.

Goyal V K, Park C W. 2002. Board leadership structure and CEO turnover. Journal of Corporate Finance, 8: 49-66.

Gray R, Owen D, Adams C. 1996. Accounting and accountability: Changes and challenges in corporate and social reporting. London: Prentice Hall.

Gray R, Javad M, Power D M, et al. 2001. Social and environmental disclosure and corporate characteristics: A research note and extension. Journal of Business Finance and Accounting, 28: 327-356.

Green W H. 2003. Econometric analysis. Upper Saddle River, NJ: Prentice Hall.

Grinblatt M, Han B. 2005. Prospect theory, mental accounting, and momentum. Journal of Financial Economics, 78 (2): 311-339.

Gruca T S, Rego L L. 2005. Customer satisfaction, cash flow, and shareholder value. Journal of Marketing, 69 (3): 115-130.

Guedes J, Opler T. 1996. The determinants of the maturity of corporate debt issues. Journal of Finance, 51 (5): 1809-1833.

Gulati R, Higgins M C. 2002. Which ties matter when? The contingent effects of interorganizational partnerships on IPO success. Strategic Management Journal, 24 (2):

127-144.

Gupta S, Goldar B. 2005. Do stock markets penalize environment-unfriendly behavior? Evidence from India . Ecological Economics, 52（1）: 81-95.

Guthrie J E, Parker L D. 1990. Corporate social disclosure practice: A comparative international analysis. Advances in Public Interest Accounting, 3（3）: 159-176.

Hackston D, Milne M J. 1996. Some determinants of social and environmental disclosure in New Zealand companies. Accounting, Auditing and Accountability Journa, 19（1）: 77-108.

Haddock‐Fraser J E, Tourelle M. 2010. Corporate motivations for environmental sustainable development: Exploring the role of consumers in stakeholder engagement . Business Strategy and the Environment, 19（8）: 527-542.

Haensly P J, Theis J, Swanson Z. 2001. Reassessment of contagion and competitive intra-industry effects of bankruptcy announcements. Quarterly Journal of Business and Economics, 40（3/4）: 45-63.

Hair J F, Jr. Anderson R E, Tatham R L, et al. 1996. Multivariate data analysis . 3rd ed. New York: Macmillan.

Hale G, Long C. 2011. Are there productivity spillovers from foreign direct investment in China? Pacific Economic Review, 16（2）: 135-153.

Hall J. 2000. Environmental supply chain dynamics . Journal of Cleaner Production, 8（6）: 455-471.

Hall R. 1992. The strategic analysis of intangible resources . Strategic Management Journal, 13（2）: 135-144.

Halme M, Huse M. 1997. The influence of corporate governance, industry and country factors on environmental reporting. Scandinavian Journal of Management, 13（2）: 137-157.

Hambrick D C. 2007. Upper echelons theory: an update. Academy of Management Review, 32（2）: 334-343.

Hambrick D C, Mason P A. 1984. Upper echelons: The organizations as a reflection of its managers. Academy of Management Review, 9（2）: 193-206.

Hamilton J T. 1995. Pollution as news: Media and stock market reactions to the toxics release invertory data . Journal of Environmental Economics and Management, 28（1）: 98-113.

Hammitt J K, Shlyakhter A I. 1999. The expected value of information and the probability of surprise . Risk Analysis, 19（1）: 135-152.

Hanna M D, Newman W R, Johnson P. 2000. Linking operational and environmental improvement through employee involvement . International Journal of Operations and Production Management, 20（2）: 148-165.

Hansen A. 1991. The media and the social construction of the environment . Media, Culture and Society, 13（4）: 443-458.

Harris M, Raviv A. 1991. The theory of capital structure . Journal of Finance, 46（1）: 297-355.

Hart S L, 1995. A natural resource-based view of the firm. Academy of Management Review, 20: 986-1014.

Hart S L, Ahuja G. 1996. Does it pay to be green? An empirical examination of the relationship between emission reduction and firm performance. Business Strategy and the Environment, 5 (1) : 30-37.

Haskins M E, Ferris K R, Selling T I. 2000. International financial reporting and analysis: a contextual emphasis. 2nd ed. Boston: Irwin McGraw-Hill.

He J. 2006. Pollution haven hypothesis and environmental impacts of foreign direct investment: The case of industrial emission of sulfur dioxide in Chinese provinces . Ecological Economics, 60 (1) : 228-245.

Healy P M, Hutton A P, Palepu K G. 1999. Stock performance and intermediation changes surrounding sustained increases in disclosure. Contemporary Accounting Research, 16(3): 485-520.

Healy P M, Palepu K G. 2001. Information asymmetry, corporate disclosure, and the capital markets: A review of the empirical disclosure literature. Journal of Accounting and Economics, 31: 405-440.

Heckman J. 1979. Sample selection bias as a specification error. Econometrica, 47(1): 153-161.

Heider F. 1958. The psychology of interpersonal relations . New York: Psychology Press.

Heikkurinen P, Ketola T. 2012. Corporate responsibility and identity: From a stakeholder to an awareness approach . Business Strategy and the Environment, 21 (5) : 326-337.

Helmich D I, Brown W B. 1972. Successor type and organizational change in corporate enterprise. Administrative Science Quarterly, 17: 371-381.

Hendry J R. 2006. Taking aim at business what factors lead environmental non-governmental organizations to target particular firms? Business and Society, 45 (1) : 47-86.

Henisz W J. 2000. The institutional environment for economic growth . Economics and Politics, 12 (1) : 1-31.

Henriques I, Sadorsky P. 1996. The determinants of an environmentally responsive firm: An empirical approach. Journal of Environmental Economics and Management, 30: 381-395.

Herremans I M, Akathaporn P, McInnes M. 1993. An investigation of corporate social responsibility reputation and economic performance. Accounting, Organizations and Society, 18 (7) : 587-604.

Hibiki A, Managi S. 2010. Environmental information provision, market valuation, and firm incentives: An empirical study of the Japanese PRTR system . Land Economics, 86 (2) : 382-393.

Hillman A J, Keim G D. 2001. Shareholder value, stakeholder management, and social issues: What's the bottom line? Strategic Management Journal, 22 (2) : 125-139.

Hoffman A J. 2000. Competitive environmental strategy: A guide to the changing business landscape . Washington: Island Press.

Hsee C K, Kunreuther H C. 2000. The affection effect in insurance decisions . Journal of Risk and Uncertainty, 20 (2) : 141-159.

Huang C L, Kung F H. 2010. Drivers of environmental disclosure and stakeholder expectation:

Evidence from Taiwan. Journal of Business Ethics，96：435-451.

Hughes S B, Anderson A, Golden S. 2001. Corporate environmental disclosures:are they useful in determining environmental performance? Journal of Accounting and Public Policy, 3 (20):217-240.

Huson M，Parrino R，Starks L. 2001. Internal monitoring mechanisms and CEO turnover：A long-term perspective. Journal of Finance，56：2265-2298.

Ilgen D R，Knowlton W A. 1980. Performance attributional effects on feedback from superiors . Organizational Behavior and Human Performance，25（3）：441-456.

Ilinitch A Y，Soderstrom N S，E Thomas T. 1999. Measuring corporate environmental performance . Journal of Accounting and Public Policy，17（4）：383-408.

Impson M. 2005. Contagion effects of dividend reduction or omission announcements in the electric utility industry . Financial Review，35（1）：121-136.

Inchausti A G. 1997. The influence of company characteristics and accounting regulation on information disclosed by Spanish firms. European Accounting Review，6（1）：45-60.

Ingram R，Frazier K. 1980. Environmental performance and corporate disclosure.　Journal of Accounting Research，18（2）：612-622.

Ioannou I，Serafeim　G. 2013. The impact of corporate social responsibility on investment recommendations . Strategic Management Journal，DOI：10. 1002/smj. 2268.

Islam M R，Hewstone M. 1993. Intergroup attributions and affective consequences in majority and minority groups . Journal of Personality and Social Psychology, 64（6）：936-950.

Jacobs B W，Singhal V R，Subramanian R. 2010. An empirical investigation of environmental performance and the market value of the firm . Journal of Operations Management，28（5）：430-441.

Jaggi B，Freedman M. 1992. An examination of the impact of pollution performance on economic and market performance：Pulp and paper firms . Journal of Business Finance and Accounting，19（5）：697-713.

Jakobsen J，Jakobsen T G. 2011. Economic nationalism and FDI：The impact of public opinion on foreign direct investment in emerging markets，1990-2005. Society and Business Review，6（1）：61-76.

Jalil A，Feridun M. 2011. The impact of growth，energy and financial development on the environment in China：A cointegration analysis . Energy Economics，33（2）：284-291.

Janis I L，Fadner R H. 1943. A coefficient of imbalance for content analysis . Psychometrika，8（2）：105-119.

Januszewski S I，Köke J，Winter J K. 2002. Product market competition，corporate governance and firm performance：an empirical analysis for Germany. Research in Economics，56：299-332.

Jayachandran S，Kalaignanam K，Eilert A M. 2013. Product and environmental social performance：Varying effect on firm performance. Strategic Management Journal，forthcoming.

Jensen M C. 2000. Value maximization，stakeholder theory，and the corporate objective function.

European Financial Management, 7: 297-317.

Jensen M, Zajac E J. 2004. Corporate elites and corporate strategy: How demographic preferences and structural position shape the scope of the firm. Strategic Management Journal, 25 (6): 507-524.

Jin H, Qian Y, Weingast B R. 2005. Regional decentralization and fiscal incentives: Federalism, Chinese style. Journal of Public Economics, 89 (9): 1719-1742.

John K, Lynch A W, Puri M. 2003. Credit ratings, collateral, and loan characteristics: Implications for yield. The Journal of Business, 76 (3): 371-409.

Johnstone N, Labonne J. 2009. Why do manufacturing facilities introduce environmental management systems? Improving and/or signaling performance. Ecological Economics, 68 (3): 719-730.

Jones E E, Davis K E. 1966. From acts to dispositions: The attribution process in person perception. New York: Academic Press.

Jones E E, Nisbett R E. 1971. The actor and the observer: Divergent perceptions of the causes of behavior. New York: General Learning Press.

Jones E E, Rock L, Shaver K G, et al. 1968. Pattern of performance and ability attribution: An unexpected primacy effect. Journal of Personality and Social Psychology, (4): 317-340.

Jones K, Rubin P H. 2001. Effects of harmful environmental events on reputations of firms. Advances in Financial Economics, 6 (1): 161-182.

Jones T M. 1995. Instrumental stakeholder theory: A synthesis of ethics and economics. Academy of Management Review, 20: 404-437.

Kagan R A, Gunningham N, Thornton D. 2003. Explaining corporate environmental performance: How does regulation matter? Law and Society Review, 37 (1): 51-90.

Karim K E, Lacina M J, Rutledge R W. 2006. The association between firm characteristics and the level of environmental disclosure in financial statement footnotes. Advances in Environmental Accounting and Management, 3 (3): 77-109.

Karpoff J M, Jr. Lott J R, Wehrly E W. 2005. The reputational penalties for environmental violations: Empirical evidence. Journal of Law and Economics, 48 (2): 653-675.

Kassinis G, Vafeas N. 2002. Corporate boards and outside stakeholders as determinants of environmental litigation. Strategic Management Journal, 23 (5): 399-415.

Kassinis G, Vafeas N. 2006. Stakeholder pressures and environmental performance. Academy of Management Journal, 49: 145-159.

Kelley H H. 1967. Attribution theory in social psychology. Nebraska Symposium on Motivation. University of Nebraska Press.

Kelley H H, Michela J L. 1980. Attribution theory and research. Annual Review of Psychology, 31 (1): 457-501.

Kennedy P. 2003. A guide to economics. Cambridge, MA: MIT Press.

Kim H R, Lee M, Lee H T, et al. 2010. Corporate social responsibility and employee–company identification. Journal of Business Ethics, 95 (4): 557-569.

Kim Y, Statman M. 2012. Do corporations invest enough in environmental responsibility? Journal of Business Ethics, 105: 115-129.

King A A, Lenox M J. 2001. Does it really pay to be green? An empirical study of firm environmental and financial performance . Journal of Industrial Ecology, 5 (1) : 105-116.

King A, Lenox M. 2002. Exploring the locus of profitable pollution reduction. Management Science, 48: 289-299.

King R, Pownall G, Waymire G. 1990. Expectations adjustment via timely management forecasts: Review, synthesis, and suggestions for future research. Journal of Accounting Literature, 9: 113-144.

Klevorick A K, Levin R C, Nelson R R, et al. 1995. On the sources and significance of interindustry differences in technological opportunities . Research Policy, 24(2): 185-205.

Kock C J, Santalo J, Diestre L. 2012. Corporate governance and the environment: What type of governance creates greener companies. Journal of Management Studies, 49 (3) : 492-514.

Konar S, Cohen M A. 2001. Does the market value environmental performance? Review of Economics and Statistics, 83 (2) : 281-289.

Krause D. 1993. Environmental consciousness . Environment and Behavior, 25 (1) : 126-142.

Krishnaswami S, Spindt P A, Subramaniam V. 1999. Information asymmetry, monitoring, and the placement structure of corporate debt . Journal of Financial Economics, 51(3): 407-434.

Laguna M A. 2009. Unexpected media coverage and stock market outcomes: Evidence from chemical disasters. 2010 FMA Annual Meeting.

Laidroo L. 2009. Association between ownership structure and public announcements' disclosures. Corporate Governance: An International Review, 17: 13-34.

Lang L H, Stulz R. 1992. Contagion and competitive intra-industry effects of bankruptcy announcements: An empirical analysis . Journal of Financial Economics, 32 (1) : 45-60.

Lang M, Lundholm R. 1993. Cross-sectional determinants of analyst ratings of corporate disclosures. Journal of Accounting Research, 31 (2) : 246-271.

Lange D, Lee P M, Dai Y. 2011. Organizational reputation: A review . Journal of Management, 37 (1) : 153-184.

Lankoski L. 2008. Corporate responsibility activities and economic performance: A theory of why and how they are connected . Business Strategy and the Environment, 17(8): 536-547.

Laplante B, Lanoie P. 1994. The market response to environmental incidents in Canada: A theoretical and empirical analysis . Southern Economic Journal, 60 (3) : 657-672.

Laufer D, Coombs W T. 2006. How should a company respond to a product harm crisis? The role of corporate reputation and consumer-based cues . Business Horizons, 49(5): 379-385.

Lausten M. 2002. CEO turnover, firm performance and corporate governance: Empirical evidence on Danish firms. International Journal of Industrial Organization, 20: 391-414.

Le N T, Venkatesh S, Nguyen T V. 2006. Getting bank financing: A study of Vietnamese private firms . Asia Pacific Journal of Management, 23 (2) : 209-227.

Leary M R, Kowalski R M. 1990. Impression management: A literature review and two component model. Psychological Bulletin, 107: 34-47.

Lee H H M, Van Dolen W, Kolk A. 2013a. On the role of social media in the "responsible" food business: Blogger Buzz on health and obesity Issues . Journal of Business Ethics, 118 (4): 695-707.

Lee K, Oh W Y, Kim N. 2013b. Social media for socially responsible firms: Analysis of Fortune 500's twitter profiles and their CSR/CSIR ratings . Journal of Business Ethics, 118 (4): 791-806.

Lee T M, Hutchison P D. 2005. The decision to disclose environmental information: A research review and agenda// Reckers P M J, et al. Advances in accounting . New York: JAI Press.

Lehman C, Tinker T. 1987. The "real" cultural significance of accounts. Accounting, Organizations and Society, 12 (5): 503-522.

Lemmon M L, Zender J F. 2010. Debt capacity and tests of capital structure theories . Journal of Financial and Quantitative Analysis, 45 (5): 1161-1187.

Levin R C, Klevorick A K, Nelson R. R, et al. 1987. Appropriating the returns from industrial research and development . Brookings Papers on Economic Activity, (3): 783-831.

Levinson A, Taylor M S. 2008. Unmasking the pollution haven effect . International Economic Review, 49 (1): 223-254.

Li F G, Xiong B, Xu B. 2008. Improving public access to environmental information in China. Journal of Environmental Management, 88 (4): 1649-1656.

Li K, Yue H, Zhao L. 2009. Ownership, institutions, and capital structure: Evidence from China . Journal of Comparative Economics, 37 (3): 471-490.

Li W J, Zhang R. 2010. Corporate social responsibility, ownership structure, and political interference: evidence from China. Journal of Business Ethics, 96 (4): 631-645.

Li Y. 1997. Corporate disclosure of environmental liability information: Theory and evidence. Contemporary Accounting Research, 14 (3): 435-474.

Li Y, McConomy B. 1999. An empirical examination of factors affecting the timing of environmental accounting standard adoption and the impact on corporate valuation. Journal of Accounting, Auditing and Finance, 14 (3): 279-313.

Li Z, Yang C. 2003. Corporate performance, control transfer and management turnover: An empirical research based on China's securities markets. China Accounting and Finance Review, 5: 78-108.

Lin X, Zhang Y. 2009. Bank ownership reform and bank performance in China . Journal of Banking and Finance, 33 (1): 20-29.

Lindblom C K. 1994. The implications of organizational legitimacy for corporate social performance and disclosure. Critical Perspectives on Accounting Conference.

List J A, Millimet D L, Fredriksson P G, et al. 2003. Effects of environmental regulations on manufacturing plant births: Evidence from a propensity score matching estimator . Review of Economics and Statistics, 85 (4): 944-952.

Liu B B, Yu Q Q, Zhang B, et al, 2010c. Does the GreenWatch program work? Evidence from a developed area in China. Journal of Cleaner Production，18（5）：454-461.

Liu Q，Tian G，Wang X. 2011. The effect of ownership structure on leverage decision：New evidence from Chinese listed firms . Journal of the Asia Pacific Economy，16（2）：254-276.

Liu X B，Anbumozhi V. 2009. Determinant factors of corporate environmental information disclosure：An empirical study of Chinese listed companies. Journal of Cleaner Production，17（6）：593-600.

Liu X B，Wang C，Shishime T，et al. 2010a. Environmental activisms of firm's neighboring residents：an empirical study in China. Journal of Cleaner Production，18：1001-1008.

Liu X B，Yu Q Q，Fujitsuka T，et al. 2010b. Functional mechanisms of mandatory corporate environmental disclosure：An empirical study in China. Journal of Cleaner Production，18（8）：823-832.

Loe T，Ferrell L，Mansfield P. 2000. A review of empirical studies assessing ethical decision making in business. Journal of Business Ethics，25（3）：185-204.

Lombard M，Snyder-Duch J，Bracken C C. 2002. Content analysis in mass communication：Assessment and reporting of intercoder reliability . Human Communication Research，28（4）：587-604.

López de Silanes F，La Porta R，Shleifer A，et al. 1998. Law and finance . Journal of Political Economy，106（6）：1113-1155.

López-Gamero M D，Molina-Azorín J F，Claver-Cortés E. 2010. The potential of environmental regulation to change managerial perception，environmental management，competitiveness and financial performance . Journal of Cleaner Production，18（10）：963-974.

López-Navarro M. Á，Tortosa‐Edo V，Llorens-Monzonís J. 2013. Environmental management systems and local community perceptions：The case of petrochemical complexes located in ports . Business Strategy and the Environment，DOI：10. 1002/bse. 1817.

Lucas R E B，Wheeler D，Hettige H. 1992. Economic development，environmental regulation and the international migration of toxic industrial pollution，1960-88. New York：World Bank Publication.

Luchs M G，Mooradian T A. 2012. Sex，personality，and sustainable consumer behaviour：Elucidating the gender effect . Journal of Consumer Policy，35（1）：1-18.

Luo X，Bhattacharya C B. 2006. Corporate social responsibility，customer satisfaction，and market value . Journal of Marketing，70（4）：1-18.

Lynch A. 2000. Thought contagions in the stock market . The Journal of Psychology and Financial Markets，1（1）：10-23.

Lyon T，Lu Y，Shi X，et al. 2013. How do investors respond to Green Company Awards in China? Ecological Economics，94：1-8.

Ma S，Naughton T，Tian G. 2010. Ownership and ownership concentration：which is important in determining the performance of China's listed firms? . Accounting and Finance，50（4）：871-897.

Madsen P M. 2009. Does corporate investment drive a "race to the bottom" in environmental protection? A reexamination of the effect of environmental regulation on investment. Academy of Management Journal, 52 (6): 1297-1318.

Magness V. 2006. Strategic posture, financial performance and environmental disclosure: An empirical test of legitimacy theory. Accounting, Auditing and Accountability Journal, 19 (4): 540-563.

Mahoney L S, Thorn L. 2006. An examination of the structure of executive compensation and corporate social responsibility: A Canadian investigation. Journal of Business Ethics, 69 (2): 149-162.

Makhija A K, Patton J M. 2004. The impact of firm ownership structure on voluntary disclosure: Empirical evidence from Czech annual reports. Journal of Business, 77 (3): 457-491.

Margolis J D, Walsh J P. 2003. Misery loves companies: Rethinking social initiatives by business. Administrative Science Quarterly, 48: 268-305.

Margolis J D, Elfenbein H A, Walsh J P. 2007. Does it pay to be good? A meta-analysis and redirection of research on the relationship between corporate social and financial performance. Working paper, Harvard Business School.

Marín L, Rubio A, Maya S R. 2012. Competitiveness as a strategic outcome of corporate social responsibility. Corporate Social Responsibility and Environmental Management, 19 (6): 364-376.

Marlin J T. 1973. Accounting for pollution. Journal of Accountancy, February: 41-46.

Matute-Vallejo J, Bravo R, Pina J M. 2011. The influence of corporate social responsibility and price fairness on customer behaviour: Evidence from the financial sector. Corporate Social Responsibility and Environmental Management, 18 (6): 317-331.

Maurer J G. 1971. Readings in organization theory: Open-system approaches. New York: Random House.

McElroy J C, Downey H K. 1982. Observation in organizational research: Panacea to the performance-attribution effect? Academy of Management Journal, 25 (4): 822-835.

McGuire J, Dow S, Argheyd K. 2003. CEO incentives and corporate social performance. Journal of Business Ethics, 45 (4): 341-359.

McKendall M, Sánchez C, Sicilian P. 1999. Corporate governance and corporate illegality: The effects of board structure on environmental violations. International Journal of Organizational Analysis, 7 (3): 201-223.

McWilliams A, Siegel D. 2001. Corporate social responsibility: A theory of the firm perspective. Academy of Management Review, 26: 117-127.

McWilliams A, Siegel D S, Wright P M. 2006. Corporate social responsibility: Strategic implications. Journal of Management Studies, 43 (1): 1-18.

Melo T, Garrido - Morgado A. 2012. Corporate reputation: A combination of social responsibility and industry. Corporate Social Responsibility and Environmental Management, 19 (1): 11-31.

Meng X H, Zeng S X, Tam C M, et al. 2013. Whether top executives' turnover influences environmental responsibility： From the perspective of environmental information disclosure . Journal of Business Ethics，114（2）：341-353.

Miles M P，Covin J G. 2000. Environmental marketing：A source of reputational，competitive，and financial advantage. Journal of Business Ethics，23：299-311.

Milne M J，Adler R W. 1999. Exploring the reliability of social and environmental disclosures content analysis. Accounting，Auditing and Accountability Journal，12（2）：237-265.

Milne M J，Tregidga H，Walton S. 2003. The triple bottom line：Benchmarking New Zealand's early reporters. University of Auckland Business Review，5（2）：1-14.

Mitchell R K，Agle B R，Wood D J. 1997. Toward a theory of stakeholder identification and salience：Defining the principle of who and what really counts. Academy of Management Review，22（4）：853-886.

Moir L. 2001. What do we mean by corporate social responsibility?Corporate Governance，1：16-22.

Montabon F，Sroufe R，Narasimhan R. 2007. An examination of corporate reporting，environmental management practices and firm performance. Journal of Operations Management，25（5）：998-1014.

Murray A，Gray R. 2006. Do financial markets care about social and environmental disclosure? Further evidence and exploration from the UK. Accounting，Auditing and Accountability Journal，19（2）：228-255.

Nakao Y，Amano A，Matsumura K，et al. 2007. Relationship between environmental performance and financial performance：An empirical analysis of Japanese corporation. Business Strategy and the Environment，16（2）：106-118.

Nam S，Ronen J. 2004. Information transfer effects of senior executives' migrations and subsequent write-offs. Working Paper　No. JOSHUA RONEN 09. Available at SSRN：http://ssrn. com/abstract= 1301341.

Neu D，Warsame H，Pedwell K. 1998. Managing public impressions：Environmental disclosures in annual reports. Accounting，Organizations and Society，23：265-282.

Neville　B A，Bell S J，Mengüç B. 2005. Corporate reputation，stakeholders and the social performance-financial performance relationship. European Journal of Marketing，39（9/10）：1184-1198.

Nickell S J. 1996. Competition and corporate performance. Journal of Political Economy，104：724-746.

Niskanen J，Nieminen T. 2001. The objectivity of corporate environmental reporting：A study of Finnish listed firms' environmental disclosures. Business Strategy and the Environment，10（1）：29-37.

O'brien R M. 2007. A caution regarding rules of thumb for variance inflation factors . Quality and Quantity，41（5）：673-690.

O'Donovan G. 2002. Environmental disclosures in the annual report. Extending the applicability and predictive power of legitimacy theory. Accounting，Auditing and Accountability

Journal, 15 (3) : 344-371.

Owen D. 1992. The implications of current trends in green awareness for the accounting function: an introductory analysis//Green Reporting: Accounting and the Challenge of the Nineties. Chapman and Hall, London: 3-27.

Palmrose Z V, Richardson V J, Scholz S. 2004. Determinants of market reactions to restatement announcements . Journal of Accounting and Economics, 37 (1) : 59-89.

Park J, Sarkis J, Wu Z H. 2010. Creating integrated business and environmental value within the context of China's circular economy and ecological modernization. Journal of Cleaner Production, 18 (15) : 1494-1501.

Parlour J W, Schatzow S. 1978. The mass media and public concern for environmental problems in Canada, 1960–1972 . International Journal of Environmental Studies, 13 (1) : 9-17.

Paruchuri S, Misangyi V F. 2014. Investor perceptions of financial misconduct: The heterogeneous contamination of bystander firms . Academy of Management Journal: DOI: 10. 5465/amj. 2012. 0704.

Patten D M. 1991. Exposure, legitimacy, and social disclosure. Journal of Accounting and Public Policy, 10: 297-308.

Patten D M. 1992. Intra-industry environmental disclosures in response to the Alaskan oil spill: a note on legitimacy theory.Accounting, Organizations and Society, 17 (5) : 471-475.

Patten D M. 2002. The relation between environmental performance and environmental disclosure: A research note. Accounting, Organizations and Society, 27: 763-773.

Patten D M. 2005. The accuracy of financial report projections of future environmental capital expenditures: A research note. Accounting, Organizations and Society, 30 (5) : 457-468.

Patten D M, Trompeter G. 2003. Corporate responses to political costs: An examination of the relation between environmental disclosure and earnings management. Journal of Accounting and Public Policy, 22 (1) : 83-94.

Patten D M, Crampton W. 2004. Legitimacy and the internet: an examination of corporate webpage environmental disclosure. Advances in Environmental Accounting and Management, 2: 31-57.

Pava M L, Krausz J. 1996. The association between corporate social-responsibility and financial performance: The paradox of social cost. Journal of Business Ethics, 15 (3) : 321-357.

Peattie K. 2001. Golden goose or wild goose? The hunt for the green consumer. Business Strategy and the Environment, 10 (4) : 187-199.

Perales J C, Shanks D R, Lagnado D. 2010. Causal representation and behavior: The integration of mechanism and covariation . Open Psychology Journal, 3 (1) : 174-183.

Peress J. 2010. Product market competition, insider trading, and stock market efficiency . The Journal of Finance, 65 (1) : 1-43.

Perkins R, Neumayer E. 2010. Geographic variations in the early diffusion of corporate voluntary standards: Comparing ISO14001 and the global compact . Environment and Planning A, 42 (2) : 347-365.

Petersen M. 2009. Estimating standard errors in finance panel data sets: Comparing approaches. The Review of Financial Studies, 22（1）: 435-480.

Petrick J A, Scherer R F, Brodzinski J D, et al. 1999. Global leadership skills and reputational capital: Intangible resources for sustainable advantage. The Academy of Management Executive, 13: 58-69.

Pfarrer M D, Pollock T G, Rindova V P. 2010. A tale of two assets: The effects of firm reputation and celebrity on earnings surprises and investors' reactions. Academy of Management Journal, 53（5）: 1131-1152.

Pfeffer J, Salancik G. 2003. The external control of organizations: A resource dependence perspective . California: Stanford Business Books.

Philippe D, Durand R. 2011. The impact of norm-conforming behaviors on firm reputation. Strategic Management Journal, 32（9）: 969-993.

Pornpitakpan C. 2004. The persuasiveness of source credibility: A critical review of five decades' evidence. Journal of Applied Social Psychology, 34（2）: 243-281.

Porter M E. 1985. Competitive advantage: Creating and sustaining superior performance. NewYork: Free Press.

Porter M E, Van der Linde C. 1995. Toward a new conception of the environment competitiveness relationship. Journal of Economic Perspectives, 9: 97-119.

Porter M E, Kramer M R. 2006. Strategy and society: The link between competitive advantage and corporate social responsibility. Harvard Business Review, 84: 78-92.

Porter M E, Kramer M R. 2011. The big idea: Creating shared value. Harvard Business Review, 89: 62-77.

Prencipe A. 2004. Proprietary costs and determinants of voluntary segment disclosure: Evidence from Italian listed companies. European Accounting Review, 13（2）: 319-340.

Preston L E. 1978. Analyzing corporate social performance: Methods and results. Journal of Contemporary Business, 7（1）: 135-149.

Pujari D , Peattie K , Wright G. 2004. Organizational antecedents of environmental responsiveness in industrial new product development. Industrial Marketing Management, 33（5）: 381-391.

Qi G Y, Zeng S X, Yin H T, et al. 2013a. ISO and OHSAS certifications: How stakeholders affect corporate decisions on sustainability . Management Decision, 51（10）: 1983-2005.

Qi G Y, Zeng S X, Tam C M, et al. 2013b. Stakeholders' influences on corporate green innovation strategy: A case study of manufacturing firms in China . Corporate Social Responsibility and Environmental Management, 20（1）: 1-14.

Quairel-Lanoizelée F. 2011. Are competition and corporate social responsibility compatible? The myth of sustainable competitive advantage. Society and Business Review, 6: 77-98.

Rahman A R, Tay T M, Ong B K, et al. 2007. Quarterly reporting in a voluntary disclosure environment: Its benefits, drawbacks and determinants. The International Journal of Accounting, 42（4）: 416-442.

Ramanathan K V. 1976. Toward a theory of corporate social accounting. The Accounting Review, 51（3）: 516-528.

Ramaswami A, Dreher G F, Bretz R, et al. 2010. Gender, mentoring, and career success: The importance of organizational context . Personnel Psychology, 63（2）: 385-405.

Ramus C A, Steger U. 2000. The roles of supervisory support behaviors and environmental policy in employee "ecoinitiatives" at leading-edge European Companies . Academy of Management Journal, 43（4）: 605-626.

Rao P, Holt D. 2005. Do green supply chains lead to competitiveness and economic performance? International Journal of Operations and Production Management, 25（9）: 898-916.

Rapp G. 2006. A new direction for shareholder environmental activism: The aftermath caremark. William and Mary Environmental Law and Policy Review, 31（1）: 163-174.

Renneboog L. 2000. Ownership, managerial control, and the governance of companies listed on the Brussels stock exchange. Journal of Banking and Finance, 24: 1959-1995.

Reuber A R, Fischer E. 2010. Organizations behaving badly: When are discreditable actions likely to damage organizational reputation? Journal of Business Ethics, 93（1）: 39-50.

Richardson A J, Welker M. 2001. Social disclosure, financial disclosure and the cost of equity capital. Accounting, Organizations and Society, 26（7/8）: 597-616.

Rivera-Camino J. 2001. What motivates European firms to adopt environmental management systems? Eco-Management and Auditing, 8: 134-143.

Roberts C B. 1992. Environmental disclosures in corporate annual reports in- Western Europe // OWEN D L. Green Reporting: The Challenge of the Nineties, Chapman and Hall, London.

Roberts P W, Dowling G R. 2002. Corporate reputation and sustained superior financial performance. Strategic Management Journal, 23（12）: 1077-1093.

Roehm M L, Tybout A M. 2006. When will a brand scandal spill over, and how should competitors respond? Journal of Marketing Research, 43（3）: 366-373.

Ross S A. 1977. The determination of financial structure: the incentive signaling approach. The Bell Journal of Economics, 8: 23-40.

Ruef M, Scott W R. 1998. A multidimensional model of organizational legitimacy: Hospital survival in changing institutional environments . Administrative Science Quarterly, 43（4）: 877-904.

Rupp D E, Ganapathi J, Aguilera R V, et al. 2006. Employee reactions to corporate social responsibility: An organizational justice framework . Journal of Organizational Behavior, 27（4）: 537-543.

Russo M V, Fouts P A. 1997. A resource-based perspective on corporate environmental performance and profitability. Academy of Management Journal, 40（3）: 534-559.

Saleh M, Zulkifli N, Muhamad M. 2010. Corporate social responsibility disclosure and its relation on institutional ownership: Evidence from public listed companies in Malaysia. Managerial Auditing Journal, 25（6）: 591-613.

Sarkis J, Dijkshoorn J. 2007. Relationships between solid waste management performance -and environmental practice adoption in Welsh small and medium-sized enterprises（SMEs）. International Journal of Production Research，45（21）：4989-5015.

Sarkis J，Gonzalez-Torre P，Adenso-Diaz B. 2010. Stakeholder pressure and the adoption of environmental practices：The mediating effect of training. Journal of Operations Management，28（2）：163-176.

Saunders M，Lewis P. Thornhill A. 2008. Research methods for business students. 5th ed. London：Prentice Hall.

Schaltegger S，Synnestvedt T. 2002. The link between "green" and economic success：Environmental management as the crucial trigger between environmental and economic performance . Journal of Environmental Management，65（4）：339-346.

Scharfstein D S，Stein J C. 1990. Herd behavior and investment . The American Economic Review，80（3）：465-479.

Schneiberg M. 1999. Political and institutional conditions for governance by association：Private order and price controls in American fire insurance. Politics and Society，27：67-103.

Schnietz K E，Epstein M J. 2005. Exploring the financial value of a reputation for corporate social responsibility during a crisis . Corporate Reputation Review，7（4）：325-345.

Scott W R. 1987. The adolescence of institutional theory . Administrative Science Quarterly，32（4）：493-511.

Scott W R. 1995. Institutions and organizations：Toward a theoretical synthesis . California：SAGE Publications.

Sengupta P. 1998. Corporate disclosure quality and the cost of debt. Accounting Review 73（4）：459-474.

Shannon C E，Weaver W. 1949. The mathematical theory of communication . Urbana：University of Illinois Press.

Sharfman M P，Fernando C S. 2008. Environmental risk management and the cost of capital. Strategic Management Journal，29（6）：569-592.

Sharma S. 2000. Managerial interpretations and organizational context as predictors of corporate choice of environmental strategy. Academy of Management Journal，43（3）：681-697.

Sharma S，Vredenburg H. 1998. Proactive corporate environmental strategy and the development of competitively valuable organizational capabilities. Strategic Management Journal，19：729-753.

Sharma S，Henriques I. 2005. Stakeholder influences on sustainability practices in the Canadian forest products industry . Strategic Management Journal，26（2）：159-180.

Sharpe S A. 1990. Asymmetric information，bank lending and implicit contracts：A stylized model of customer relationships . Journal of Finance，45（4）：1069-1087.

Shen W，Cho T S. 2005. Exploring involuntary executive turnover through a managerial discretion framework. Academy of Management Review，30（4）：843-854.

Shiller R. 2002. The irrationality of markets. The Journal of Psychology and Financial Markets，3（2）：87-93.

Shyam-Sunder L, C Myers, S. 1999. Testing static tradeoff against pecking order models of capital structure. Journal of Financial Economics, 51 (2) : 219-244.

Simpson M, Taylor N, Barker K. 2004. Environmental responsibility in SMEs: Does it deliver competitive advantage? Business Strategy and the Environment, 13 (3) : 156-171.

Sjovall A M, Talk A C. 2004. From actions to impressions: Cognitive attribution theory and the formation of corporate reputation . Corporate Reputation Review, 7 (3) : 269-281.

Smaliukiene R. 2007. Stakeholders' impact on the environmental responsibility: Model design and testing. Journal of Business Economics and Management, 8 (3) : 213-223.

Smith K G, Hitt M A. 2005. Great Minds in Management: The Process of Theory Development. New York: Oxford University Press: 109-127.

Snider J, Hill R P, Martin D. 2003. Corporate social responsibility in the 21st century: A view from the world's most successful firms . Journal of Business Ethics, 48 (2) : 175-187.

Snow D. 1992. Inside the environmental movement: Meeting the leadership challenge. Washington, DC: Island Press.

Solomon A, Lewis L. 2002. Incentives and disincentives for corporate environmental disclosure. Business Strategy and the Environment, 11: 154-169.

Sotorrío L L, Sánchez J L F. 2010. Corporate social reporting for different audiences: The case of multinational corporations in Spain . Corporate Social Responsibility and Environmental Management, 17 (5) : 272-283.

Spence M. 1973. Job market signaling . The Quarterly Journal of Economics, 87 (3) : 355-374.

Spence M. 2002. Signaling in retrospect and the informational structure of markets . The American Economic Review, 92 (3) : 434-459.

Stanwick P A, Stanwick S D. 1998. The relationship between corporate social performance, and organizational size, financial performance, and environmental performance: An empirical examination . Journal of Business Ethics, 17 (2) : 195-204.

Stanwick S D, Stanwick P A. 2000. The relationship between environmental disclosures and financial performance: An empirical study of US firms. Eco-Management and Auditing, 7 (4) : 155-164.

Stead W E, Stead J G. 1992. Management for a small planet: Strategic decision making and environmental. Newbury Park, CA: Sage.

Stern I, Dukerich J M, Zajac E. 2013. Unmixed signals: How reputation and status affect alliance formation . Strategic Management Journal, DOI: 10. 1002/smj. 2116.

Stickel S E. 2012. Reputation and performance among security analysts . The Journal of Finance, 47 (5) : 1811-1836.

Stiglitz J E. 1985. Information and economic analysis: A perspective . The Economic Journal, 95: 21-41.

Stohs M H, Mauer D C. 1996. The determinants of corporate debt maturity structure . Journal of Business, 69 (3) : 279-312.

Suchman M C. 1995. Managing legitimacy: Strategic and institutional approaches . Academy of

Management Review, 20（3）: 571-610.

Sun L, Chang T P. 2011. A comprehensive analysis of the effects of risk measures on bank efficiency: Evidence from emerging Asian countries . Journal of Banking and Finance, 35 （7）: 1727-1735.

Tagesson T, Blank V, Broberg P, et al. 2009. What explains the extent and content of social and environmental disclosures on corporate websites: A study of social and environmental reporting in Swedish listed corporations. Corporate Social Responsibility and Environmental Management, 16（6）: 352-264.

Takeda F, Tomozawa T. 2006. An empirical study on stock price responses to the release of the environmental management ranking in Japan . Economics Bulletin, 13（5）: 1-4.

Tamazian A, Chousa J P, Vadlamannati K C. 2009. Does higher economic and financial development lead to environmental degradation: Evidence from BRIC countries . Energy Policy, 37（1）: 246-253.

Tan B, pan S L, Lu X H, et al. 2009. Leveraging Digital Business Ecosystem for Enterprise Agility: The Tri-logic Development Strategy of Alibaba. com. Proceeding of the ICIS, Phoenix, Arizona.

Tang Z, Tang J. 2013. Can the media discipline Chinese firms' pollution behaviors? The mediating effects of the public and government . Journal of Management, DOI: 10. 1177/0149206313515522.

Thakor A V, Udell G F. 1991. Secured lending and default risk: Equilibrium analysis, policy implications and empirical results . The Economic Journal, 101（406）: 458-472.

Thompson P. 1998. Assessing the environmental risk exposure of UK banks . International Journal of Bank Marketing, 16（3）: 129-139.

Thompson P, Cowton C J. 2004. Bringing the environment into bank lending: Implications for environmental reporting . The British Accounting Review, 36（2）: 197-218.

Tian L, Estrin S. 2007. Debt financing, soft budget constraints, and government ownership: Evidence from China . Economics of Transition, 15（3）: 461-481.

Tian L, Estrin S. 2008. Retained state shareholding in Chinese PLCs: Does government ownership always reduce corporate value? Journal of Comparative Economics, 36（1）: 74-89.

Tihanyi L, Ellstrand A E, Daily C M, et al. 2000. Composition of the top management team and firm international diversification. Journal of Management, 26（6）: 1157-1177.

Tirole J. 1988. The Theory of Industrial Organization. Cambridge, MA: MIT Press.

Titman S, Wessels R. 1988. The determinants of capital structure choice . Journal of Finance, 43（1）: 1-19.

Toms J S. 2002. Company resources, quality signals and the determinants of corporate environmental reputation: Some UK evidence. The British Accounting Review, 34（3）: 257-282.

Turnbull S M. 1979. Debt capacity . The Journal of Finance, 34（4）: 931-940.

Tzschentke N, Kirk D, Lynch P A. 2004. Reasons for going green in serviced accommodation establishments. International Journal of Contemporary Hospitality Management, 16（2）:

116-124.

Tzschentke N, Kirk D, Lynch P A. 2008. Going green: Decisional factors in small hospitality operations. International Journal of Hospitality Management, 27 (1) : 126-133.

Ullmann A A. 1985. Data in search of a theory: A critical examination of the relationships among social performance, social disclosure, and economic performance of US firms. Academy of Management Review, 10 (3) : 540-557.

Unerman J. 2000. Reflections on Quantification in Corporate Social Reporting Content Analysis. Accounting, Auditing and Accountability Journal, 13 (5) : 667-680.

Vaaler P M, James B E, Aguilera R V. 2008. Risk and capital structure in Asian project finance . Asia Pacific Journal of Management, 25 (1) : 25-50.

van de Ven B, Jeurissen R. 2005. Competing responsibly. Business Ethics Quarterly, 15: 299-317.

Van Rooij B. 2006. Implementation of Chinese environmental law: Regular enforcement and political campaigns . Development and Change, 37 (1) : 57-74.

van Staden C J, Hooks J. 2007. A comprehensive comparison of corporate environmental reporting and responsiveness. British Accounting Review, 39 (3) : 197-210.

Vancil R. 1987. Passing the baton: Managing the process of CEO succession. Harvard Business School Press, Boston, MA.

Verrecchia R E. 1983. Discretionary disclosure. Journal of Accounting and Economics, 5 (3) : 179-194.

Vining A R, Weimer D L. 1988. Information asymmetry favoring sellers: A policy framework . Policy Sciences, 21 (4) : 281-303.

von Thadden E L. 2004. Asymmetric information, bank lending and implicit contracts: The winner's curse . Finance Research Letters, 1 (1) : 11-23.

Waddock S A, Graves S B, 1997. The corporate social performance: financial performance link. Strategic Management Journal, 18 (4) : 303-319.

Wagner M. 2005. How to reconcile environmental and economic performance to improve corporate sustainability: Corporate environmental strategies in European paper industry. Journal of Environmental Management, 76: 105-118.

Wagner M. 2008. Innovation and competitive advantages from the integration of strategic aspects with social and environmental management in European firms. Business Strategy and the Environment, 18: 291-306.

Wagner M, Van Phu N, Azomahou T, et al. 2002. The relationship between the environmental and economic performance of firms: An empirical analysis of the European paper industry. Corporate Social Responsibility and Environmental Management, 9 (3) : 133-146.

Wahba H. 2008. Does the market value corporate environmental responsibility? An empirical examination . Corporate Social Responsibility and Environmental Management, 15 (2) : 89-99.

Walley N, Whitehead B. 1994. It's not easy being green. Harvard Business Review, 72: 46-52.

Walsham G. 2006. Doing Interpretive Research. European Journal of Information Systems, 15:

320-330.

Wanderley L S O, Lucian R, Farache F, et al. 2008. CSR information disclosure on the web: A context-based approach analysing the influence of country of origin and industry sector . Journal of Business Ethics, 82 (2): 369-378.

Wang A L. 2013. The search for sustainable legitimacy: Environment law and bureaucracy in China . Harvard Environmental Law Review, 37 (2): 365-440.

Wang F A. 2001. Overconfidence, investor sentiment, and evolution. Journal of Financial Intermediation, 10 (2): 138-170.

Wang H, Jin Y H. 2007. Industrial ownership and environmental performance: Evidence from China . Environmental and Resource Economics, 36 (3): 255-273.

Wang H, Bi J, Wheeler D, et al. 2004. Environmental performance rating and disclosure: China's GreenWatch. Journal of Environmental Management, 71 (2): 123-133.

Wang Q, Wong T J, Xia L. 2008. State ownership, the institutional environment, and auditor choice: Evidence from China . Journal of Accounting and Economics, 46 (1): 112-134.

Warner A G, Fairbank J F, Steensma H K. 2006. Managing uncertainty in a formal standards-based industry: A real options perspective on acquisition timing . Journal of Management, 32 (2): 279-298.

Watson A, Shrives P, Marston C. 2002. Voluntary disclosure of accounting ratios in the UK. British Accounting Review, 34: 289-313.

Weber O, Koellner T, Habegger D, et al. 2008a. The relation between sustainability performance and financial performance of firms. Progress in Industrial Ecology, 5: 236-254.

Weber O, Fenchel M, Scholz R W. 2008b. Empirical analysis of the integration of environmental risks into the credit risk management process of European banks . Business Strategy and the Environment, 17 (3): 149-159.

Weiner B. 1992. Human motivation: Metaphors, theories, and research . California: SAGE Publications.

Wiersema M A, Bantel K A. 1992. Top management team demography and corporate strategic change. Academy of Management Journal, 35 (1): 91-121.

Williams S M. 1999. Voluntary environmental and social accounting disclosure practices in the Asia Pacific region: An international empirical test of political economy theory. The International Journal of Accounting, 34 (2): 209-238.

Williamson O E. 2012. Corporate finance and corporate governance . The Journal of Finance, 43 (3): 567-591.

Wilmshurst T M, Frost G R. 2000. Corporate environmental reporting: A test of legitimacy theory. Accounting Auditing and Accountability Journal, 13 (1): 10-26.

Winston M. 2002. NGO strategies for promoting corporate social responsibility . Ethics and International Affairs, 16 (01): 71-87.

Wiseman J. 1982. An evaluation of environmental disclosures made in corporate annual reports. Accounting, Organizations and Society, 7 (1): 53-63.

Woodside A G. 2010. Case study research: Theory, methods and practice. London: Emerald Publishing.

Woodward D G, Edwards P, Birkin F. 2005. Organizational legitimacy and stakeholder information provision . British Journal of Management, 7 (4): 329-347.

Wooldridge J M. 2003. Introductory econometrics: A modern approach. Beijing: Renmin University of China Press.

Wooten M, Hoffman A. 2008. Organizational fields: past, present and future// Greenwood R, Oliver C, Suddaby R et al. Handbook of organizational institutionalism. London: Sage Publications Ltd.

Wry T, Deephouse D L, McNamara G. 2006. Substantive and evaluative media reputations among and within cognitive strategic groups. Corporate Reputation Review, 9(4):225-242.

Wu W F, Wu C F, Li X W. 2008. Political connection and market valuation: Evidence from China individual-controlled listed firms. Economic Research Journal, 7: 130-141.

Wurgler J. 2000. Financial markets and the allocation of capital. Journal of Financial Economics, 58 (1): 187-214.

Xiao J Z, Yang H, Chow C W. 2004. The determinants and characteristics of voluntary internet-based disclosures by listed Chinese companies. Journal of Accounting and Public Policy, 23 (3): 191-225.

Xing Y, Kolstad C D. 2002. Do lax environmental regulations attract foreign investment? Environmental and Resource Economics, 21 (1): 1-22.

Xu T, Najand M, Ziegenfuss D. 2006. Intra-industry effects of earnings restatements due to accounting irregularities . Journal of Business Finance and Accounting, 33 (5-6): 696-714.

Xu X D, Zeng S X, Tam C M. 2012. Stock market's reaction to disclosure of environmental violation: Evidence from China. Journal of Business Ethics, 107 (2): 227-237.

Xu X D, Zeng S X, Zou H L, et al. 2014. The impact of corporate environmental violation on shareholders' wealth: A perspective taken from media coverage . Business Strategy and the Environment, DOI: 10. 1002/bse. 1858.

Yamaguchi K. 2008. Reexamination of stock price reaction to environmental performance: A GARCH application . Ecological Economics, 68 (1): 345-352.

Yang G. 2005. Environmental NGOs and institutional dynamics in China . The China Quarterly, 181 (1): 44-66.

Yin R K. 1989. Case study research: Design and methods. California: SAGE Publications.

Yin R K. 2003. Case study research: Design and methods. Thousand Oaks, CA: Sage.

Yu Z F, Jian J H, He P L. 2011. The study on the correlation between environmental information disclosure and economic performance With empirical data from the manufacturing industries at Shanghai Stock Exchange in China. Energy Procedia, 5: 1218-1224.

Zajac E J, Westphal J D. 2004. The social construction of market value: Institutionalization and learning perspectives on stock market reactions . American Sociological Review, 69 (3): 433-457.

Zalewski D. 2003. Corporate objectives-Maximizing social versus private equity. Journal of Economic Issues，37（2）：503-509.

Zeng S X，Liu H C，Tam C M，et al. 2008. Cluster analysis for studying industrial sustainability：An empirical study in Shanghai. Journal of Cleaner Production，16（10）：1090-1097.

Zeng S X，Meng X H，Yin H T，et al. 2010a. Impact of cleaner production on business performance . Journal of Cleaner Production，18（10）：975-983.

Zeng S X，Xu X D，Dong Z Y，et al. 2010b. Towards corporate environmental information disclosure：an empirical study in China. Journal of Cleaner Production，18（12）：1142-1148.

Zeng S X，Tam C M，Deng Z M，et al. 2003. ISO 14000 and the construction industry：Survey in China. Journal of Management in Engineering，19（3）：107-115.

Zeng S X，Tam C M，Tam V W Y，et al. 2005. Towards implementation of ISO14001 environmental management systems in selected industries in China. Journal of Cleaner Production，13（7）：645-656.

Zeng S X，Xu X D，Yin H T，et al. 2012. Factors that drive Chinese listed companies in voluntary disclosure of environmental information. Journal of Business Ethics，109（3）：309-321.

Zhang B，Bi J，Yuan Z，et al. 2008. Why do firms engage in environmental management? An empirical study in China . Journal of Cleaner Production，16（10）：1036-1045.

Zhang B，Yang Y，Bi J. 2011. Tracking the implementing of green credit policy in China：Top-down perspective and bottom-up reform. Journal of Environmental Management，92（4）：1321-1327.

Zhao H H，Gao Q，Wu Y P，et al. 2013. What affects green consumer behavior in China? A case study from Qingdao . Journal of Cleaner Production，DOI：10. 1016/j. jclepro. 2013. 05. 021.

Zhu Q H，Cordeiro J，Sarkis J. 2013. Institutional pressures，dynamic capabilities and environmental management systems：Investigating the ISO 9000 – Environmental management system implementation linkage. Journal of Environmental Management，114（15）：232-242.

Zhu X F，Zhang C. 2012. Reducing information asymmetry in the power industry：Mandatory and voluntary information disclosure regulations of sulfur dioxide emission. Energy Policy，45：704-713.

Zhu Y，Sun L Y，Leung A S. 2013. Corporate social responsibility，firm reputation，and firm performance：The role of ethical leadership . Asia Pacific Journal of Management，DOI 10. 1007/s10490-013-9369-1.

Zimmerman M A，Zeitz G J. 2002. Beyond survival：Achieving new venture growth by building legitimacy. Academy of Management Review，27（3）：414-431.

Zutshi A，Sohal A S. 2004. Adoption and maintenance of environmental management systems：Critical success factors. Management of Environmental Quality，15（4）：399-419.